纺织服装类"十四五"部委级规划教材

全国一流专业／上海市一流课程"服装立体裁剪"教材

服装立体裁剪（下篇）

造型元素变化设计·衣身／衣领／衣袖变化综合设计

刘咏梅　著

东华大学 出版社·上海

序言

2020年老师们积极应对新时代教学环境新变化，开拓思路、革新形式，全力推进线上教学资源建设，推动线上线下混合式教学新范式。2021年东华大学服装学院的服装立体裁剪课程获上海市线上线下混合式一流本科课程。

服装立体裁剪是服装造型设计的一门课程，是从三维的途径实现服装款式构思，从三维的角度理解服装款式造型，建立服装三维款式造型和服装二维样片结构的思维逻辑，最终实现可以从三维的角度思考服装、设计服装。

服装立体裁剪对于服装设计学科犹之于人体解剖学对于医学，是服装专业的核心课程。

我国的现代服装学科起始于20世纪80年代，服装立体裁剪课程随着40年的服装学科的发展而发展，逐渐成熟，对服装设计人才的培养、服装产业中服装造型设计的发展有很强的赋能贡献。

东华大学服装立体裁剪课程，从一门32课时的课程发展为三门160课时的体系课程，其相应的课程教材也从寥寥数页的影印讲义发展为历经30余年教学打磨的体系化成套教材。

初建阶段：引进和模仿（1984—1999年）

自1984年东华大学开设服装专业以来，本课程即作为专业主干课程，共2学分，教材为自编讲义。之后的十数年间，学校着力外派教师赴日本进修，老师们在引进和模仿中成长，逐渐熟练知识技能，领会深入，于1999年出版第一本课程教材。

发展阶段：精品课程建设（2000—2019年）

邀请国际名师进课堂合作授课；赴国外高校授课、讲座；师生及课程作品亮相法国，参加中法文化交流；支教新疆大学、西藏大学等20余所院校；组织全国60余所院校专业教师的课程研讨活动10余次；接受数十名同类院校教师赴东华课程进修。多种形式结合，确立了本课程在国际国内的引领地位与辐射影响力。

经过近20年的建设，服装立体裁剪课程逐步成为内容夯实、体系规范的东华服装结构设计理论的强支撑主干课程；建立了分布三个学期，共计10学分、160学时，必修、选修结合的进阶式课程体系；出版了《服装立体裁剪—基础篇》《服装立体裁剪—礼服篇》《服装立体裁剪—创意篇》等配套系列教材。2014年获批上海市精品课程建设，建立精品课程网站。

新发展阶段：一流课程建设（2020年至今）

随着一流专业、一流课程的建设，服装立体裁剪课程于2020年开始了新一轮课程建设，于2022年获批上海市一流课程，于2023年申报国家一流课程。

本教材为东华大学一流专业、一流课程"服装立体裁剪"的相对应教材和指定用教材，在同类教材中具有显著的影响力，获得多项优秀教材奖项，为百多所服装类相关院校所选用。

本次的改版，更是适应服装立体裁剪课程发展的新阶段要求，融合了基础、礼服和创意，适应教学内容丰富化、多样性的需求，促进激发学生学习内驱力的培养，提供"经典+创意""结构+解构""规范+变化"的全立裁教学体系支撑，为"课堂教学示范+课后拓展训练"提供全面支持。

刘咏梅

2023年4月于东华大学

目录

Part B　衣身/衣领/衣袖变化综合设计 /251

Part A

造型元素变化设计

省道/分割线/衣褶/衣裥/衣结/波浪/垂荡/编拼设计应用

1 小礼服造型元素变化设计

1.1 小礼服1——樽型分割线+省道设计

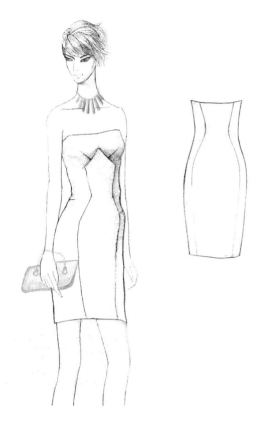

● **款式分析（图1.1.1）**

设计重点：纵线分割线的运用是本款小礼服的设计重点。分割线对素色面料服装的装饰效果很明显，造型线和廓形完美契合，是简约设计的典范之作。

衣身廓形：X形；连腰型。

结构要素：

　　前片——纵向折型分割线、分割线胸省、侧缝；

　　后片——纵向折型分割线、侧缝。

细节设计：后中心装拉链。

松量设计：胸围松量0.5~1cm；腰围松量2~3cm；臀围松量3~4cm。

图1.1.1　款式插图

● **坯布准备（图1.1.2）**

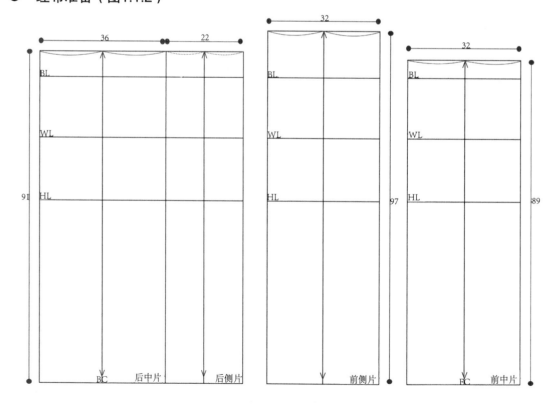

图1.1.2　坯布准备图（单位：cm）

● 操作步骤

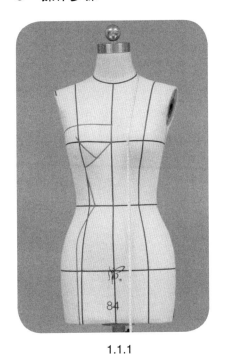

1.1.1

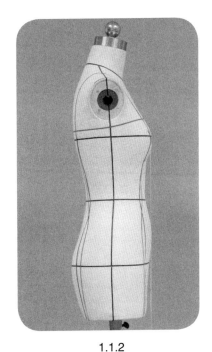

1.1.2

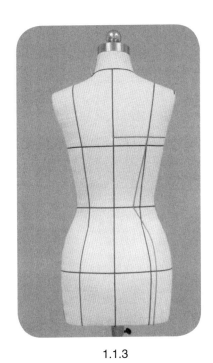

1.1.3

1.1.1～1.1.3　根据款式造型和款式分析，贴置款式造型线。纵向的折型分割线是设计的重点，要注意细致刻画。

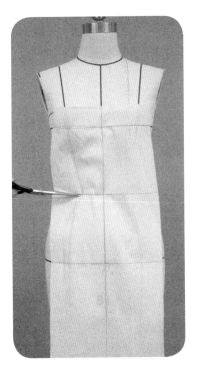

1.1.4

1.1.4　把前中片用布固定于人台上。为整件试样，预留右半片用布。将前中心线、胸围线、腰围线和臀围线对齐人台上相应的标示线，固定前中心线处，预留适当松量后依次固定纵向分割线胸点位置、腰围线位置以及臀围位置。腰围线处剪刀口。

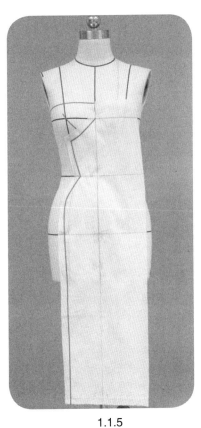

1.1.5

1.1.5　预留缝份，逐段修剪分割线。

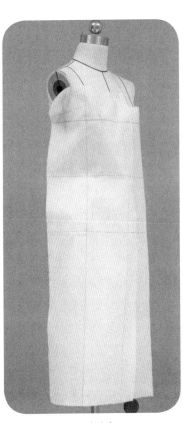

1.1.6

1.1.6　把前侧片用布固定于人台上，保证侧缝用布纵向中心线居中、竖直。固定中心线胸围位置、腰围位置和臀围位置；中心线两侧预留平衡松量，并用大头针固定三围松量。

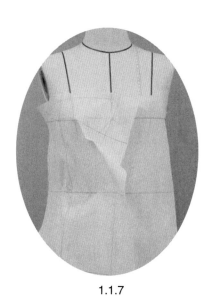

1.1.7

1.1.7　把胸围线以上曲面浮余量转移至分割线省道。

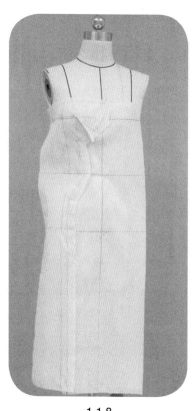

1.1.8

1.1.8　分段修剪，拼合分割线。

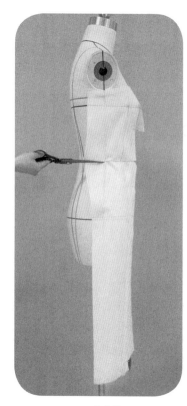

1.1.9

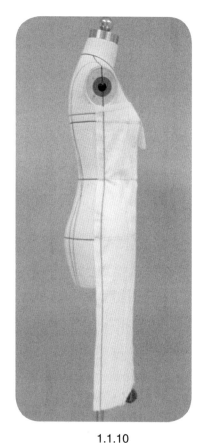

1.1.10

1.1.9、1.1.10　分段修剪侧缝线。将腰臀间侧缝线适当设置归缩量，以塑造窄下摆造型。

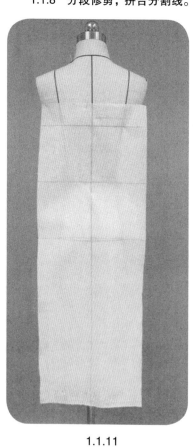

1.1.11

1.1.11　把后中片用布固定于人台上。方法类同前中片，参见步骤1.1.4。

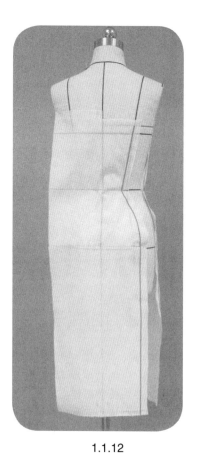

1.1.12

1.1.12　预留缝份，逐段修剪分割线。

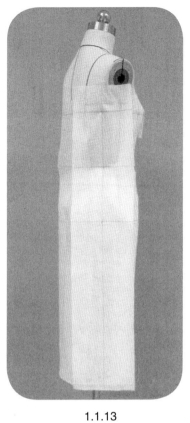
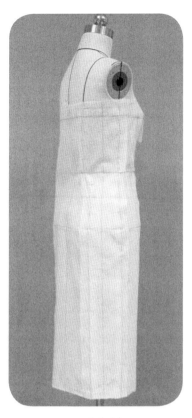

1.1.13　把后侧片用布固定于人台上。方法类同前侧片，参见步骤 1.1.6。

1.1.14　分段修剪，分段用平叠针法拼合后侧片与后中片以及后侧片与前侧片。

1.1.13　　　　　　　　　　1.1.14

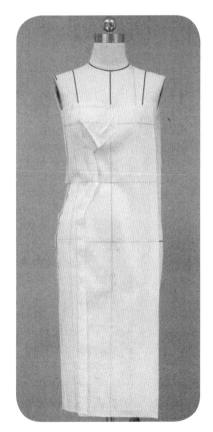
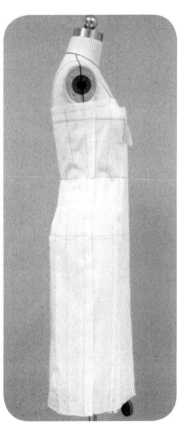
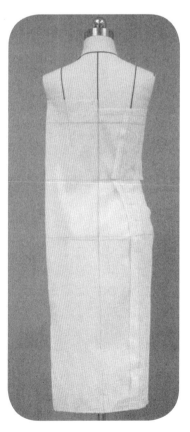

1.1.15　　　　　　　　1.1.16　　　　　　　　1.1.17

1.1.15 ~ 1.1.17　去除固定前、后侧片松量和纵向中心线的大头针，观察松量的平衡，确认造型。

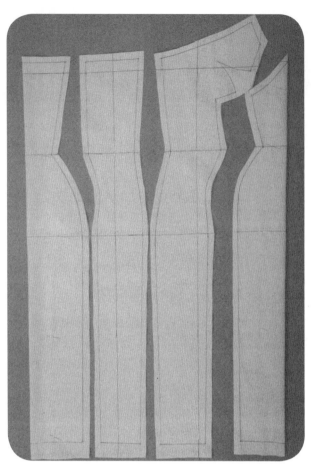

1.1.18　进行标点描线、平面整理，拓印对称衣片。

1.1.18

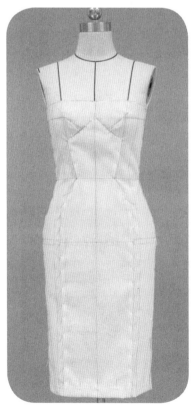

1.1.19

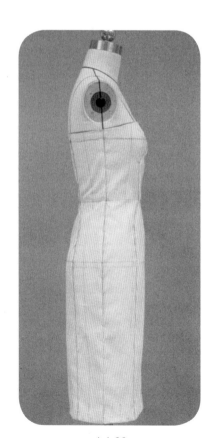

1.1.20

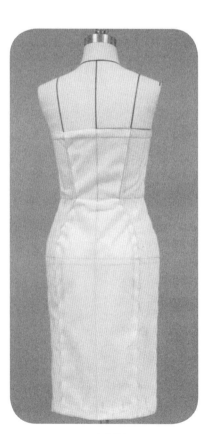

1.1.21

1.1.19～1.1.21　用大头针别合衣片，进行试样补正。完成整体造型。

● 样片描图（图1.1.3）

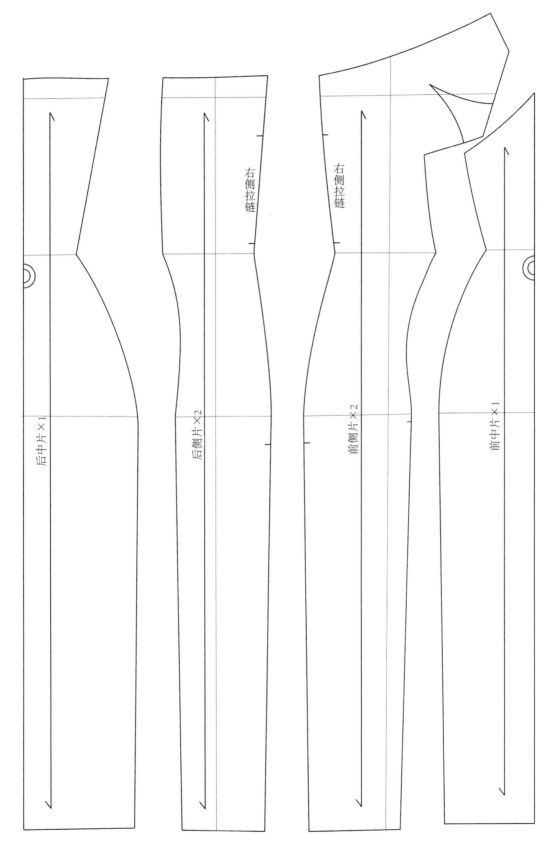

后中片×1

后侧片×2

右侧拉链

右侧拉链

前侧片×2

前中片×1

图1.1.3 样片描图

1.2 小礼服 2——不对称S形分割线+衣裥设计

● **款式分析**（图1.2.1）

设计重点：变化的S形分割线兼具极好的功能性和装饰性，衣裥使得装饰效果更强烈。其设计简约但绝佳。

衣身廓形：X形；内层断腰、外层连腰。

结构要素：衣裥，S形分割线。

衣领设计：一字领口领。

衣袖设计：一片圆装袖。

细节设计：后中心装拉链。

松量设计：胸围松量4cm；腰围松量4cm；臀围松量4cm。

图1.2.1　款式插图

● **坯布准备**（图1.2.2）

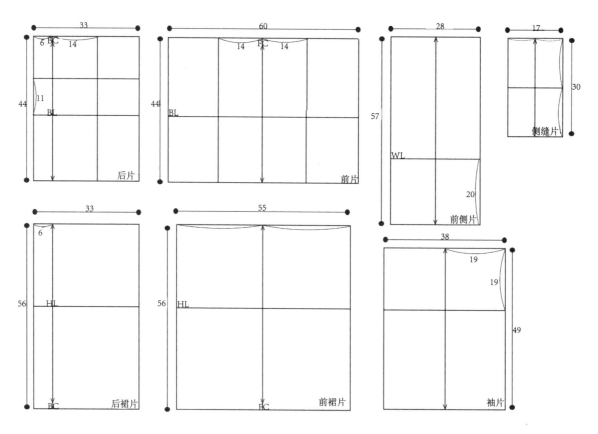

图1.2.2　坯布准备图（单位：cm）

● 操作步骤

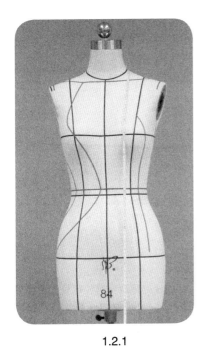

1.2.1

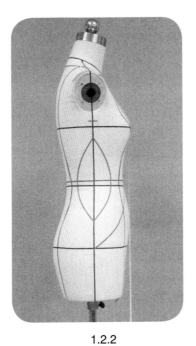

1.2.2

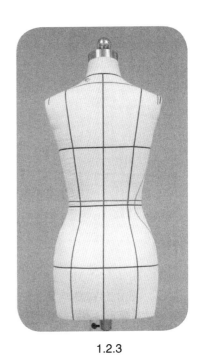

1.2.3

1.2.1～1.2.3　根据款式造型和款式分析，贴置款式造型线。服装整体为不对称造型，内部结构线不对称、外轮廓对称，造型线需要全部贴出，要保证对称部分的对称。分割线的造型是设计的重点，要准确刻画；横开领开大，形成一字领造型；肩宽减小 1~1.5cm，袖窿底点位于胸围线上 1cm；腰围线抬高 1~1.5cm。

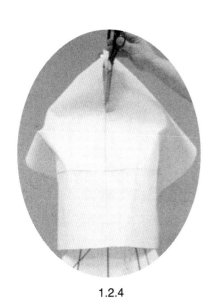

1.2.4

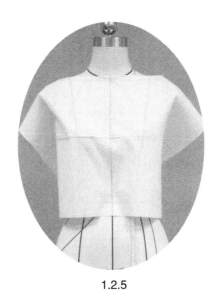

1.2.5

1.2.6

1.2.4　把前上片用布固定于人台上。固定前中心线处，将预留松量固定在侧缝处以及胸点附近。

1.2.5　修剪领口线。

1.2.6　把前上片左侧曲面浮余量转移至分割线胸褶。完成袖窿和腰围线的修剪。

1.2.7

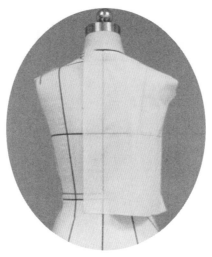

1.2.8

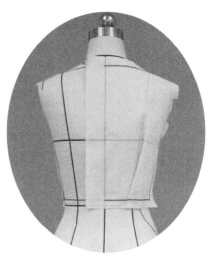

1.2.9

1.2.7 把前上片右侧曲面浮余量转移至腰围线胸裥,完成袖窿和腰围线的修剪。贴置肩线。

1.2.8 把后上片用布固定于人台上。后片为对称造型,且后中心装拉链,故取一半片用布操作即可。

1.2.9 依次修剪领口线、肩线和袖窿,把浮余量转移至腰围线,形成腰围线肩背裥,用平叠针法合并前、后片侧缝。

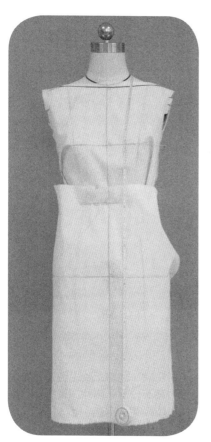

1.2.10

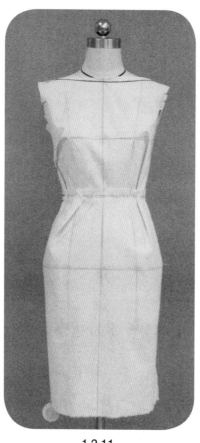

1.2.11

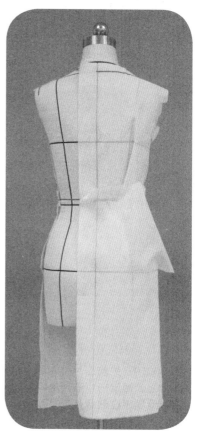

1.2.12

1.2.10 把前裙片用布固定于人台上。

1.2.11 左、右腰围线处分别设置衣裥,包含腰腹曲面量以及裙摆收窄向腰围线的旋转量。

1.2.12 把后裙片用布固定于人台上。

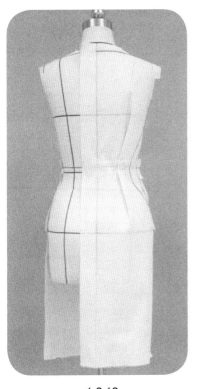

1.2.13

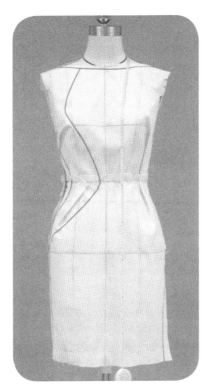

1.2.14

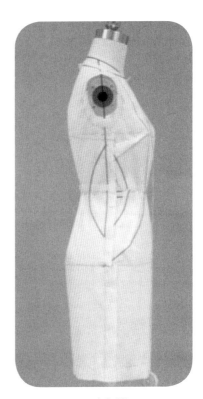

1.2.15

1.2.13　设置腰围线衣裾，包含腰臀曲面量以及适当的下摆收窄旋转量。

1.2.14、1.2.15　贴置分割线造型线。

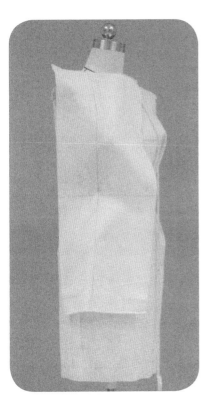

1.2.16

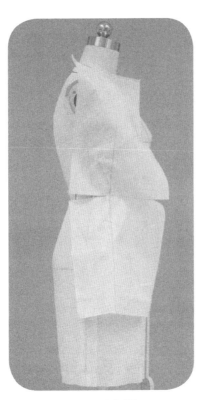

1.2.17

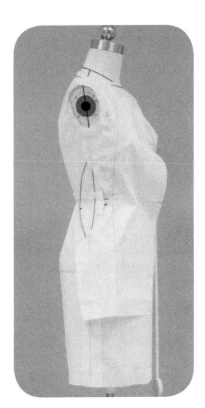

1.2.18

1.2.16　固定侧片用布于人台上。保证纵向中心线竖直，胸围线、腰围线与人台上相应标示线对齐。

1.2.17、1.2.18　在腰围线处修剪刀口；将曲面量转移至S形分割线；用平叠针法别合侧片用布的侧缝以及袖窿。

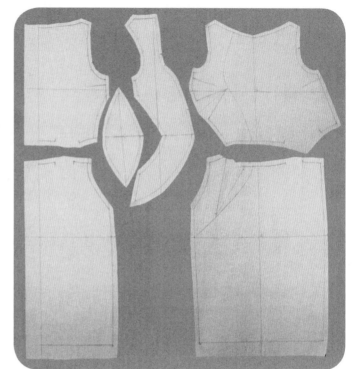

1.2.19

1.2.20

1.2.21

1.2.19　修剪 S 形造型分割线，用平叠针法于领口线、腰围线处别合侧片和前片。

1.2.20　操作侧片菱形装饰片。

1.2.21　进行标点描线，平面整理衣身衣片，拓印袖窿弧线。

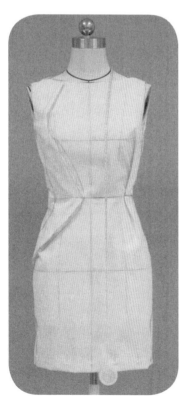

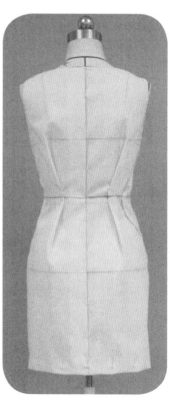

1.2.22

1.2.23

1.2.24

1.2.22～1.2.24　进行试样补正，完成衣身造型。

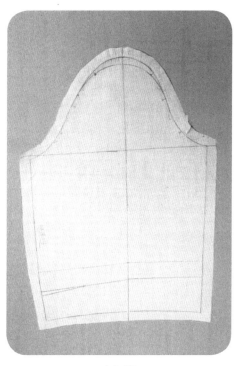

1.2.25

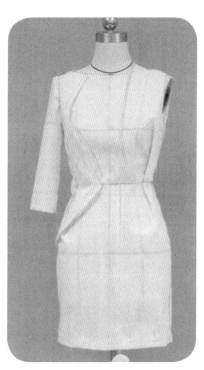

1.2.26

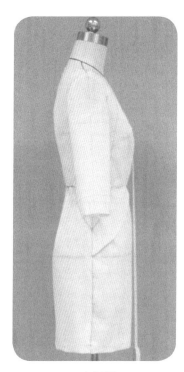

1.2.27

1.2.25　基于袖窿弧线，平面配制衣袖纸样，拓印布样。建议尺寸：袖长40cm、袖肥31cm、袖口23cm、袖山缝缩量2.5cm。

1.1.26 ~ 1.2.28　分配袖山缝缩量，别合衣袖与袖窿，确认对位标记。

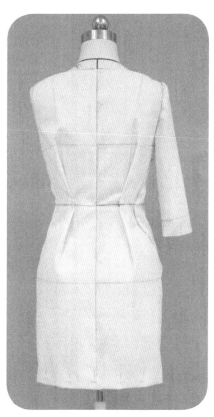

1.2.28

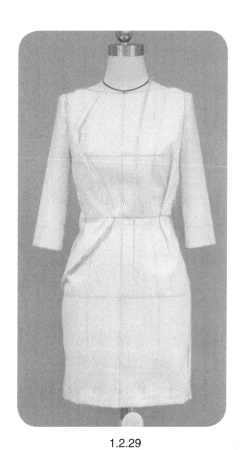

1.2.29

1.2.29　完成整体造型。

● 样片描图（图1.2.3）

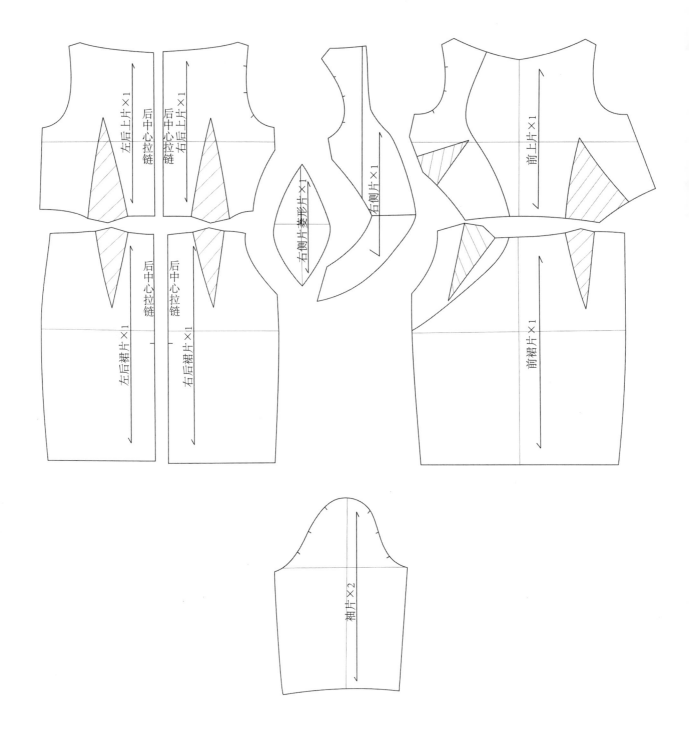

图1.2.3　样片描图

1.3 小礼服3——不对称单边衣裥设计

● **款式分析（图1.3.1）**

    设计重点：变化的折线形分割线组合不对称的
                衣裥设计，简约至极，是小礼服的
                经典之作。

    衣身廓形：X形；连腰型。

    结构要素：

        前片——侧缝胸裥、侧缝腰腹裥、侧缝；

        后片——开口连腰省、侧缝。

    细节设计：后中心装拉链。

    松量设计：胸围松量0.5~1cm；腰围松量
                2~3cm；臀围松量3~4cm。

图1.3.1　款式插图

● **坯布准备（图1.3.2）**

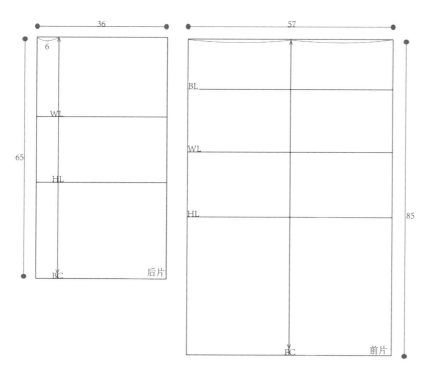

图1.3.2　坯布准备图（单位：cm）

● 操作步骤

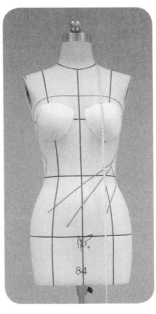

1.3.1

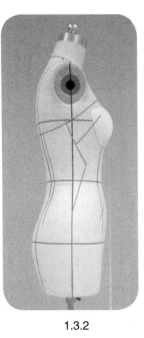

1.3.2

1.3.3

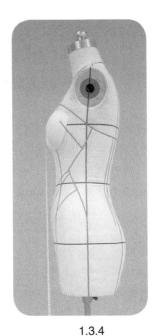

1.3.4

1.3.1、1.3.2　根据款式造型和款式分析，贴置款式造型线。把内衬胸垫用大头针固定在人台上。

1.3.3　注意后腰省位置要适当偏向侧面，以便最大设置吸腰量。

1.3.4　整体为不对称造型，但只是内部结构造型不对称，要保证外轮廓线的对称性。

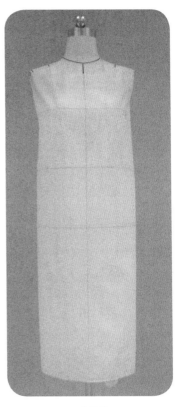

1.3.5

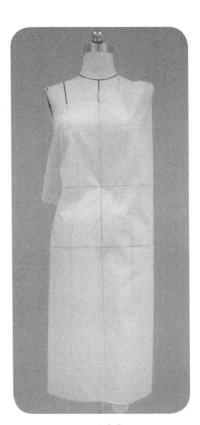

1.3.6

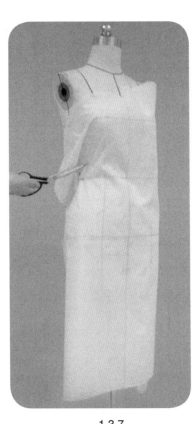

1.3.7

1.3.5　把前片用布固定于人台上。保证布纹线的横平竖直，预留适当的围度松量并依次固定于前中心线处、侧缝位置以及胸点附近。

1.3.6、1.3.7　首先操作左边部分。逐步修剪上领口线、侧缝，把胸围线以上的曲面浮余量以及适当的腰省量转移至侧缝省，形成侧缝衣裥。

1.3.8

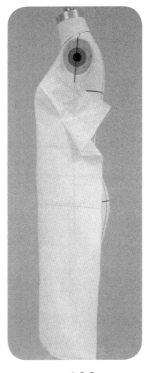

1.3.9

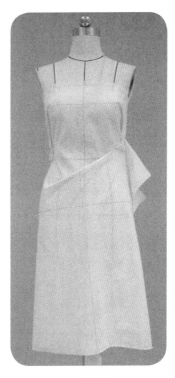

1.3.10

1.3.11

1.3.8　修剪左侧缝线至臀围线即可，预留臀围线以下用布作为右侧腰腹衣裥的装饰旋转用布。

1.3.9　修剪右侧领口线，并将胸围线以上曲面量转移至右侧缝胸裥。

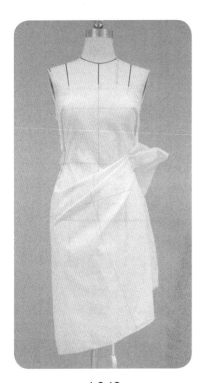

1.3.12

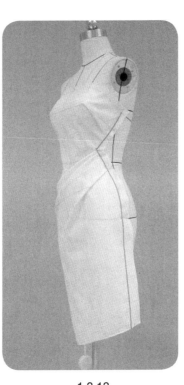

1.3.13

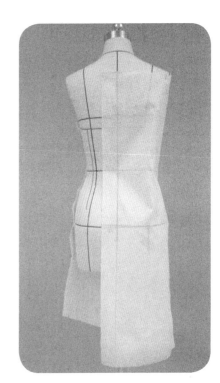

1.3.14

1.3.10 ~ 1.3.13　提拉旋转用布，操作右侧缝腰腹衣裥。注意衣裥的位置、方向以及长短。衣裥底的位置和旋转点的位置连线就是衣裥的方向，所以要注意左侧侧缝旋转点的位置确定，并用大头针固定。衣裥的量决定衣裥的长短。还要注意单向裥的侧倒方向。这些共同形成衣裥的造型。

1.3.14　固定后片用布于人台上。后片为对称造型，因此取布操作一半即可。保证臀围的松量，胸围处会有多余松量，其后作为开口省量处理。

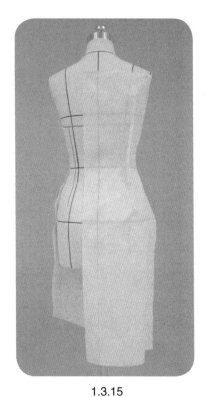

1.3.15

1.3.15 设置后背连腰开口省。

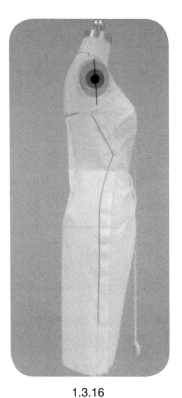

1.3.16

1.3.16 逐段修剪后片侧缝，用平叠针法别合前、后片。

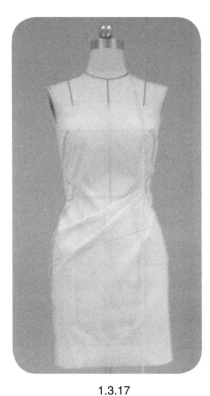

1.3.17

1.3.17 确认与调整整体造型。

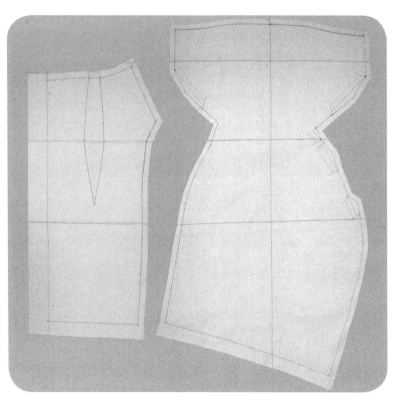

1.3.18

1.3.18 进行标点描线，平面整理衣片。

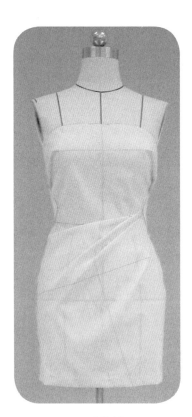

1.3.19

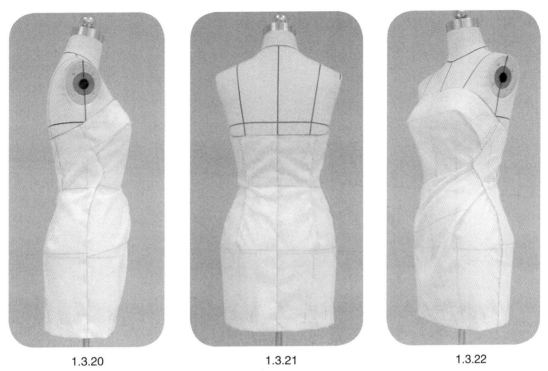

| 1.3.20 | 1.3.21 | 1.3.22 |

1.3.19 ~ 1.3.22　进行试样补正，完成整体造型。

● 样片描图（图1.3.3）

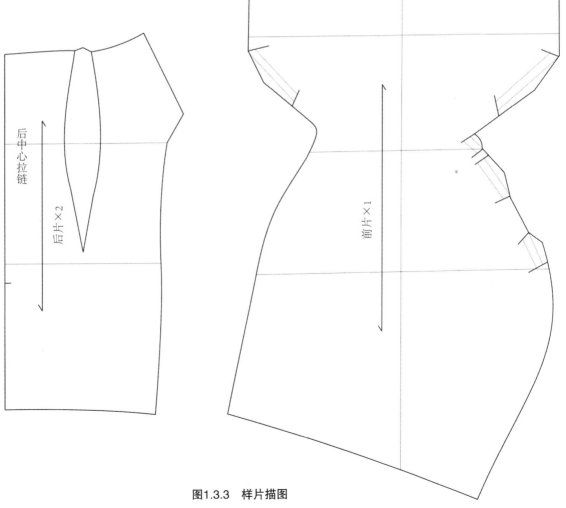

后中心拉链

后片×2

前片×1

图1.3.3　样片描图

1.4 小礼服4——不对称交叉装饰衣褶设计

● **款式分析（图1.4.1）**

设计重点：胸部的交叉衣褶是设计重点，表现出
  不规则自然衣褶形态且衣褶量较大，
  需要合体造型的里布造型来支撑。

衣身廓形：X形；断腰型。

结构要素：

  上衣外层——衣褶（包含领口松量、胸腰曲
    面量、造型装饰量）；

  上衣内里——省道（侧缝、腰省）、侧缝；

  裙——省道（腰省）、侧缝。

细节设计：腰围线抬高；后中心装拉链。

松量设计：胸围松量0.5~1cm；腰围松量
  1~2cm；臀围松量3~4cm。

图1.4.1 款式插图

● **坯布准备（图1.4.2）**

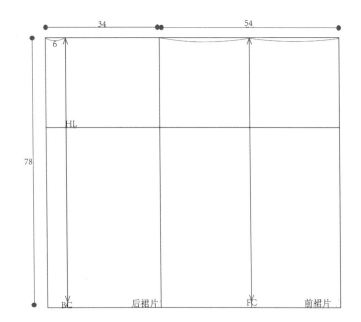

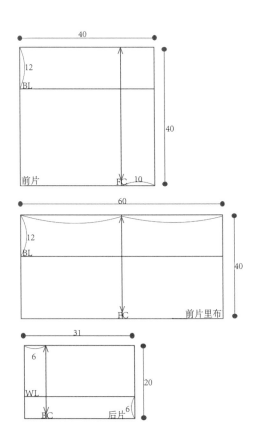

图1.4.2 坯布准备图（单位：cm）

● 操作步骤

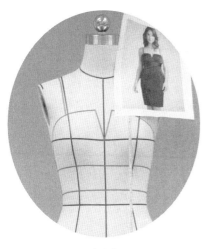

1.4.1

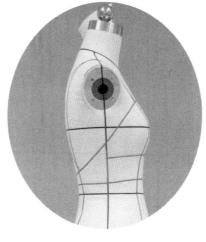

1.4.2

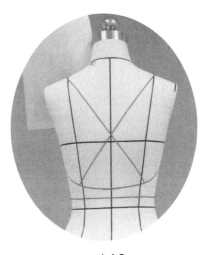

1.4.3

1.4.1～1.4.3　根据款式造型贴置款式造型线。认真观察，注意各处的比例关系和每一条造型线的弧度。款式呈现不对称形式，但左右衣片为对称结构，故贴出一半造型线即可。整体观察贴出的造型线，注意要保证左右的对称性。

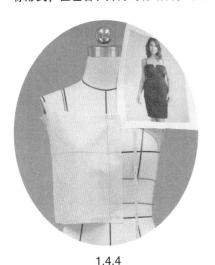

1.4.4

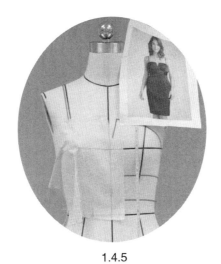

1.4.5

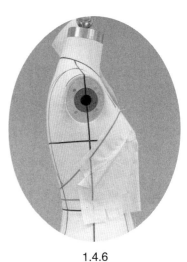

1.4.6

1.4.4　先进行上衣前片里布部分的操作。

1.4.5　注意领口的自然伏贴，把多余的浮余松量转移至侧缝省和腰省。观察省尖的位置，合理分配侧缝省和腰省的省量。

1.4.6、1.4.7　注意腰省的自然弯弧形状。

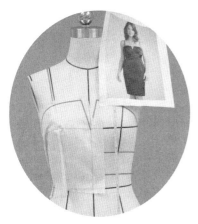

1.4.7

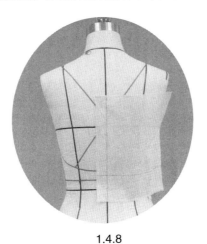

1.4.8

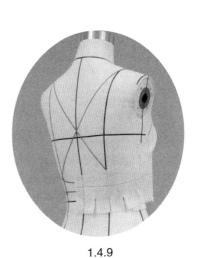

1.4.9

1.4.8　取后片用布。后片的面、里布为同样造型。

1.4.9　后背为低露背造型，无需省道设计就可操作伏贴。

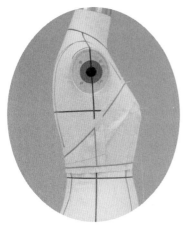

1.4.10

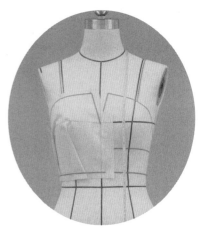

1.4.11

1.4.12

1.4.10、1.4.11　用平叠针法别合前、后片，完成后片的操作。

1.4.12　贴出腰围造型线，完成上衣部分里布的操作。

1.4.13

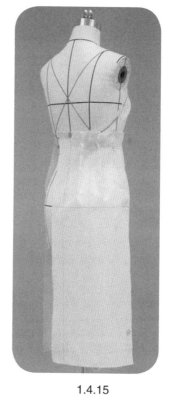

1.4.14

1.4.15

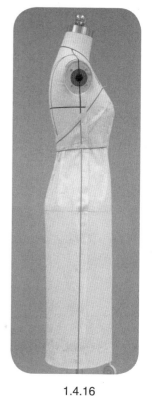

1.4.16

1.4.13　裙片的面、里布结构相同，缝份的不同在纸样处理时进行即可。前裙片整体取布，但只操作左侧一半即可。标点描线，拓印出右片。

1.4.14　注意单腰省的位置以及腰省量和侧缝省量的分配。保证腹部的圆润造型，挑出省尖。

1.4.15　后裙片的腰臀差较大，故仍需设计两个省道。注意两个省道量和侧缝省量的分配，要注意保持省道的间距协调以及省道间的纵向布纹基本竖直。

1.4.16、1.4.17　侧面观察前、后省道位置的协调，用平叠针法别合前、后片侧缝，完成修剪。

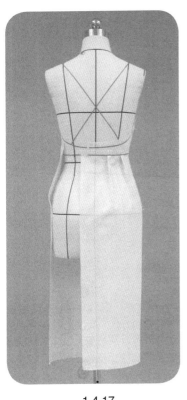

1.4.17

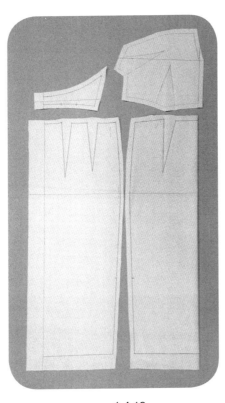

1.4.18

1.4.18　进行标点描线、平面整理。

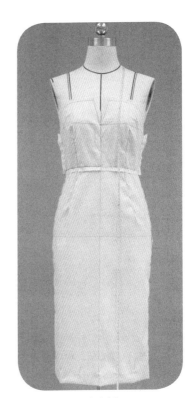

1.4.19

1.4.20

1.4.21

1.4.22

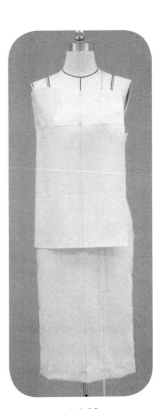

1.4.23

　　1.4.19 ~ 1.4.21　进行试样补正。注意分别采用抓合针法和平叠针法进行上衣部分侧缝和上、下片腰围线别合，以便于前片面布的操作。

　　1.4.22　贴出必要的造型线。

　　1.4.23　前片用布的衣褶在胸围线以下，故下方预留较多的衣褶造型用布量。

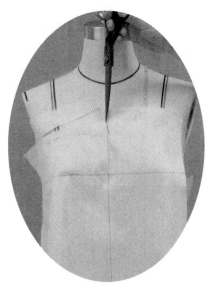

1.4.24

1.4.24　逐渐修剪，保证上领口
与里布一样伏贴，将浮余松量转移至
腰部。

1.4.25

1.4.25　用抓合针法别合侧缝。

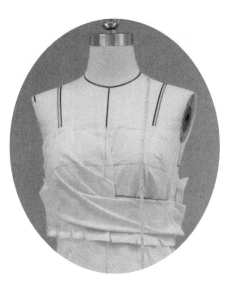

1.4.26

1.4.26　衣裥的构成因素有位
置、量和方向。要注意每一个衣裥的
准确位置以及裥量大小。衣裥的量决
定了衣裥的长短。注意刀口的修剪，
以便于衣裥的操作。

1.4.27

1.4.27　进行标点描线，
平面整理。注意对位点的标记。

1.4.28

1.4.29

1.4.30

1.4.28 ～ 1.4.30　进行试样补正，完成整体造型。

● 样片描图（图1.4.3）

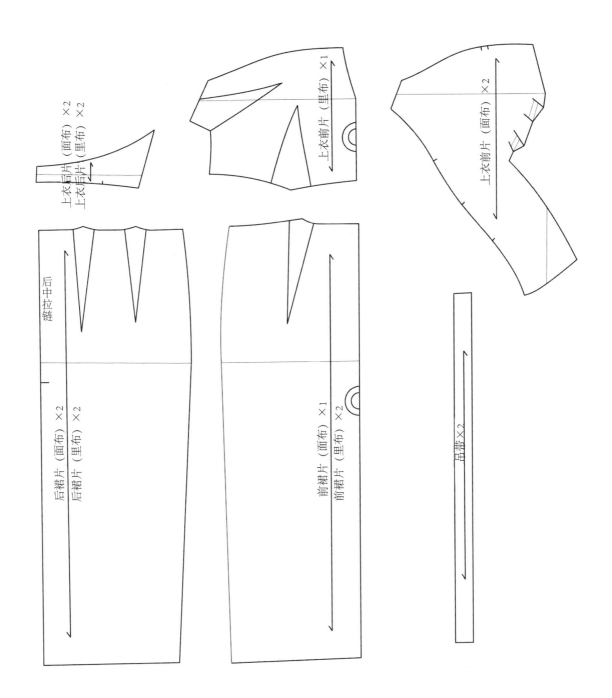

图1.4.3　样片描图

1.5 小礼服5——变化衣裥+波浪设计

● **款式分析（图1.5.1）**

设计重点：衣裥组合波浪，结合横向分割线的
设计，看似随意却是精心裁剪。

衣身廓形：X形；断腰型。

结构要素：

省道——侧缝胸省、腰围线胸省、腰腹
省、腰臀省；

分割线——侧缝纵向分割线、后中心纵向
分割线、腰部横向分割线；

衣裥——腰围线衣裥；

波浪——组合衣裥的波浪纵向。

细节设计：腰围线抬高，后中心装拉链。

松量设计：胸围松量0.5~1cm；腰围松量
2~3cm；臀围松量3~4cm。

图1.5.1 款式插图

● **坯布准备（图1.5.2）**

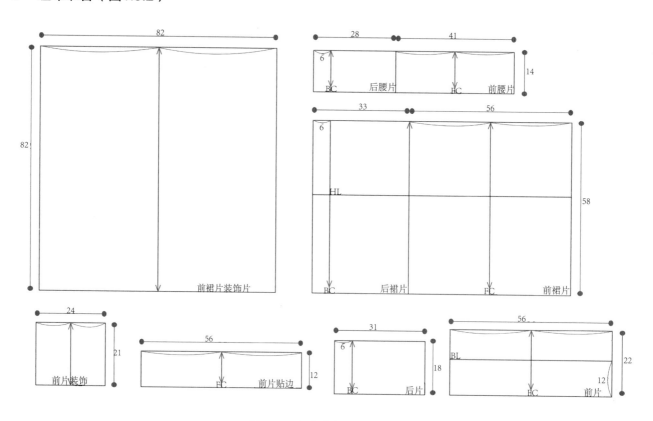

图1.5.2 坯布准备图（单位：cm）

● 操作步骤

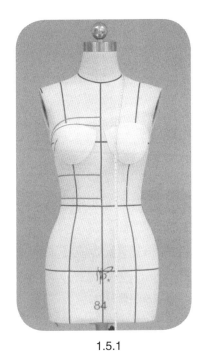
1.5.1

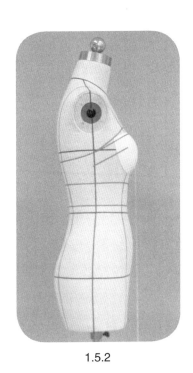
1.5.2

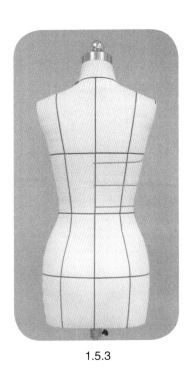
1.5.3

1.5.1～1.5.3　根据款式造型和款式分析，贴置款式造型线。内层造型对称，造型线贴一半即可；外层造型线可以在内层完成后再贴置。

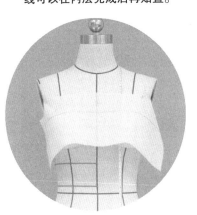
1.5.4

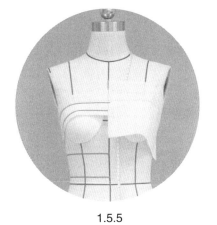
1.5.5

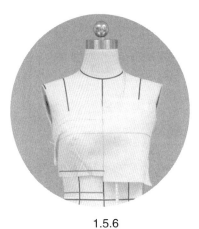
1.5.6

1.5.4、1.5.5　将前 A 片用布固定于人台上，并进行修剪操作。

1.5.6　将前 B 片用布固定于人台上，并修剪横向分割线处，然后用平叠针法与 A 片用布别合。把曲面浮余量分配至侧缝省和腰围线省，修剪侧缝和腰围线。

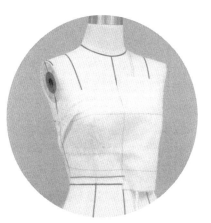
1.5.7

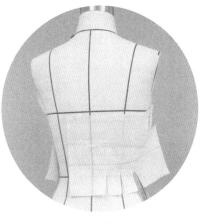
1.5.8

1.5.7　操作修剪前 C 片。

1.5.8、1.5.9　顺序操作后 A 片和后 B 片。后片露背线低于胸围线，无需设置省道即可伏贴。

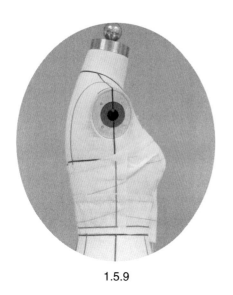

1.5.9

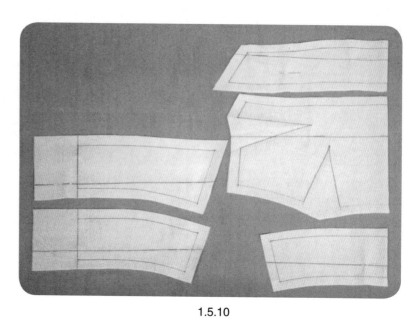

1.5.10

1.5.10　进行标点描线及平面整理。

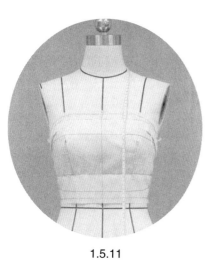

1.5.11

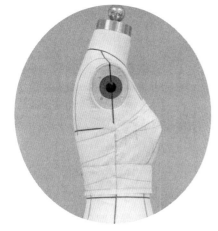

1.5.12

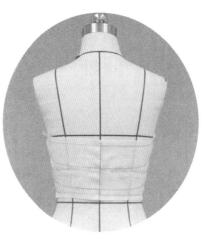

1.5.13

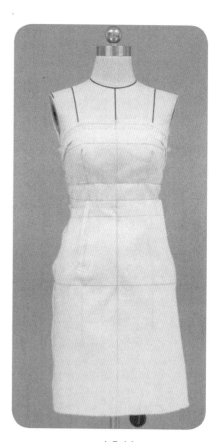

1.5.14

1.5.11～1.5.13　进行上衣部分试样补正、造型确认。

1.5.14　在前裙片（前D片）设置腰腹省，用平叠针法别合腰围线与上衣。

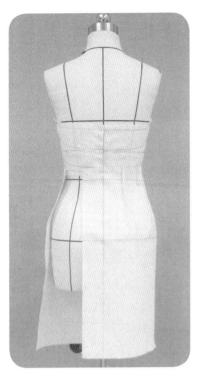

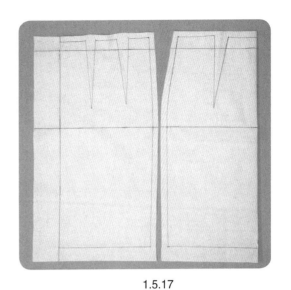

1.5.17

1.5.17 进行裙片的标点描线及平面整理。

1.5.15

1.5.15 在后裙片（后 C 片）设置腰臀省，腰围线处与上衣用平叠针法别合。腰臀差值较大，若设置一个省道则量过大，故需要设置两个省道。

1.5.16

1.5.16 注意前、后省道位置的平衡和侧缝的自然顺直。

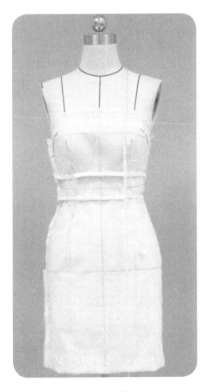

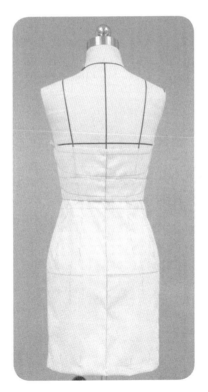

1.5.18

1.5.19

1.5.20

1.5.18、1.5.19 完成裙内层造型，进行试样补正、造型确认。将前片腰围线和左侧缝采用抓合针法别合，以方便完成饰片的操作。

1.5.20 将前裙波浪饰片（前 E 片）用布固定于人台上，用布余量留在腰围线以上。

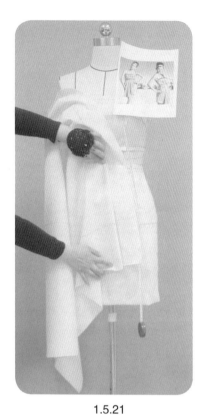

1.5.21

1.5.21　沿腰围线别合波浪饰片与前裙片至第一个波浪处。

1.5.22

1.5.22　逆时针旋转用布，操作设置衣裥波浪，注意衣裥的折倒方向变化以及裥量和波浪量的配合。

1.5.23

1.5.23　抚平、别合侧缝下半段至第一个侧缝衣裥止点处。

1.5.24

1.5.25

1.5.24、1.5.25　逐渐别合、修剪侧缝；顺时针旋转用布，设置左侧腰围线衣裥，并用平叠针法与裙片用布别合，形成裥量和方向有变化的侧面衣裥。

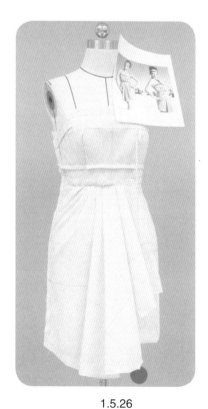

1.5.26

1.5.26　用大头针别出波浪下摆造型，进行预留缝份修剪。

1.5.27

1.5.27　修剪操作前上饰片（前 F
片），注意顺延裙饰片的衣裥波浪方向。

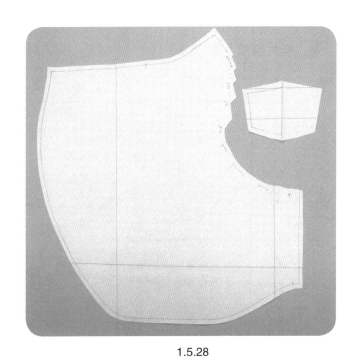

1.5.28

1.5.28　进行前 E 片、前 F 片的标点描线，平面整理。

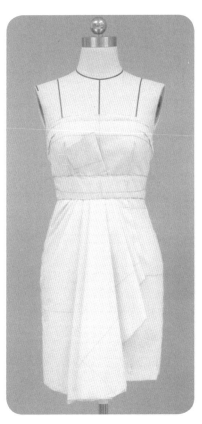

1.5.29

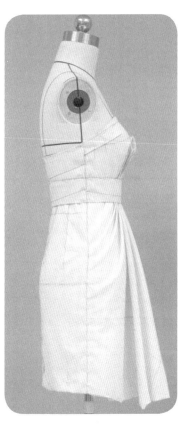

1.5.30

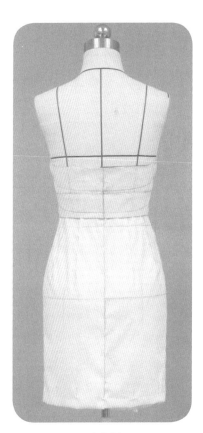

1.5.31

1.5.29 ~ 1.5.31　用折别针法别合腰围线和侧缝，进行整体试样补正，完成造型。

● 样片描图（图1.5.3）

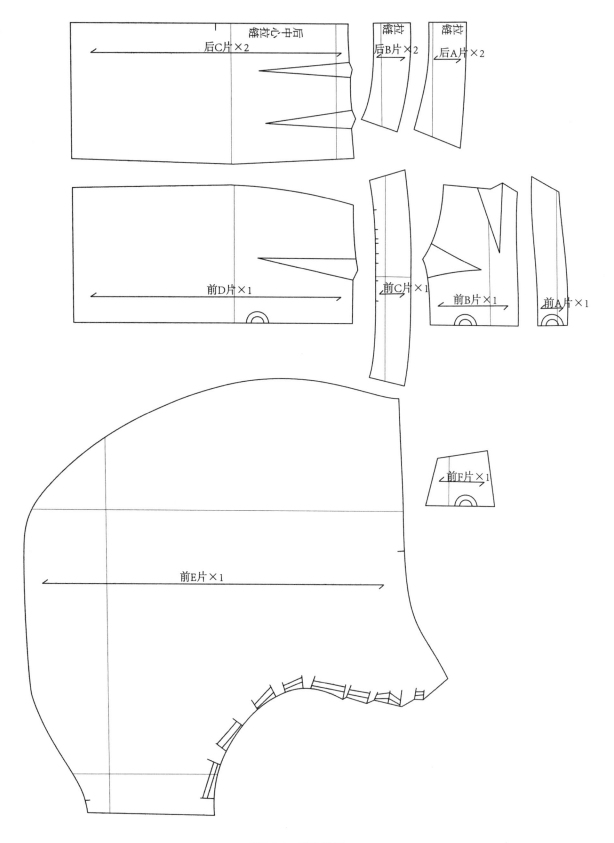

图1.5.3　样片描图

1.6　小礼服6——分割线胸衣+樽型裙造型设计

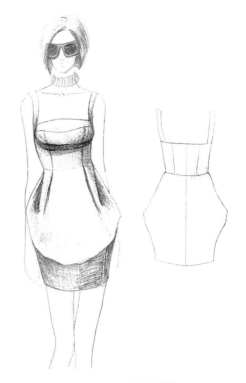

● 款式分析（图1.6.1）

　　设计重点：衣裥的巧妙应用设计，塑造樽型的
　　　　　　　裙身廓形，里布对裙身造型的塑造
　　　　　　　和稳定至关重要。分割线胸衣造型
　　　　　　　是小礼服常用的设计，立体的曲线
　　　　　　　饰边强调了胸部设计，也与裙身造
　　　　　　　型设计相映。

　　衣身廓形：X形；断腰型。

　　结构要素：

　　　　分割线——胸衣弧形分割线、横向分割
　　　　　　　　　线、纵向分割线；

　　　　衣裥——裙里布腰围线衣裥，裙面布腰围
　　　　　　　　线衣裥。

　　细节设计：腰围线抬高，后中心装拉链。

　　松量设计：胸围松量1cm；腰围松量2~3cm；
　　　　　　　臀围松量4~5cm。

图1.6.1　款式插图

● 坯布准备（图1.6.2）

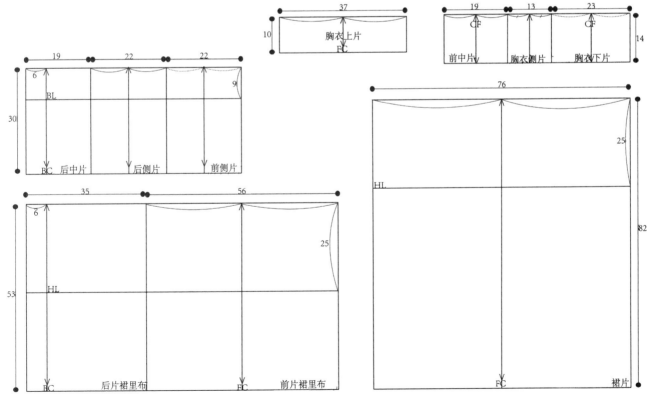

图1.6.2　坯布准备图（单位：cm）

● 操作步骤

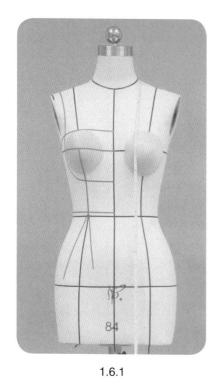

1.6.1

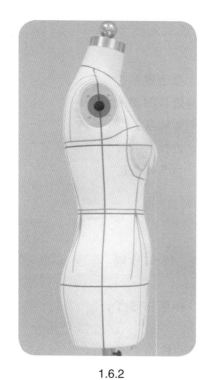

1.6.2

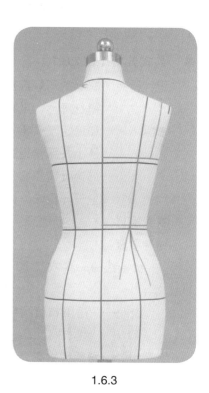

1.6.3

1.6.1～1.6.3 根据款式造型和款式分析，贴置款式造型线。

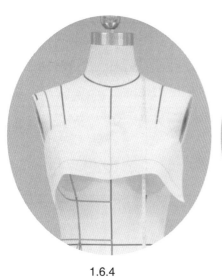

1.6.4

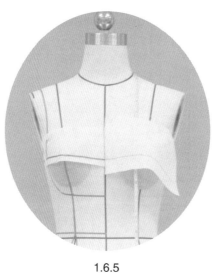

1.6.5

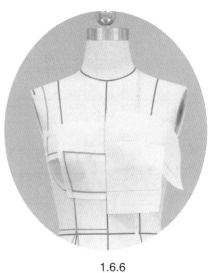

1.6.6

1.6.4 把胸衣上片（A片）用布固定于人台上，注意塑造出中间凹陷造型。

1.6.5 修剪A片用布左侧部分。

1.6.6 将胸衣下中片（B片）于分割线处与A片拼合，修剪边缘缝份。

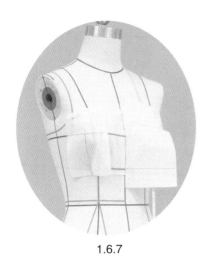

1.6.7

1.6.7 把胸衣下侧片（C片）按照布纹线横平竖直地固定于人台上。

1.6.8

1.6.8 分割线处将C片用平叠针法与A片以及B片用布拼合。

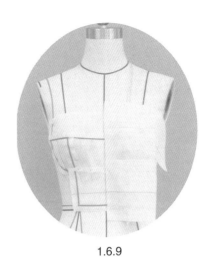

1.6.9

1.6.9 将上衣前中片（D片）用布于分割线处与B片用布以平叠针法别合，并修剪边缘缝份。

1.6.10

1.6.10 把上衣前侧片（E片）用布按照布纹线横平竖直地固定于人台上，分割线处逐渐修剪刀口，并用平叠针法与C片别合。

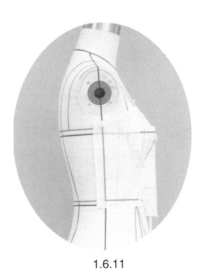

1.6.11

1.6.11 完成E片修剪。

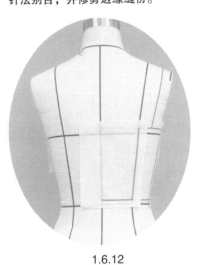

1.6.12

1.6.12 操作后中片（F片）。

1.6.13 保持后侧片（G片）的纵向中线竖直，逐渐修剪，并与F片及E片别合。

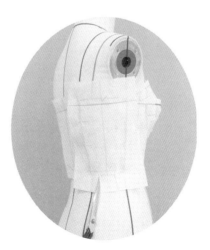

1.6.13

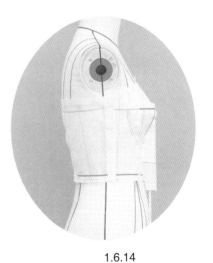

1.6.14

1.6.14 调整与确认上衣造型。

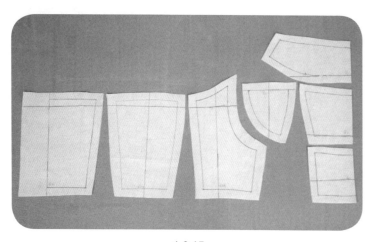

1.6.15

1.6.15　进行标点描线及平面整理，拓印出对称片。

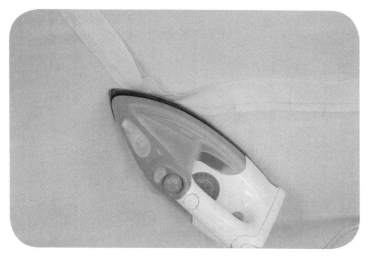

1.6.16

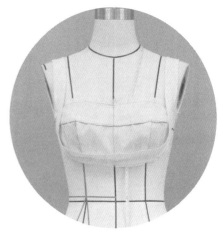

1.6.17

1.6.16、1.6.17　饰边（H片）部分为斜丝缕用布，采用双层折烫并拔烫出弯口造型，然后别合于胸衣部分。注意饰边的弧线造型以及立体造型。

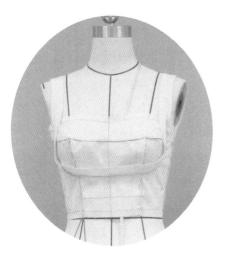

1.6.18

1.6.19

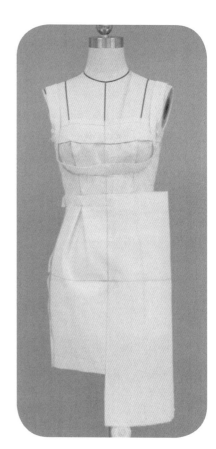

1.6.20

1.6.18、1.6.19　别合上衣部分，进行试衣补正。

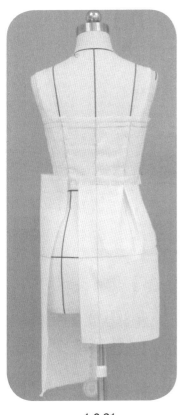

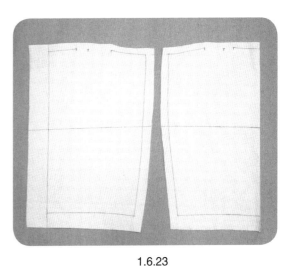

1.6.23

1.6.23　进行裙里布的标点描线及平面整理。

1.6.21　　　　　　　　　1.6.22

1.6.20 ~ 1.6.22　裙里布（I片、J片）的操作。注意臀围松量的保证以及下摆的适当收窄，腰围线裥量包括臀腰差量以及下摆收窄的旋转量。裙里布裙长比成品裙长短 7~8cm。

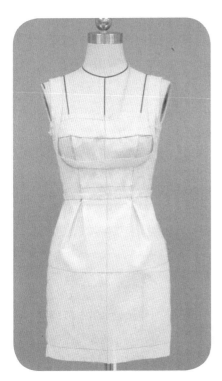

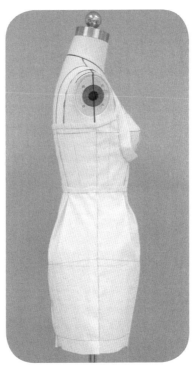

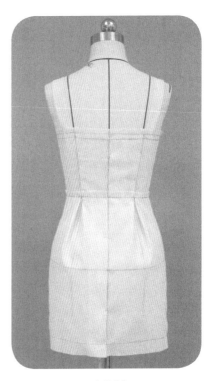

1.6.24　　　　　　　　　1.6.25　　　　　　　　　1.6.26

1.6.24 ~ 1.6.26　将裙里布用大头针别样，腰围线处用平叠针法与上衣部分别合；调整、确认造型。

1.6.27

1.6.28

1.6.27　把裙面用布（K片）固定于人台上。保持前中心线的水平竖直，固定前中心线处，侧缝向上提转，下摆收窄，预留足够的臀围松量。

1.6.28　设置腰围线衣褶，其为对合衣褶，褶量较大。

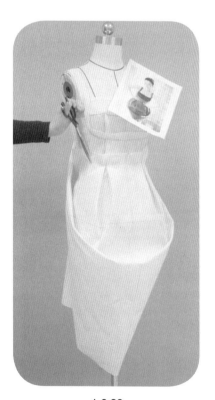

1.6.29

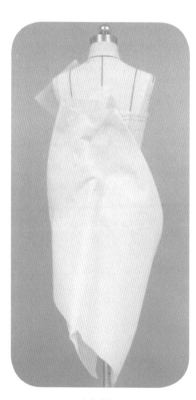

1.6.30

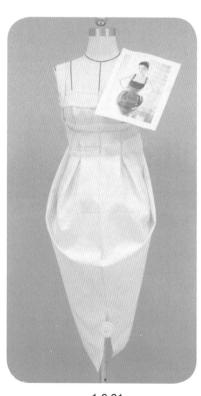

1.6.31

1.6.29、1.6.30　提拉旋转裙片用布，抓别裙后腰衣褶量，塑造裙身廓形，注意褶量是造型的关键决定因素。

1.6.31　裙面布裙长比成品裙长长7~8cm。

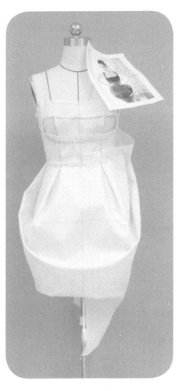

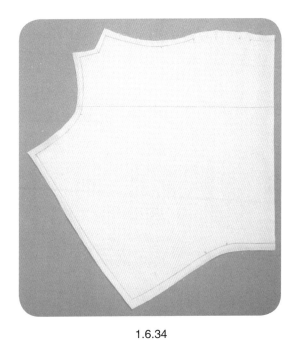

1.6.34

1.6.34 进行裙面布的标点描线及平面整理。

1.6.32　　　　　　　　　1.6.33

1.6.32、1.6.33　别合裙面布底边和裙里布底边，形成自然的樽形造型。

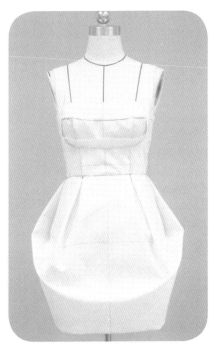
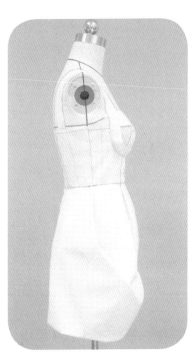
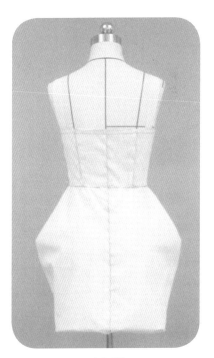

1.6.35　　　　　　1.6.36　　　　　　1.6.37

1.6.35 ~ 1.6.37　进行试样补正，完成整体造型。

● 样片描图（图1.6.3）

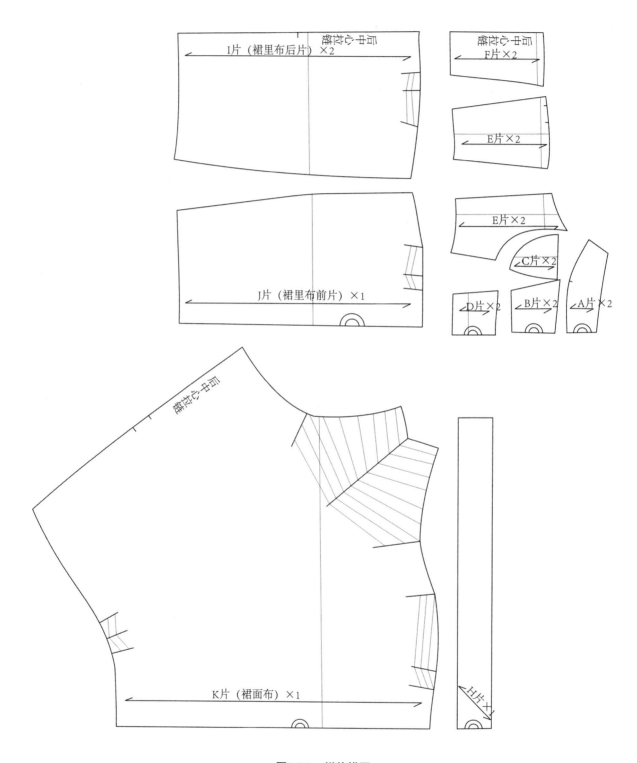

图1.6.3　样片描图

1.7 小礼服7——纵向衣褶胸衣+交叉装饰 衣褶设计

● **款式分析**（图1.7.1）

设计重点：胸前交叉装饰衣褶设计显然是设计的
重点，配合高腰围线造型及随意衣褶
的小灯笼形上衣，看似自然随意的造
型，但支撑的却是内在的精确裁剪。

衣身廓形：X形；内层断腰，外层连腰。

结构要素：

省道——上衣里布前片侧缝胸省、腰围线胸
省，后裙片腰围线臀省；

分割线——腰围线横向分割线、侧缝纵向分
割线；

衣褶——上衣腰围线衣褶，胸前交叉片衣褶。

细节设计：腰围线抬高，后中心装拉链。

松量设计：胸围松量0.5~1cm；高腰腰围松量
1~2cm；臀围松量3~4cm。

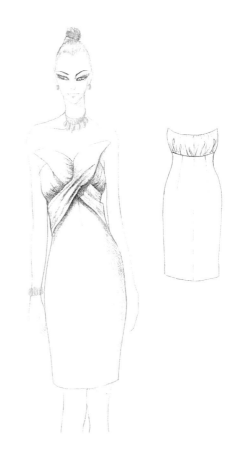

图1.7.1 款式插图

● **坯布准备**（图1.7.2）

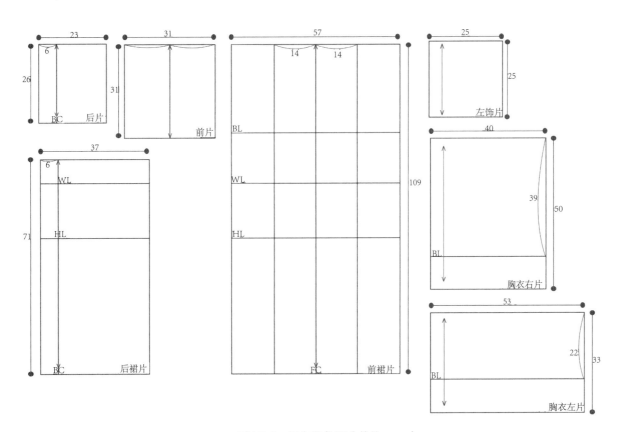

图1.7.2 坯布准备图（单位：cm）

● 操作步骤

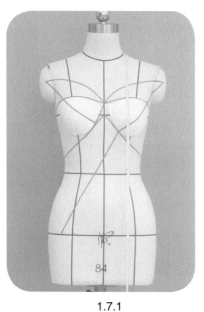

1.7.1

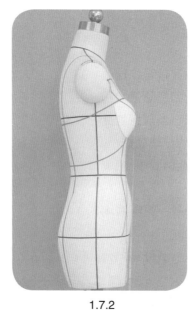

1.7.2

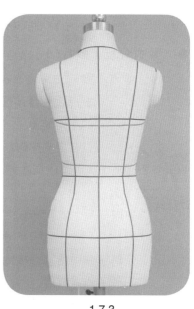

1.7.3

1.7.1～1.7.3　根据款式造型和款式分析，贴置款式造型线。

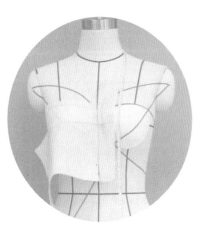

1.7.4

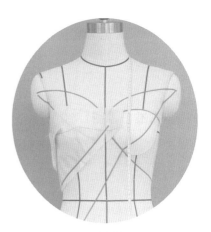

1.7.6

1.7.5

1.7.4　把上衣前片里布（A片）用布固定于人台上，注意中心线处的凹陷贴体。

1.7.5　设置侧缝省和高腰分割线胸省处理胸部曲面浮余量。

1.7.6　修剪缝份，完成A片的操作。

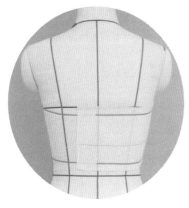

1.7.7

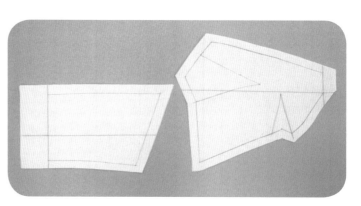

1.7.8

1.7.7　操作修剪上衣后片里布（B片）。

1.7.8　进行上衣里布样片的标点描线、平面整理，拓印对称右片。

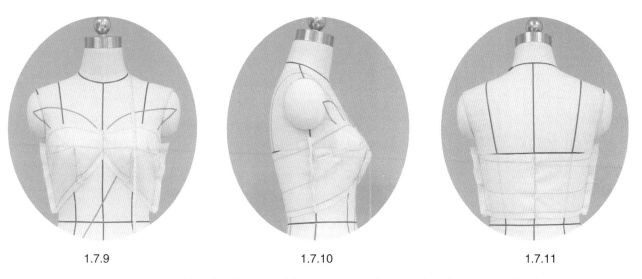

| 1.7.9 | 1.7.10 | 1.7.11 |

1.7.9~1.7.11　别合上衣里布,进行试样补正。要用抓合针法别合侧缝,以便于面布的操作。

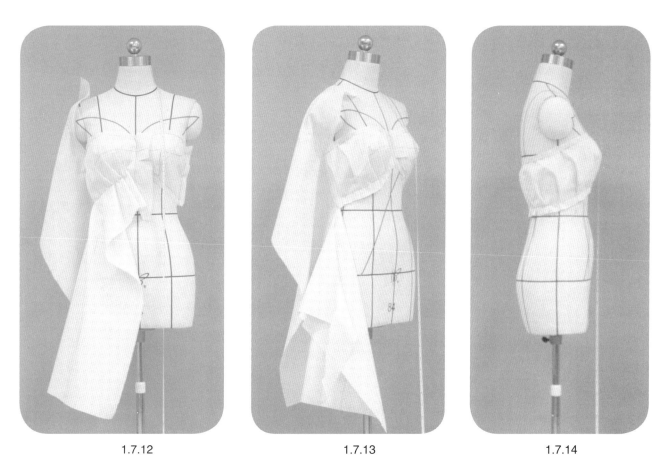

| 1.7.12 | 1.7.13 | 1.7.14 |

1.7.12~1.7.15　上衣面布(C片)前后相连,要从前到后逐渐修剪操作。衣褶量包括曲面浮余量以及装饰量,注意衣褶量的自然分配以及衣褶倒向的变化。适当设置面布的纵向松量,塑造微灯笼装造型。

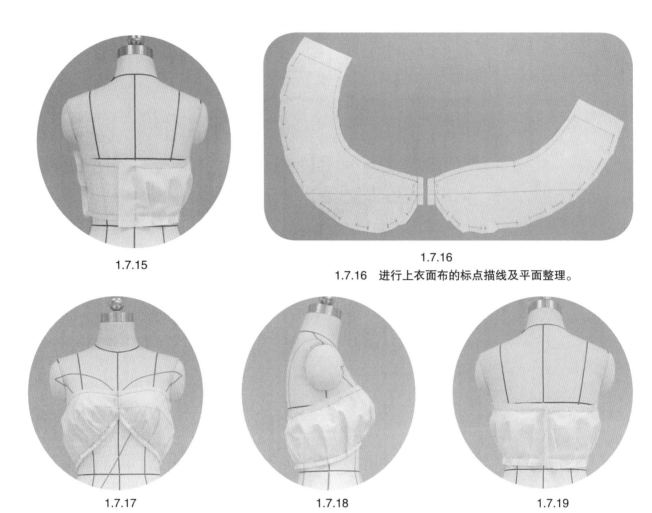

1.7.15

1.7.16

1.7.16　进行上衣面布的标点描线及平面整理。

1.7.17

1.7.18

1.7.19

1.7.17 ~ 1.7.19　别合上衣面布，并于上领口线以及高腰分割缝线处与里布别合，进行试样补正。

1.7.20　把裙前片（D片）用布固定于人台上，设置前中心线衣褶。

1.7.21　前片要先操作右半部分再操作左半部分。中心线处设置右侧衣褶，适当修剪右侧缝。

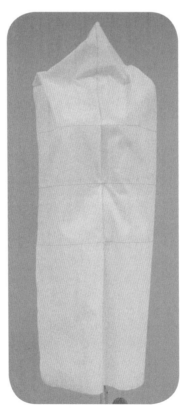

1.7.20

1.7.21

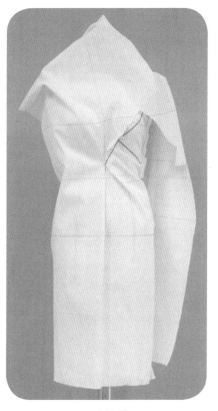

1.7.22

1.7.22 逆时针方向逐渐修剪分割线，整理右侧衣裙，高腰分割线处别合裙片与上衣样片，完成前片右半部分的修剪。

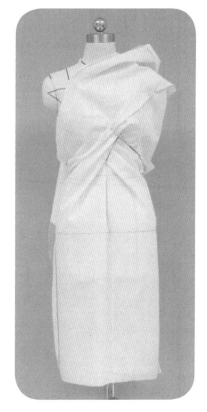

1.7.23

1.7.24

1.7.23、1.7.24 设置前片左侧衣裙。

1.7.25

1.7.25 修剪前裙片左侧缝。

1.7.26

1.7.27

1.7.26、1.7.27 顺时针方向逐步修剪分割线以及装饰片的造型。

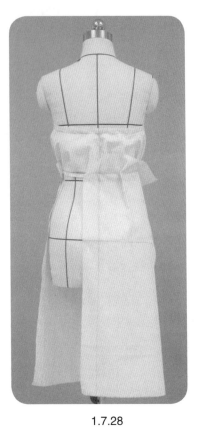

1.7.28

1.7.29

1.7.30

1.7.28　完成装饰片（E片）的操作。

1.7.29　后裙片（F片）为适当的小A字形造型，在腰部设置一个省来处理多余臀腰差量。

1.7.30　进行裙片的标点描线及平面整理。

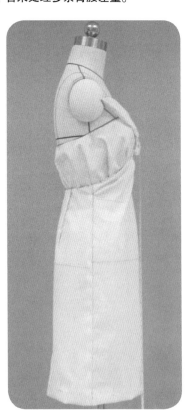

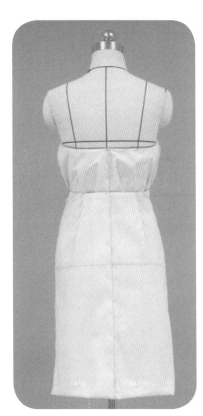

1.7.31

1.7.32

1.7.33

1.7.31～1.7.33　进行试样补正，完成整体造型。

● 样片描图（图1.7.3）

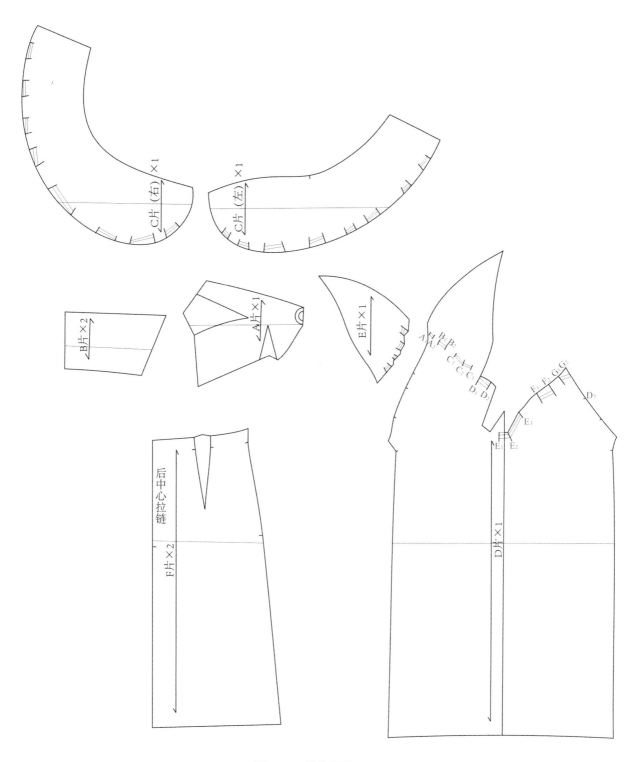

图1.7.3　样片描图

1.8 小礼服8——扭结衣褶胸衣+多层波浪裙设计

● **款式分析**（图1.8.1）

设计重点：胸前扭结状的衣褶形成视觉焦点；裙体的多层不规则波浪平衡了整体设计；小礼服显得既具设计感又雍容典雅。

衣身廓形：X形；断腰型。

结构要素：

省道——上衣里布前片侧缝胸省、腰围线胸省，后裙片腰围线臀省；

分割线——腰围横向分割线、侧缝纵向分割线；

衣褶——胸前交叉扭结衣褶；

波浪——多层裙片波浪造型。

细节设计：腰围线抬高，侧缝装拉链。

松量设计：胸围松量0.5~1cm；高腰腰围松量1~2cm；臀围松量3~4cm。

图1.8.1 款式插图

● **坯布准备**（图1.8.2）

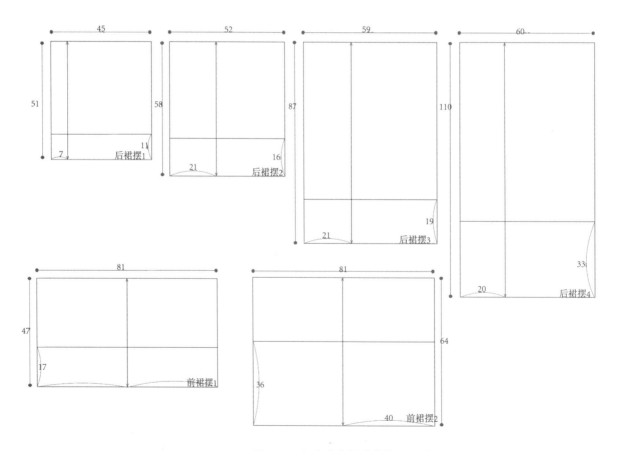

图1.8.2 坯布准备图（单位：cm）

● 操作步骤

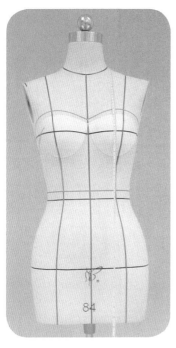

1.8.1

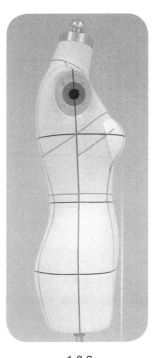

1.8.2

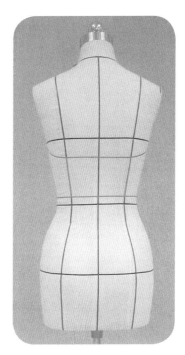

1.8.3

1.8.1～1.8.3　根据款式造型和款式分析，贴置款式造型线。

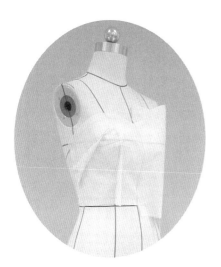

1.8.4

1.8.5

1.8.5　上衣后片里布和
面布样片相同。操作上衣后
片（B片）。

1.8.4　操作上衣前片里
布（A片），将曲面量分配于
侧缝胸省和腰围线胸省。

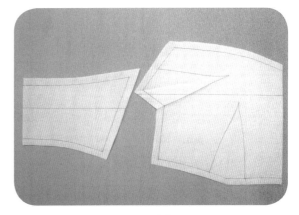

1.8.6

1.8.6　进行上衣里布样片的标点描线及平面整理。

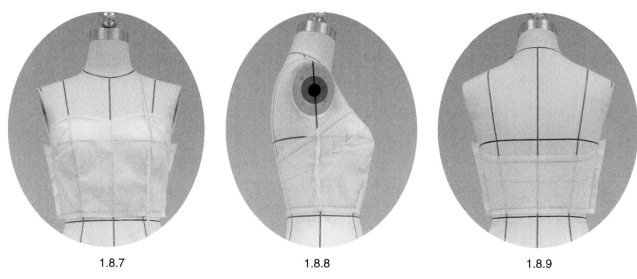

1.8.7	1.8.8	1.8.9

1.8.7~1.8.9　进行上衣里布的试样补正和造型确认。侧缝要以抓合法别合。

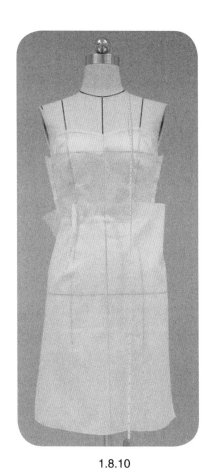

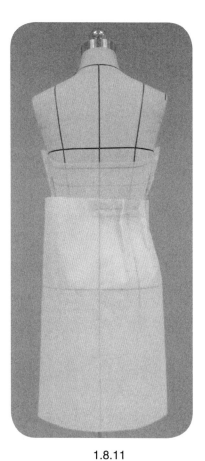

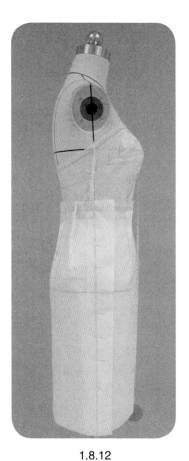

1.8.10	1.8.11	1.8.12

1.8.10　操作裙前片（C片），
设置单腰腹省。

1.8.11、1.8.12　操作裙后片（D片），设置双腰臀省。

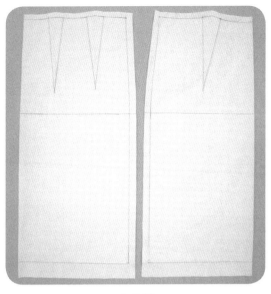

1.8.13

1.8.13 ~ 1.8.15 进行裙片的标点描线、平面整理。臀围线以上的侧缝要以抓合法别合。

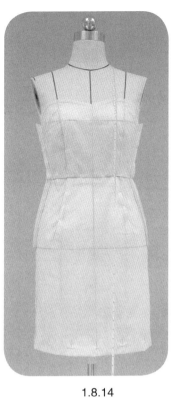

1.8.14

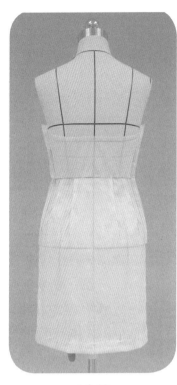

1.8.15

1.8.16

1.8.16 左前片面布（E片）与右前片面布（F片）交叉扭结，用大头针于边缘处固定用布于人台上。

1.8.17

1.8.17 逐渐整理衣褶；在中心线处别合左、右前片面布；分别别合左、右前片衣褶结合线处；在领口线、侧缝以及腰围线处别合前片面布和里布。

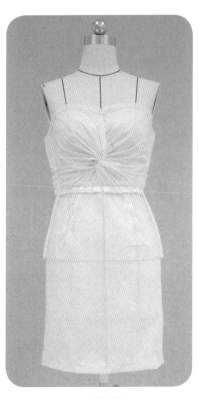

1.8.18

1.8.18 完成前片面布的修剪。

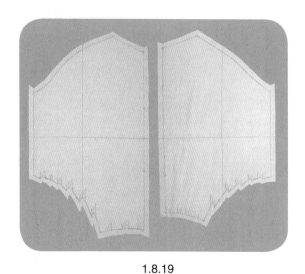

1.8.19

1.8.19　进行前片面布的标点描线、平面整理。注意扭结开口对位点的标注。

1.8.20

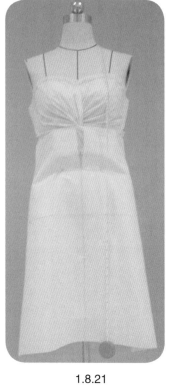

1.8.21

1.8.22

1.8.23

1.8.24

1.8.25

　　1.8.20 ~ 1.8.39　操作多层裙体波浪饰片。波浪位置的定位、波浪量的确定以及波浪片的长短变化形成了波浪饰片的节奏韵律。

1.8.26

1.8.27

1.8.28

1.8.29

1.8.30

1.8.31

1.8.32

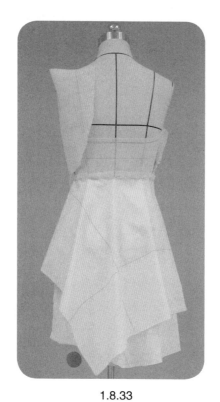

1.8.33

1.8.34

1.8.35

1.8.36

1.8.37

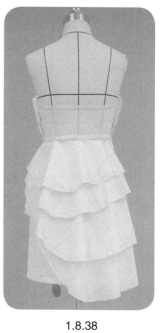

1.8.38

1.8.39

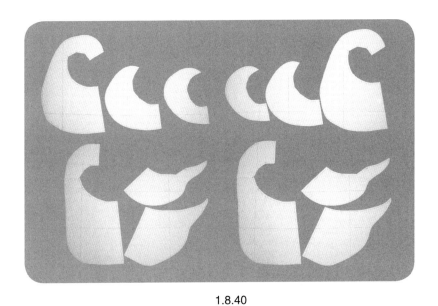

1.8.40

1.8.40 进行波浪片的标点描线及平面整理。

1.8.41

1.8.42

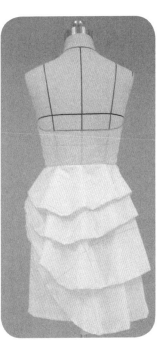

1.8.43

1.8.44

1.8.41 ~ 1.8.44 进行波浪片的试样补正，完成整体造型。

● 样片描图（图1.8.3）

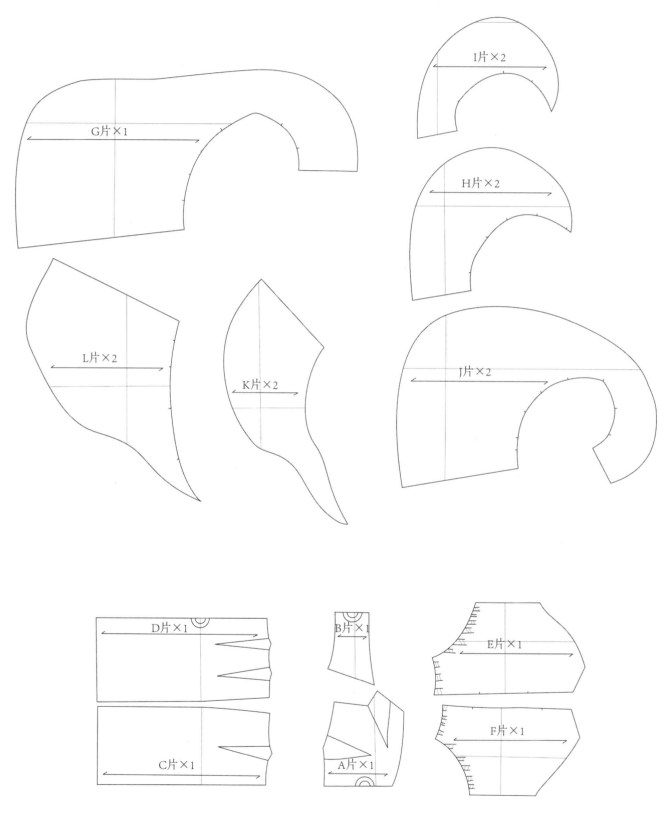

图1.8.3　样片描图

1.9 小礼服9——不规则分割线+变化衣褶设计

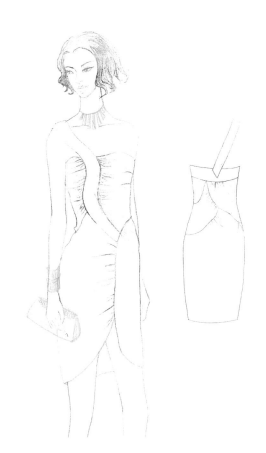

● **款式分析**（图1.9.1）

　　设计重点：多条不规则分割线组合单边衣褶，是衣褶设计应用的典范；S形的饰带极具装饰性且起到稳定衣褶的功能。

　　衣身廓形：X形；连腰型。

　　结构要素：

　　　　分割线——S形分割线、斜向分割线、侧缝纵向分割线；

　　　　衣褶——多处单边衣褶。

　　细节设计：侧缝装拉链。

　　松量设计：胸围松量0.5~1cm；高腰腰围松量2~3cm；臀围松量3~4cm。

图1.9.1　款式插图

● **坯布准备**（图1.9.2）

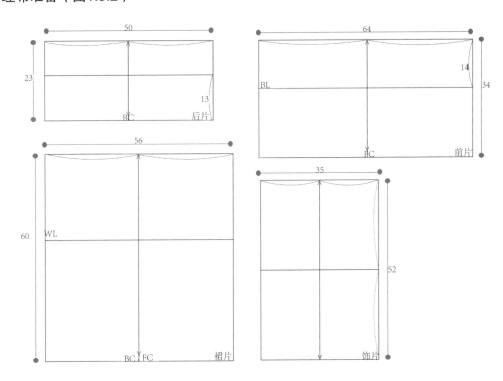

图1.9.2　坯布准备图（单位：cm）

● **操作步骤**

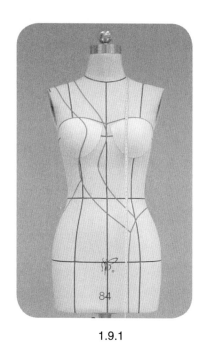

1.9.1

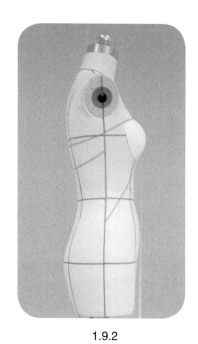

1.9.2

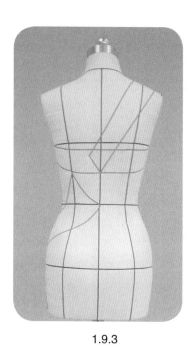

1.9.3

1.9.1～1.9.3　根据款式造型和款式分析，贴置款式造型线。

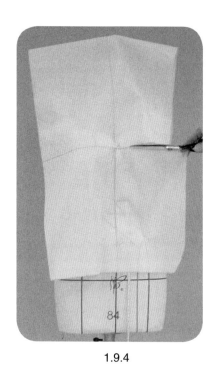

1.9.4

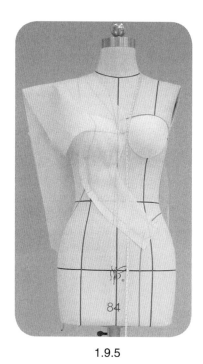

1.9.5

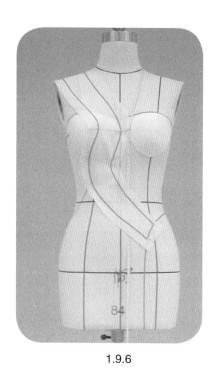

1.9.6

1.9.4　S形饰带（A片）前后相连，要从前至后分段操作修剪，保证其自然伏贴。

1.9.5　首先操作修剪S形饰带的胸围线以下部分。

1.9.6　其次操作修剪S形饰带的胸围线至肩线部分。

1.9.7

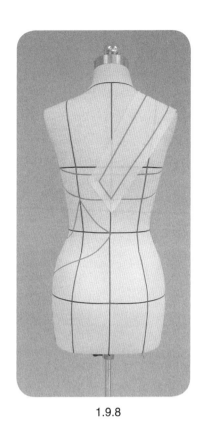

1.9.8

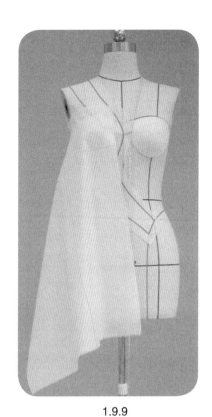

1.9.9

1.9.7、1.9.8　再次操作修剪S形饰带的后背部分。

1.9.9　将前左上片（B片）用布的余量置于左方和下方，固定用布于人台上。

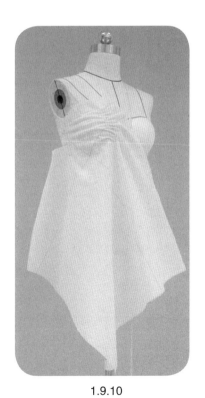

1.9.10

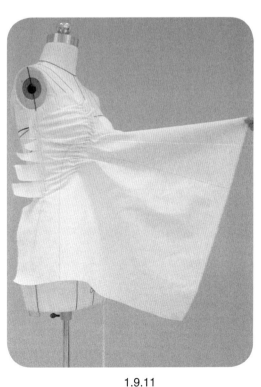

1.9.11

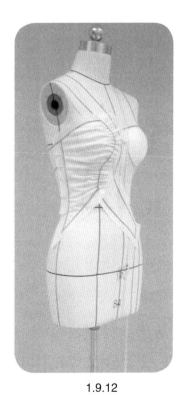

1.9.12

1.9.10　逆时针旋转用布，逐步设置S形分割线处衣褶。侧缝处无衣褶量。

1.9.11　侧缝处需要用交叉针固定用布于人台上，并适当修剪刀口。S形分割线处以平叠针法固定衣褶与S形饰带。

1.9.12　修剪贴线，完成前左上片（B片）的操作。

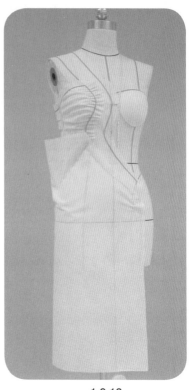

1.9.13

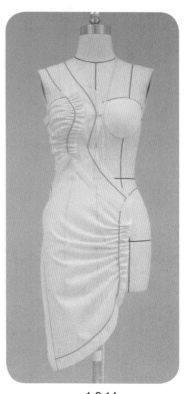

1.9.14

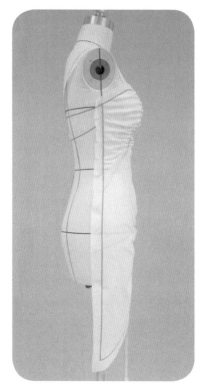

1.9.15

1.9.13 进行前左裙片（C片）操作，保证臀围松量，固定用布于人台上，并在分割线处用平叠针法与S形饰带以及前左上片别合。

1.9.14、1.9.15 从上至下逐渐固定侧缝；逆时针旋转用布，设置右前分割线衣褶。

1.9.16

1.9.17

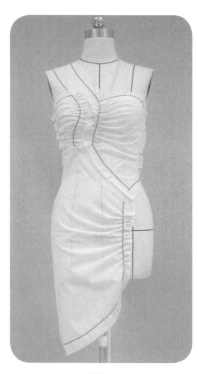

1.9.18

1.9.16 把前右上片（D片）用布固定于人台上，用布余量保留在下方和右方。

1.9.17 保持侧缝伏贴，顺时针旋转用布，设置分割线衣褶。

1.9.18、1.9.19 修剪完成D片操作。

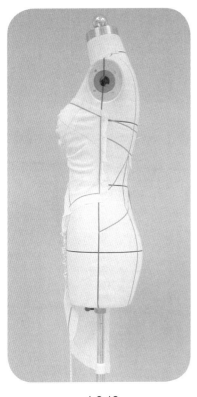

1.9.19

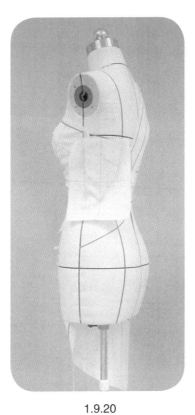

1.9.20

1.9.20 将后左侧片（E片）用布固定于人台上，操作修剪 E片。

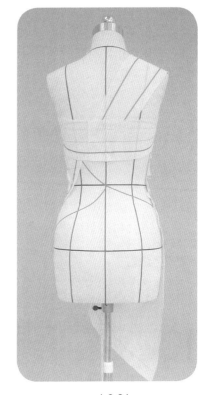

1.9.21

1.9.21 操作修剪后上片（F片）。

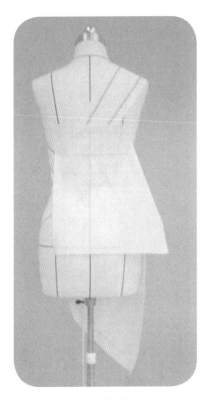

1.9.22

1.9.22 把后右侧片（G片）用布固定于人台上。

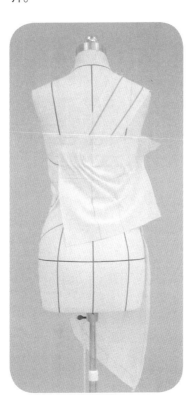

1.9.23

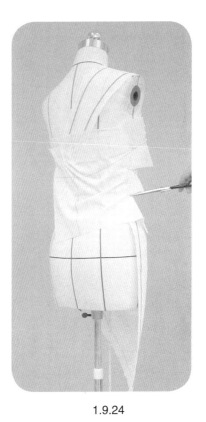

1.9.24

1.9.23、1.9.24 顺时针旋转用布，设置G片分割线衣褶。

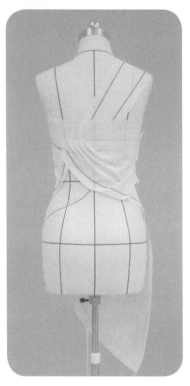

1.9.25

1.9.25　修剪完成 G 片的操作。

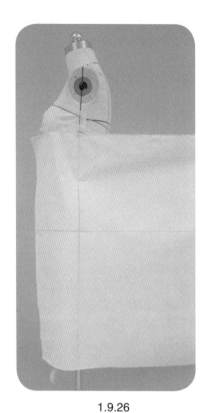

1.9.26

1.9.26　将后裙片（H 片）用布固定于人台上。G 片为部分前片与后片相连，故绘制侧缝纵向布纹线，固定用布时保证侧缝布纹线与人台上相应标示线对齐。

1.9.27

1.9.27　顺时针旋转用布，设置前分割线处衣褶，并用平叠针法与前片用布别合。

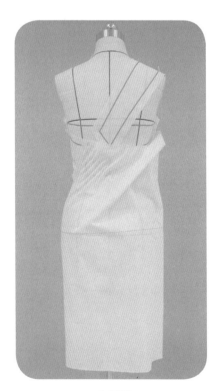

1.9.28

1.9.28　逆时针旋转用布，设置后分割线处上方部分衣褶。

1.9.29

1.9.30

1.9.29、1.9.30　沿分割线剪刀口至适当处。

1.9.31

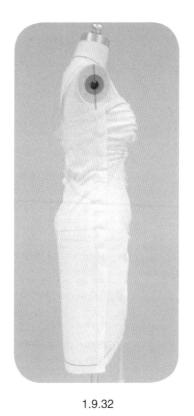

1.9.32

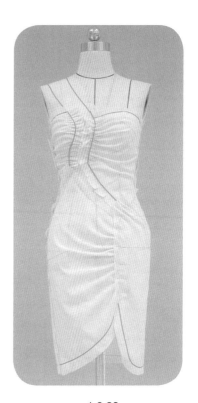

1.9.33

1.9.31、1.9.32　逆时针旋转用布，设置修剪刀口处省道边衣褶，保持另外两边分割线处的伏贴。

1.9.33、1.9.34　观察与调整造型，完成 H 片操作。

1.9.34

1.9.35

1.9.35、1.9.36　进行标点描线及平面整理。

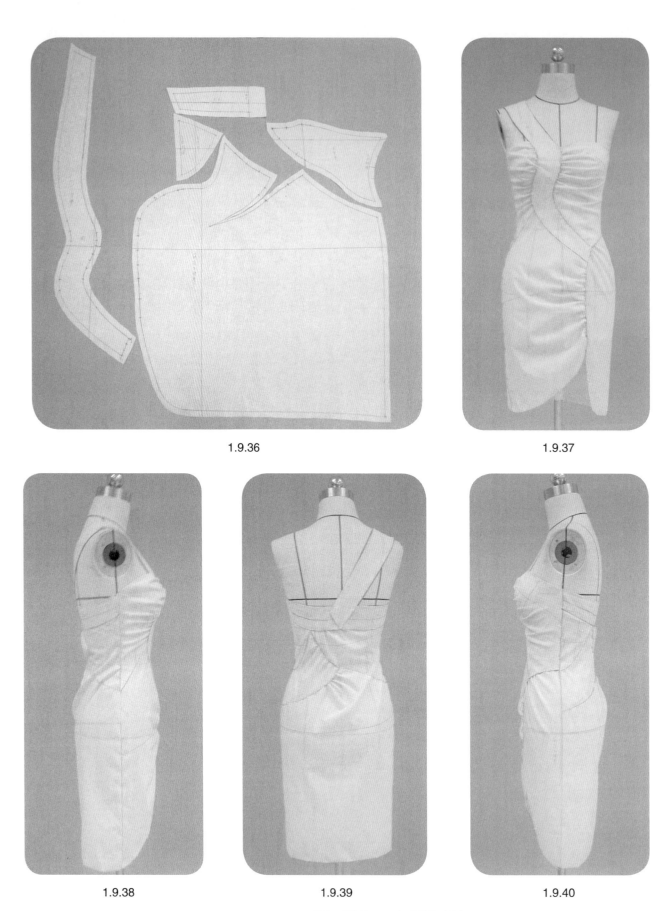

1.9.36

1.9.37

1.9.38

1.9.39

1.9.40

1.9.37 ~ 1.9.40 进行试样补正，完成整体造型。

● 样片描图（图1.9.3）

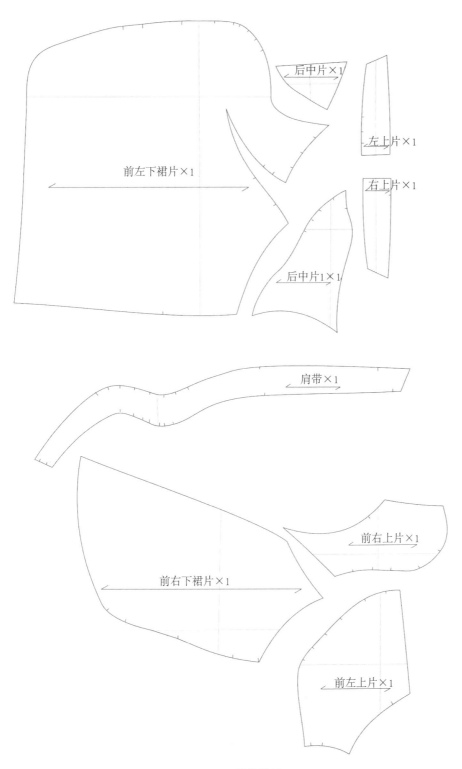

图1.9.3　样片描图

1.10 小礼服10——单边衣褶上衣+单侧垂荡裙设计

● **款式分析（图1.10.1）**

衣身廓形：X形；断腰型。

设计重点：运用斜丝缕面料特性设计的单边自然衣褶以及单肩连身袖；裙身以单侧垂荡造型加以设计平衡；整体造型看似随意自然，但对裁剪的技术要求很高。

结构要素：

里布——省道、分割线；

面布——斜丝缕衣褶、衣裾、垂荡。

细节设计：侧缝装拉链。

松量设计：胸围里布松量0.5~1cm，胸围面布松量1~1.5cm；高腰腰围松量3cm；臀围松量4cm。

图1.10.1 款式插图

● **坯布准备（图1.10.2）**

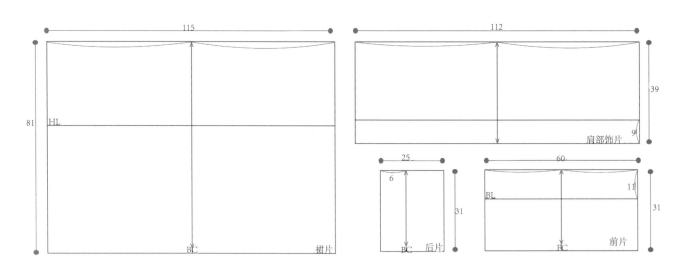

图1.10.2 坯布准备图（单位：cm）

● 操作步骤

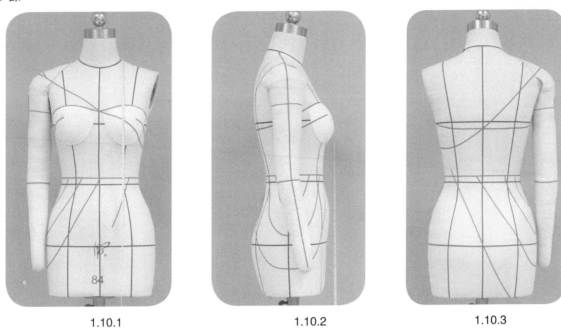

1.10.1　　　　　　　　1.10.2　　　　　　　　1.10.3

1.10.1 ~ 1.10.3　根据款式造型和款式分析，贴置款式造型线。进行连身袖操作时，需要先将手臂模型装配固定于人台上。

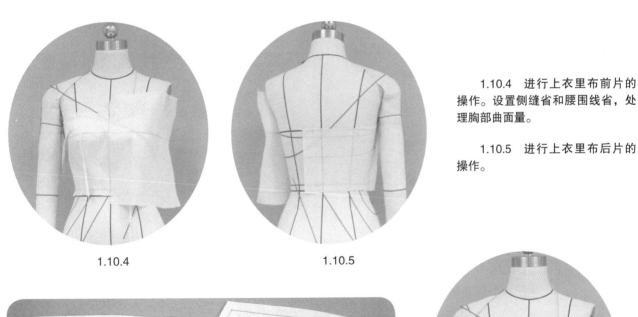

1.10.4　　　　　　　　1.10.5

1.10.4　进行上衣里布前片的操作。设置侧缝省和腰围线省，处理胸部曲面量。

1.10.5　进行上衣里布后片的操作。

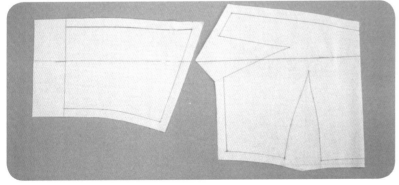

1.10.6

1.10.6　进行上衣里布的标点描线及平面整理。

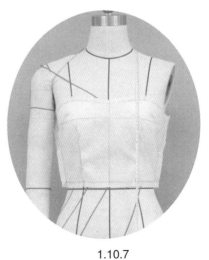

1.10.7

1.10.7　进行上衣里布的试样补正。

1.10.8

1.10.9

1.10.10

1.10.8　将 45° 斜丝缕布纹线对齐人台左侧缝标示线,固定裙片用布于人台上。

1.10.9 ～ 1.10.11　提拉用布来设置衣裥以及垂荡造型。裥量大小决定垂荡的深度。注意45° 斜丝缕布纹线要保证在垂荡造型的中心位置。

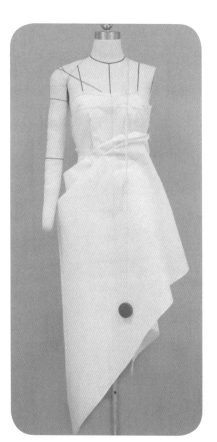

1.10.11

1.10.12

1.10.13

1.10.12、1.10.13　提拉旋转用布,设置腰围线右侧衣裥,塑造窄下摆造型。注意裙长位置的确定以及对应的裙摆大小控制。

1.10.14

1.10.14　裙片造型基本完成。

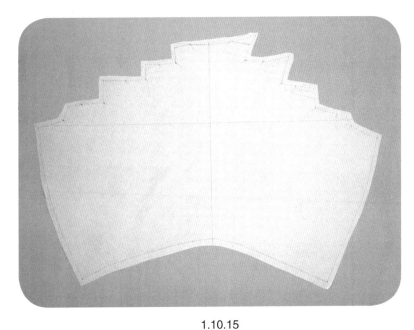

1.10.15

1.10.15　进行裙片的标点描线及平面整理。

1.10.16

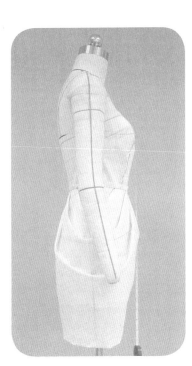

1.10.17

1.10.18

1.10.16～1.10.18　在腰围线处别合裙片与上衣里布，进行试样补正、造型确认。

1.10.19

1.10.20

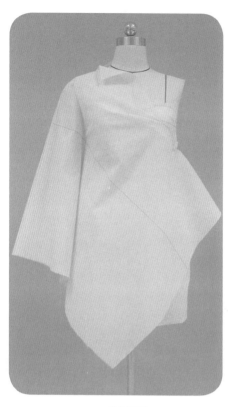

1.10.21

1.10.19 将纵向布纹线对齐肩线和手臂外侧中线，把上衣面布用布固定于人台上。

1.10.20 设置衣袖袖肥，袖底缝处用大头针别合一针，在肩线领口处修剪刀口。

1.10.21 设置右侧缝衣褶。

1.10.22

1.10.23

1.10.24

1.10.22、1.10.23 腰围线处保持伏贴，用平叠针法将衣褶与裙片和里布别合。

1.10.24 翻折领口线处缝份，整理领口，若有多余量则将其调整至侧缝衣褶。

1.10.25

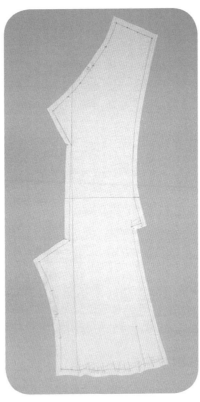

1.10.26

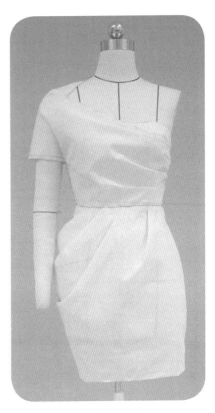

1.10.27

1.10.25　修剪衣袖长度，别合袖底缝。

1.10.26　进行上衣面布的标点描线及平面整理。

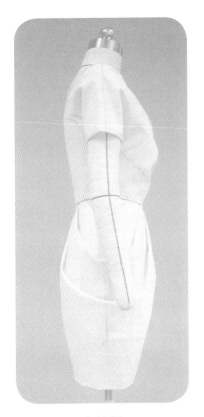

1.10.28

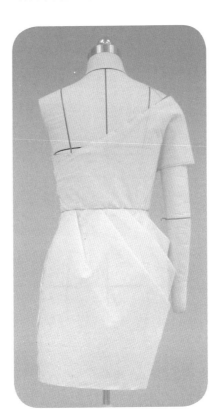

1.10.29

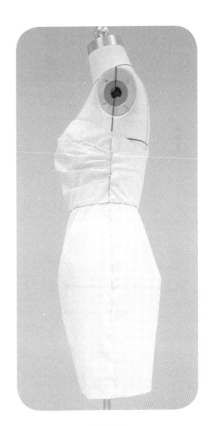

1.10.30

1.10.27 ~ 1.10.30　进行试样补正，完成整体造型。

● 样片描图（图1.10.3）

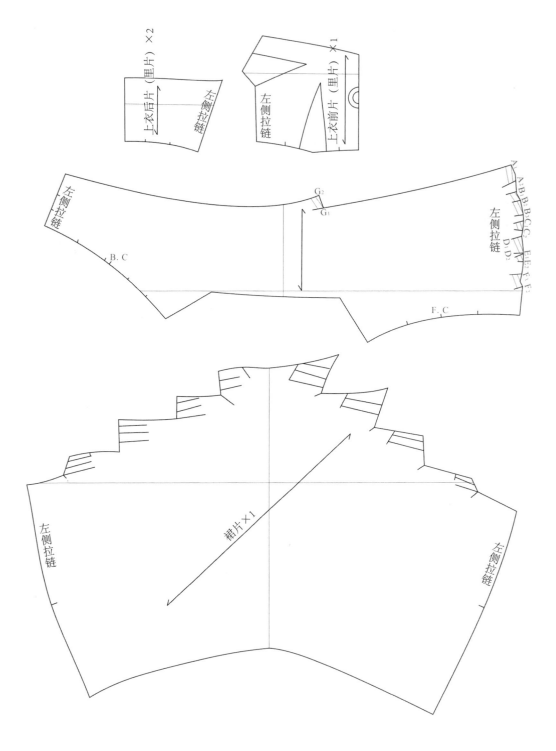

图1.10.3　样片描图

2 晚礼服造型元素变化设计

2.1 晚礼服1——双边衣褶上衣+鱼尾裙设计

● **款式分析**（图2.1.1）

　　设计重点：交叉饰带设计既有修饰体型的视觉效果
　　　　　　　又有很好地固定衣褶的功能；上衣里布
　　　　　　　连片既内饰美观又穿着舒适；上衣垫布
　　　　　　　交叉分割线处断开，便于固定衣褶造
　　　　　　　型；面布采用斜丝缕，塑造了自然装饰
　　　　　　　衣褶；两片鱼尾曳地裙造型修长利落，
　　　　　　　是经典的晚礼服款型。

　　衣身廓形：X形；连腰型。

　　结构要素：

　　　　里布——纵向分割线；

　　　　垫布——纵向分割线、斜向分割线；

　　　　面布——纵 向 分 割 线 、 斜 向 分 割 线 、 横
　　　　　　　　向衣褶。

　　细节设计：侧面装拉链。

　　松量设计：胸围松量0.5~1cm；腰围松量2~3cm；
　　　　　　　臀围松量3~4cm。

图2.1.1　款式插图

● **坯布准备**（图2.1.2）

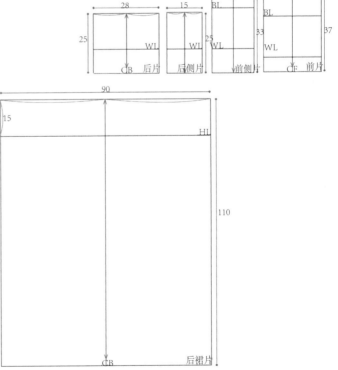

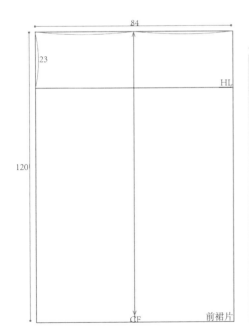

图2.1.2　坯布准备图（单位：cm）

● 操作步骤

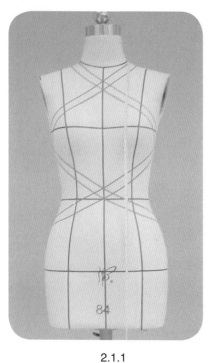

2.1.1

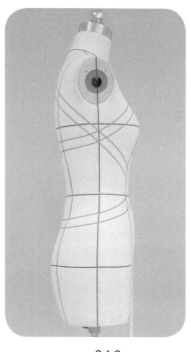

2.1.2

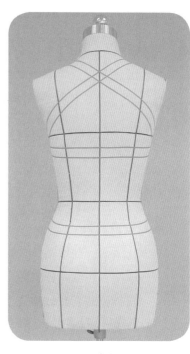

2.1.3

2.1.1～2.1.3　根据款式造型和款式分析，贴置款式造型线。虽然为对称造型，但斜向交叉分割线需要左右连续贴置才能准确表达。

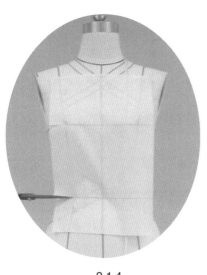

2.1.4

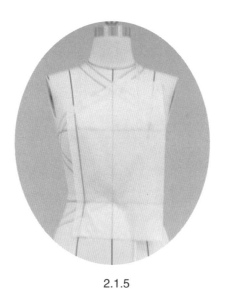

2.1.5

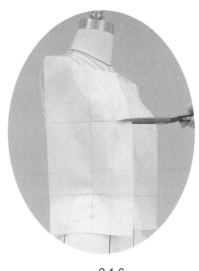

2.1.6

2.1.4　首先进行里布的裁剪操作。里布为纵向分割线结构；里布的上口边缘与饰带的下边缘对齐，里布的下口边缘与饰带的下口边缘对齐，以利于之后的缝纫。

2.1.5　完成里布前中片的操作。

2.1.6、2.1.7　完成里布前侧片的操作。

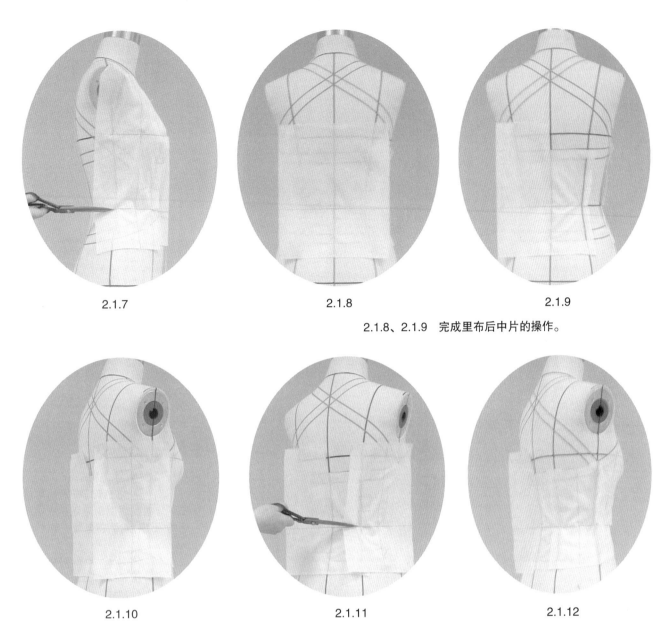

2.1.7　　　　　　　　　　2.1.8　　　　　　　　　　2.1.9

2.1.8、2.1.9　完成里布后中片的操作。

2.1.10　　　　　　　　　　2.1.11　　　　　　　　　2.1.12

2.1.10 ~ 2.1.12　完成里布后侧片的操作。

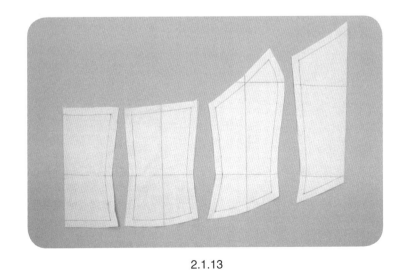

2.1.13

2.1.13　进行里布样片的标点描线及平面整理，拓印对称片。

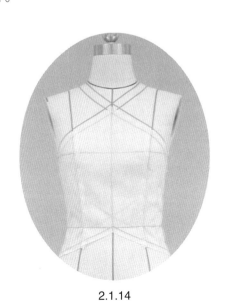

2.1.14

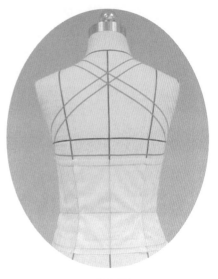

2.1.15

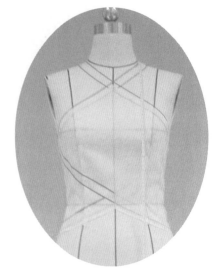

2.1.16

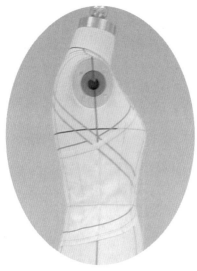

2.1.17

2.1.14、2.1.15　进行里布的试样补正、造型确认。

2.1.16、2.1.17　为便于之后的操作，贴置出被遮盖的造型线。

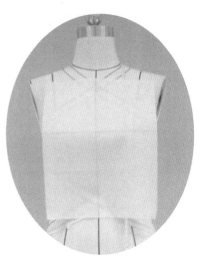

2.1.18

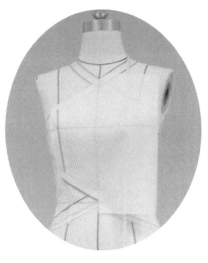

2.1.19

2.1.18　进行垫布的裁剪操作。垫布是之后固定面布衣褶造型的保证，与面布造型一致。

2.1.19　进行垫布前中上片的操作。垫布结构为造型分割线组合斜向分割线。斜向分割线之间预留饰带的宽度空隙。

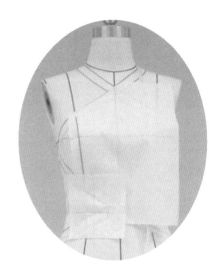

2.1.20

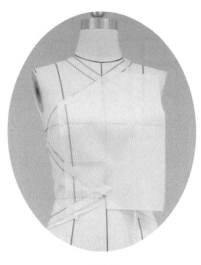

2.1.21

2.1.20、2.1.21　进行垫布前中下片的操作。各分割小片的操作也要保证用布丝缕的横平竖直。

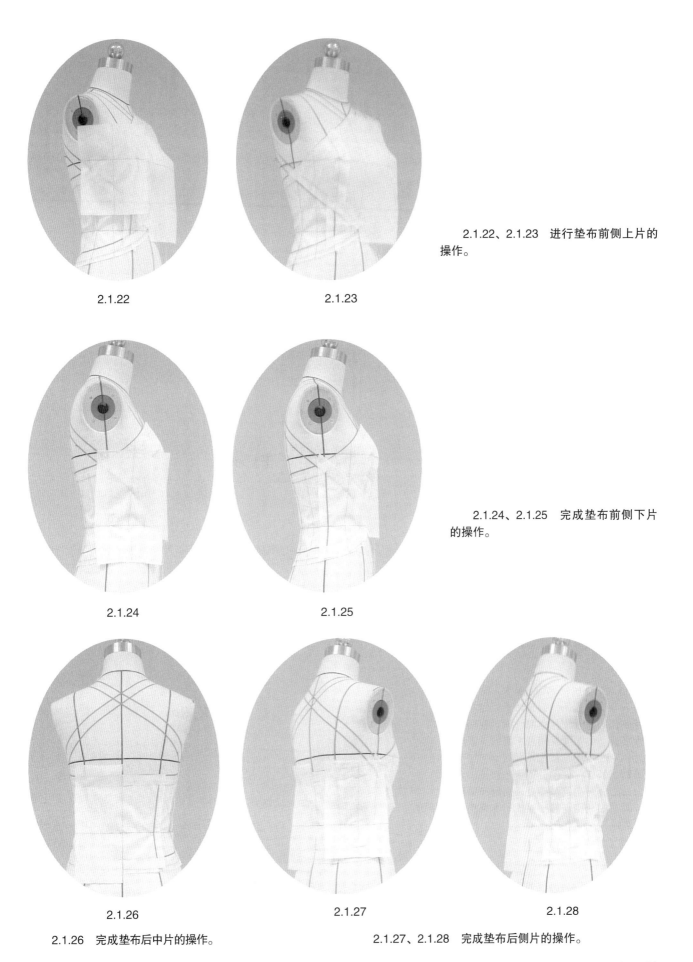

2.1.22

2.1.23

2.1.22、2.1.23　进行垫布前侧上片的操作。

2.1.24

2.1.25

2.1.24、2.1.25　完成垫布前侧下片的操作。

2.1.26

2.1.27

2.1.28

2.1.26　完成垫布后中片的操作。

2.1.27、2.1.28　完成垫布后侧片的操作。

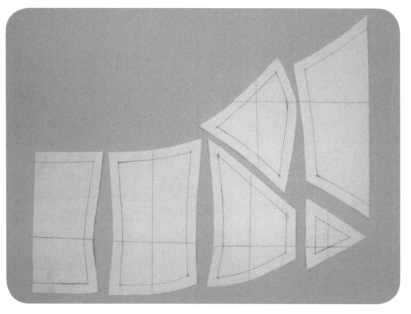

2.1.29

2.1.29　进行垫布样片的标点描线及平面整理，拓印对称片。

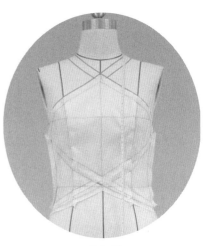

2.1.30

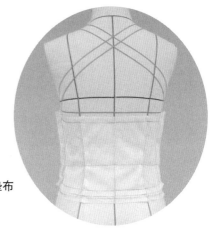

2.1.30、2.1.31　进行垫布
的试样补正、造型确认。

2.1.31

2.1.32　进行面布的操作。面布为
横向装饰衣褶造型，要采用斜丝缕布纹
进行操作。在单件礼服制作时，在面布
操作之前，里布要采用里布面料来裁剪
与缝合完成；垫布要采用面布面料或垫
布面料裁剪样片并部分缝合；对应别合
于人台上后，在其基础上采用面布面料
进行面布的裁剪与缝纫操作；要采用边
裁剪边缝合的操作方法。

2.1.33　设置横向衣褶，衣褶两边
平衡操作，保证斜丝缕的布纹线方向，
衣褶操作要自然，如涟漪的水纹。

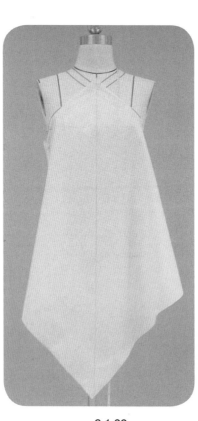

2.1.32

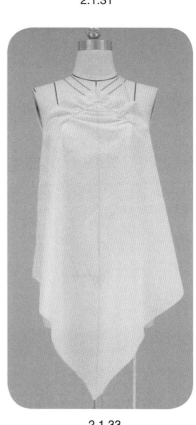

2.1.33

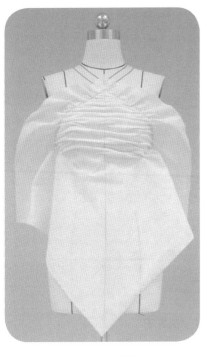

2.1.34

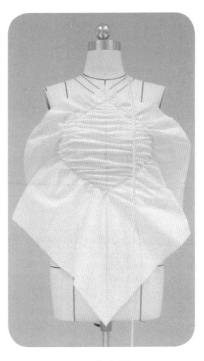

2.1.35

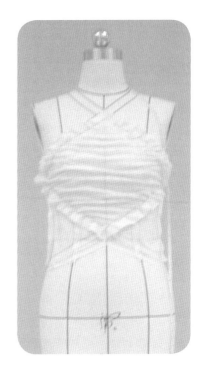

2.1.36

2.1.34、2.1.35　确保衣褶样片的边缘与垫布的边缘一致，用大头针别合；样片的中间部位要适当用大头针与垫布别合，塑造衣褶造型。

2.1.36　完成面布前中片操作。在实际的样衣制作中可同时取下面布与垫布，用机缝固定样片的边缘，于样片中间的适当位置用手工暗针撬缝固定面布衣褶与垫布。

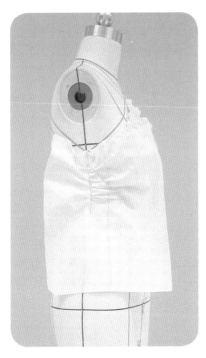

2.1.37

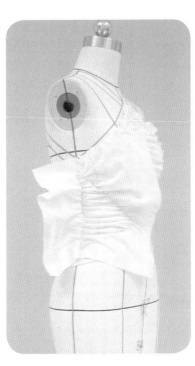

2.1.38

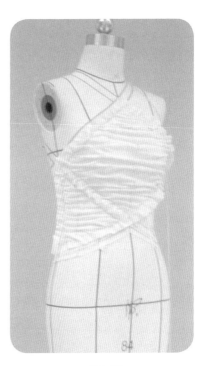

2.1.39

2.1.37 ~ 2.1.39　进行面布侧片的衣褶设置。操作完成后可与前片一样，取下样片面布和垫布，缝合固定。

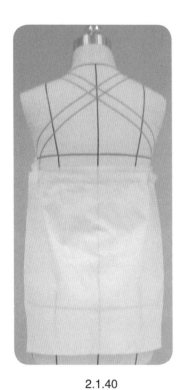

2.1.40

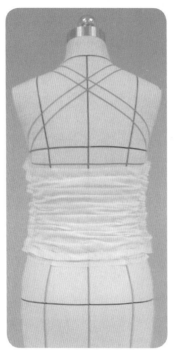

2.1.41

2.1.42

2.1.43

2.1.40、2.1.41　完成面布后片的衣褶设置，进行裁剪操作，方法同前片和侧片。

2.1.42　饰带采用斜丝缕面料。裁剪出饰带宽度和适当的长度。

2.1.43　折烫饰带缝份，并与面布和垫布定位别合；连接前中片和前侧片。

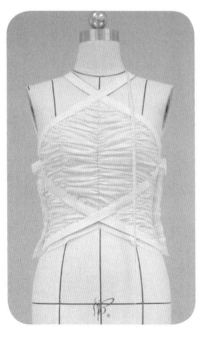

2.1.44

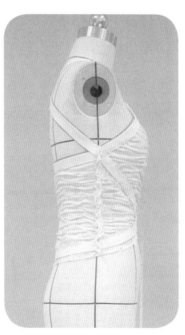

2.1.45

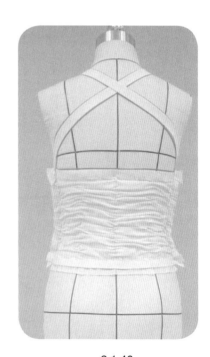

2.1.46

2.1.44 ~ 2.1.46　前领口交叉点至后背处的饰带需要配里布层。

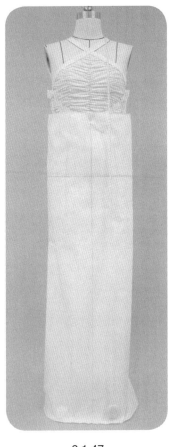 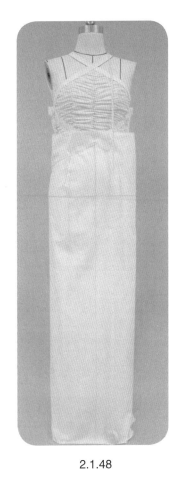 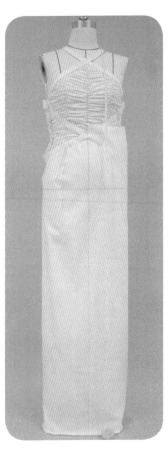

2.1.47   2.1.48   2.1.49

2.1.47 进行前裙片的裁剪操作。裙片可为单层，也可为有面布、里布的双层，缝纫时夹缝于上衣里布与饰带之间，面、里布造型相同。

2.1.48、2.1.49 裙身为腰臀部合体的鱼尾摆造型，需要设置腰省处理腰臀部曲面量。

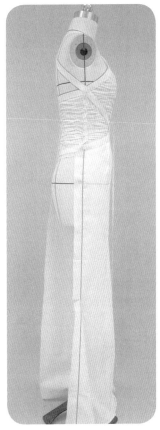 

2.1.50 两片式的鱼尾裙，只能在侧缝处设置下摆放大量。

2.1.51、2.1.52 同理操作后裙片。

2.1.50   2.1.51

2.1.52

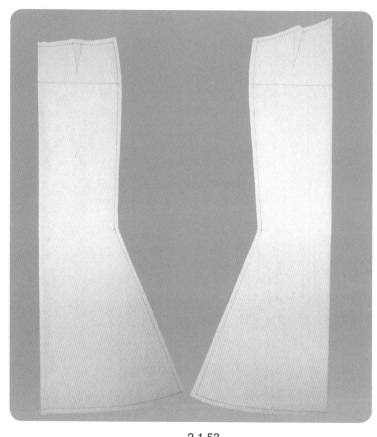

2.1.53

2.1.53　进行裙片的标点描线、平面整理，拓印对称片。

2.1.54

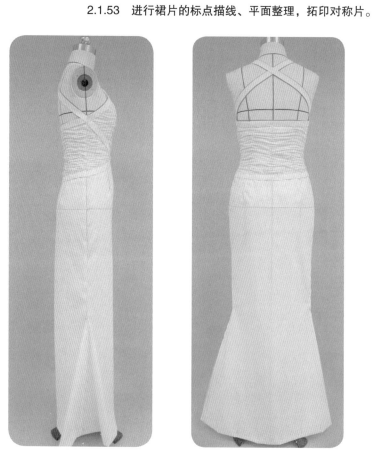

2.1.55

2.1.56

2.1.54 ~ 2.1.56　进行裙片的试样补正。完成整体造型。

● 样片描图（图2.1.3）

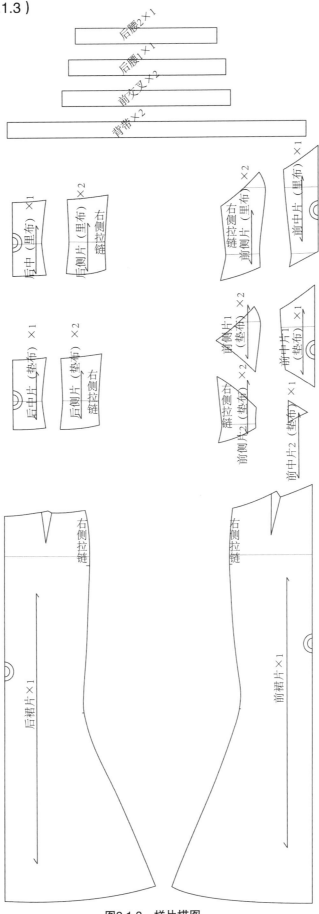

图2.1.3 样片描图

2.2 晚礼服2——交叉型编拼上衣+衣褶波浪裙设计

● **款式分析**（图2.2.1）

设计重点：编拼元素的设计运用有多种方法，如编拼的位置、编拼单元片的形状、编拼的形式等组合变化，层出不穷。它是礼服设计的常用元素之一。本款礼服采用斜丝双层长条布单元，相叠交叉编拼；编拼部位要设置垫布样片。

衣身廓形：X形；连腰型。

结构要素：

　　上身部分——纵向分割线、编拼；

　　裙身部分——小A字形造型裙。

衣领设计：立领。

细节设计：后中心装拉链。

松量设计：胸围松量2cm；腰围松量3~4cm；臀围松量4cm。

图2.2.1　款式插图

● **坯布准备**（图2.2.2）

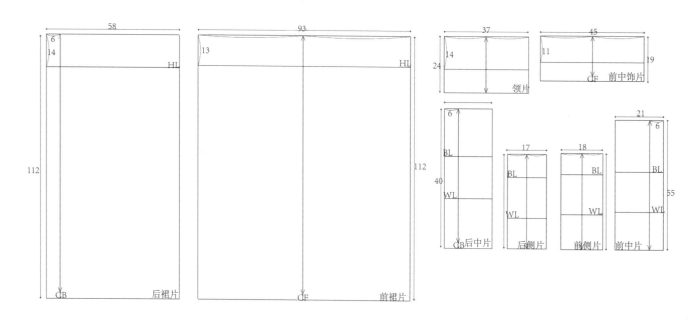

图2.2.2　坯布准备图（单位：cm）

● 操作步骤

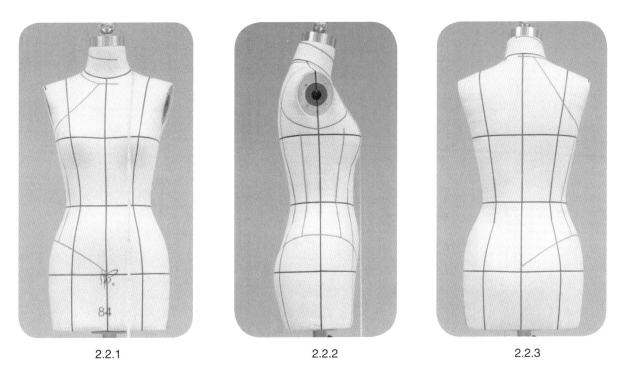

2.2.1　　　　　　　　　　2.2.2　　　　　　　　　　2.2.3

　　2.2.1～2.2.3　根据款式造型和款式分析，贴置款式造型线。以侧片腰部宽度中点为基准，置纵向铅垂，贴置前、后侧片纵向中线。

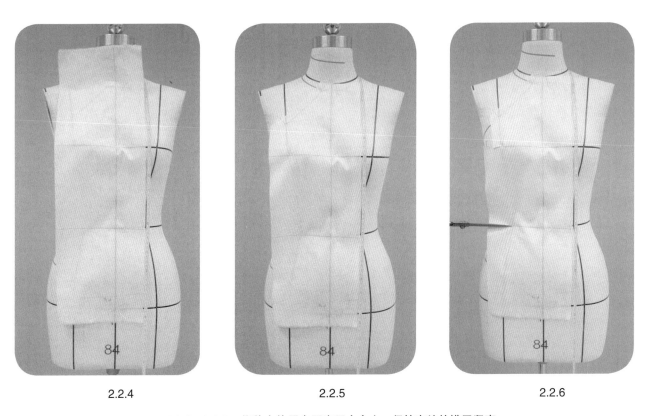

2.2.4　　　　　　　　　　2.2.5　　　　　　　　　　2.2.6

　　2.2.4、2.2.5　将前中片用布固定于人台上，保持布纹的横平竖直。

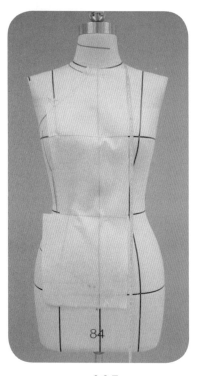

2.2.7

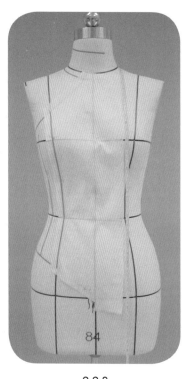

2.2.8

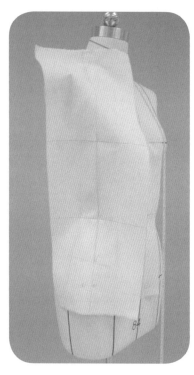

2.2.9

2.2.6、2.2.7　从上至下分段修剪分割线，注意胸围线、腰围线处剪刀口，缝份余量不可过大。

2.2.8　贴置造型线，完成前中片的操作。

2.2.9　将前侧片用布固定于人台上，侧片纵向布纹线与人台上侧中标志线对位，胸围线、腰围线处用交叉针固定。

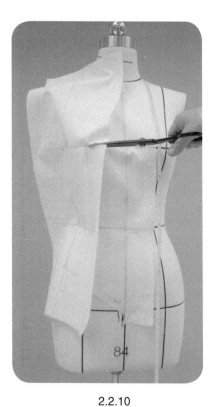

2.2.10

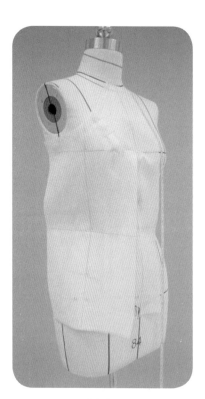

2.2.11

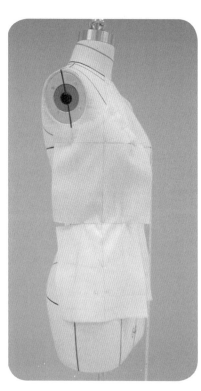

2.2.12

2.2.10～2.2.12　侧片两边的分割线需分段修剪。胸围线处剪刀口；用平叠针法固定侧片与中片用布；腰围线处剪刀口；先操作胸围线至腰围线之中段，再操作腰围线至底边段。

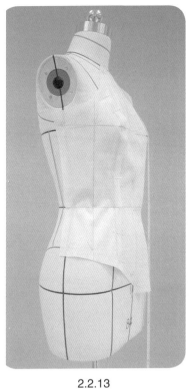

2.2.13

2.2.13　完成前侧片的操作。

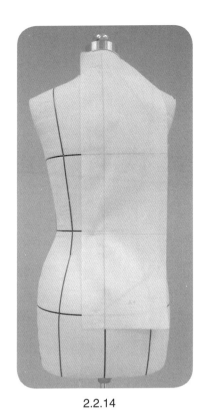

2.2.14

2.2.14　将后中片用布固定于
人台上，注意腰部收腰量的预留。

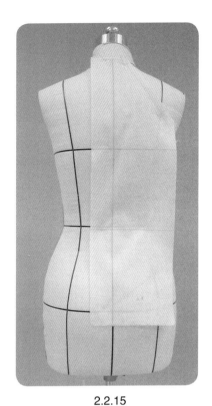

2.2.15

2.2.15、2.2.16　从上至下分段
修剪分割线。

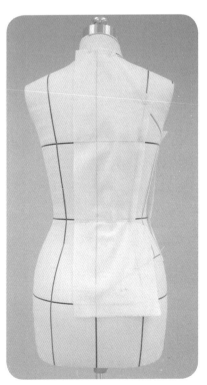

2.2.16

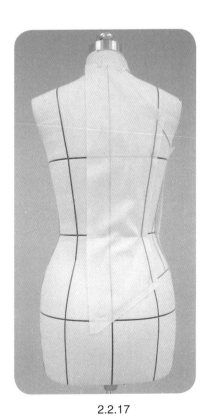

2.2.17

2.2.17　贴置造型线，完成后
中片造型。

2.2.18

2.2.18　准备后侧片的操作。

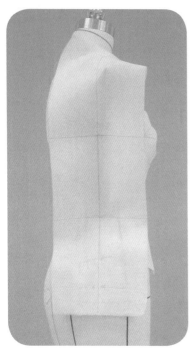

2.2.19

2.2.19　将后侧片用布固定于人台上，注意侧中布纹线与人台上相应标志线对齐，胸围线、腰围线处用交叉针固定。

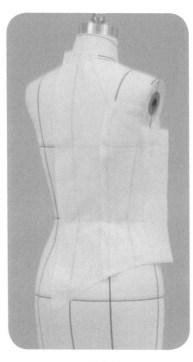

2.2.20

2.2.20　分段修剪，用平叠针法合并侧片与中片。

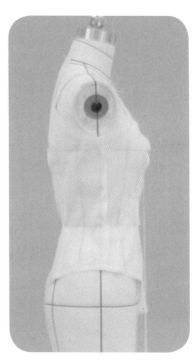

2.2.21

2.2.21　分段修剪，合并前、后侧片。

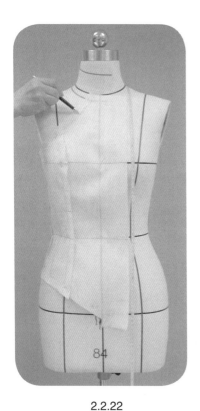

2.2.22

2.2.22　进行标点描线。

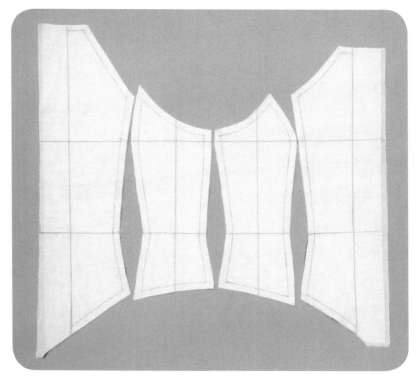

2.2.23

2.2.23　将里布样片取下，连点成线，进行平面整理及拓印对称片。

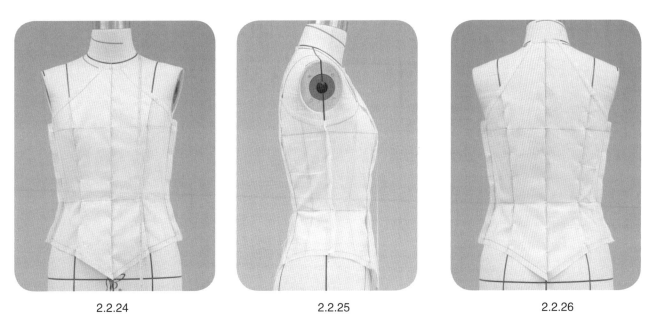

2.2.24   2.2.25   2.2.26

2.2.24~2.2.26　进行里布的试样补正、造型确认。侧缝处采用抓合针法别合，以便于面布的操作。

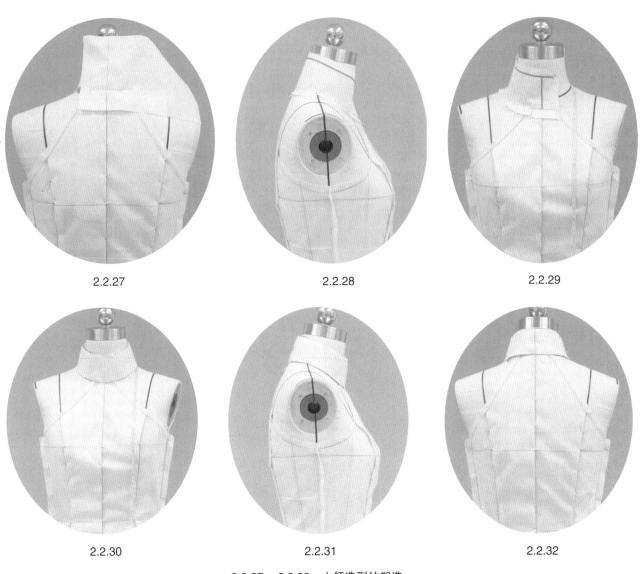

2.2.27   2.2.28   2.2.29

2.2.30   2.2.31   2.2.32

2.2.27~2.2.32　立领造型的塑造。

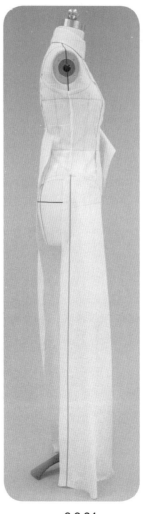

2.2.33 ~ 2.2.35 裙片的操作。裙子为小A字形造型。沿低腰分割线逐渐修剪;用平叠针法合并裙片与上衣里布;适量旋转用布,设置下摆A形量;保持侧缝的竖直并贴置造型线。同理操作后片,侧缝处用平置法合并前、后裙片。

2.2.33   2.2.34   2.2.35

2.2.36 进行裙片的标点连线及平面整理,拓印对称片。

2.2.36

2.2.37

2.2.38

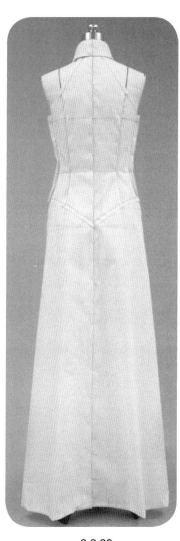

2.2.39

2.2.37 ~ 2.2.39　完成裙子的试样补正、造型确认。

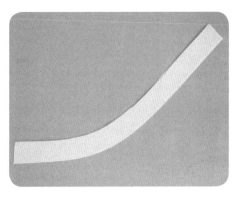

2.2.40

2.2.40 ~ 2.2.44　编拼用布为 45° 斜丝，宽度为双倍编拼条（宽度加缝份，缝份量为 0.5cm）。对折熨烫用布，并比照人台量出贴合弯度，用熨斗归烫出弯度造型。别合编拼条与里布。编拼条看似平行，但实际在两端处间距较小，包含一定的曲面造型量，以吻合胸部及腹部立体形态。

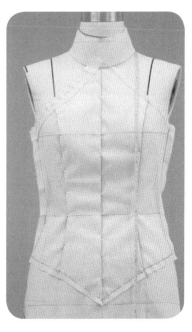

2.2.41

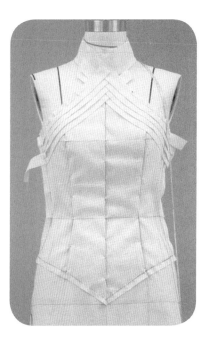

2.2.42

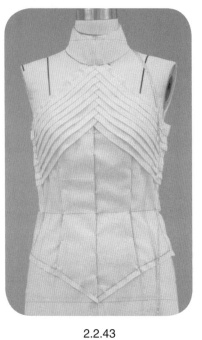

2.2.43

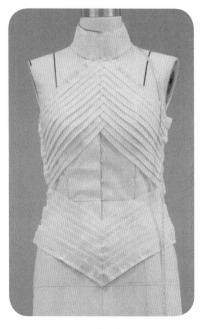

2.2.44

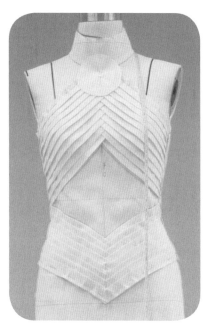

2.2.45

2.2.45、2.2.46　操作前腰中
片及前领饰片。

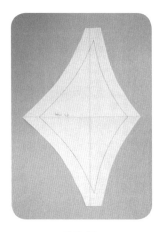

2.2.46

2.2.47

2.2.48

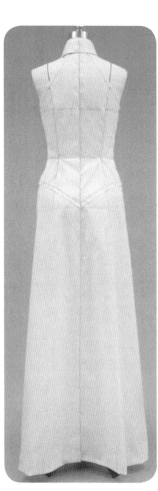

2.2.49

2.2.47 ~ 2.2.49　完成整体造型。

● 样片描图（图2.2.3）

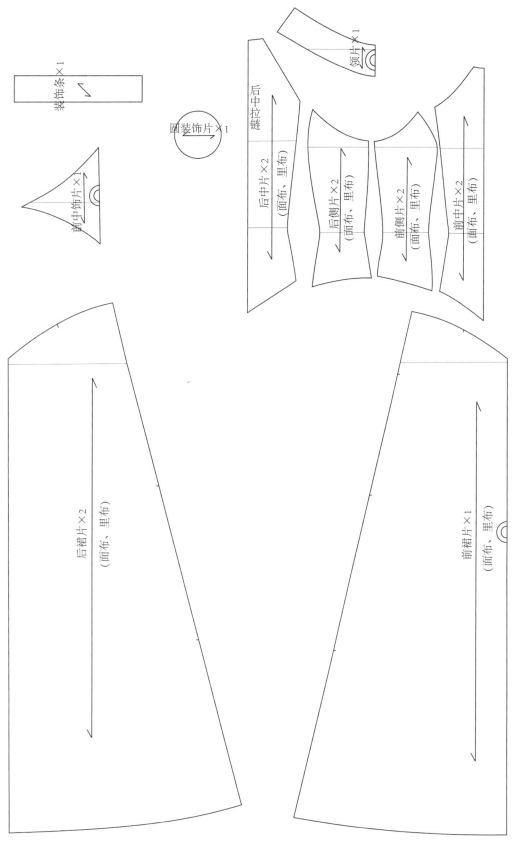

图2.2.3 样片描图

2.3 晚礼服3——衣褶连袖上衣+不对称斜向编拼裙设计

● **款式分析（图2.3.1）**

设计重点：上衣衣褶为褶量较大的双边衣褶，需要用里布固定造型。裙身的斜向编拼造型为流线型，不等宽、不平行，自然而具韵律美感。

衣身廓形：X形；断腰型。

结构要素：

　　上身部分——里布有侧缝省、腰省、分割线；面布有双边衣褶。

　　裙身部分——腰省、侧缝、编拼、装饰花。

细节设计：侧缝装拉链。

松量设计：胸围松量0.5~1cm；腰围松量1~2cm；臀围松量3~4cm。

图2.3.1　款式插图

● **坯布准备（图2.3.2）**

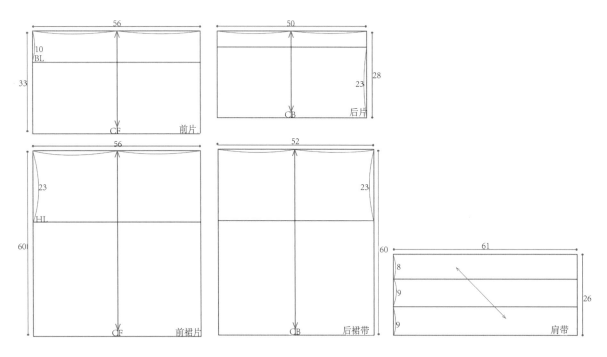

图2.3.2　坯布准备图（单位：cm）

● 操作步骤

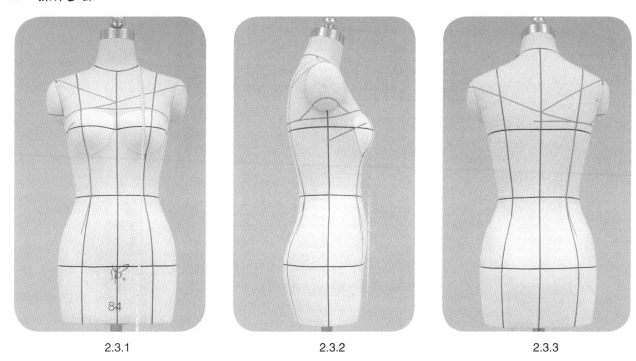

2.3.1   2.3.2   2.3.3

2.3.1～2.3.3　根据款式需要装置胸垫，贴置款式造型线。

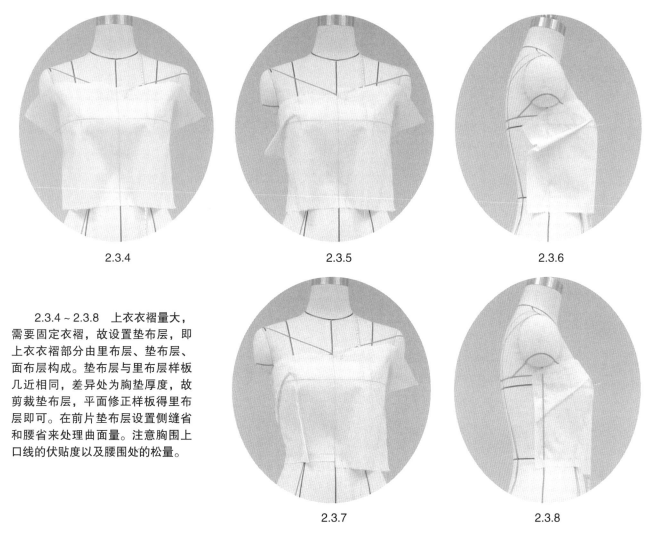

2.3.4～2.3.8　上衣衣褶量大，需要固定衣褶，故设置垫布层，即上衣衣褶部分由里布层、垫布层、面布层构成。垫布层与里布层样板几近相同，差异处为胸垫厚度，故剪裁垫布层，平面修正样板得里布层即可。在前片垫布层设置侧缝省和腰省来处理曲面量。注意胸围上口线的伏贴度以及腰围处的松量。

2.3.4   2.3.5   2.3.6

2.3.7   2.3.8

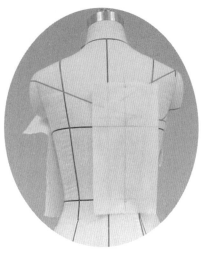

2.3.9

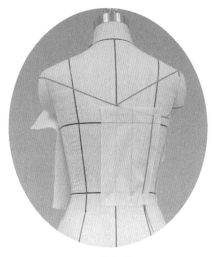

2.3.10

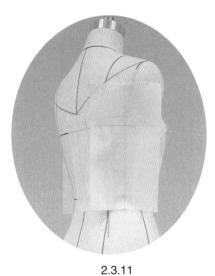

2.3.11

2.3.9 ~ 2.3.12 垫布后片为分割线设计。先操作后中片，然后再操作后侧片。注意保持纵向布纹线的竖直，平衡造型量。完成后片造型。

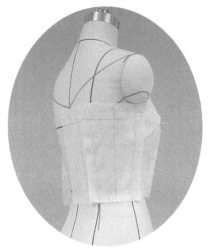

2.3.12

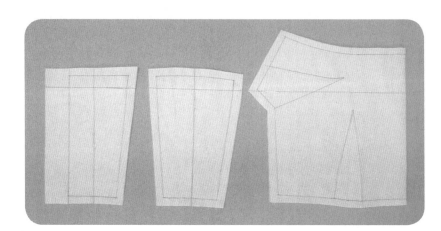

2.3.13

2.3.13 进行垫布上衣片的标点描线、平面整理，拓印对称片。

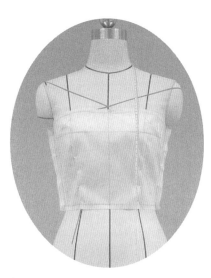

2.3.14

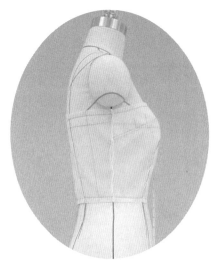

2.3.15

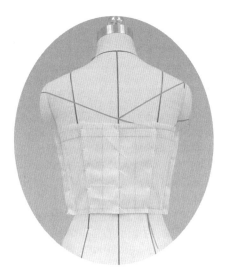

2.3.16

2.3.14 ~ 2.3.16 进行垫布上衣的试样补正、造型确认，检查上口线的伏贴度、腰围处的 2~3cm 松量及匀称度。

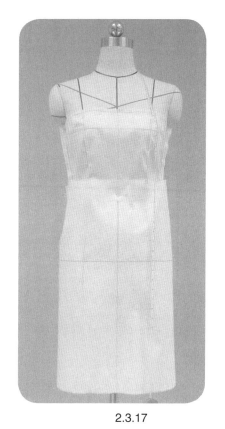

2.3.17

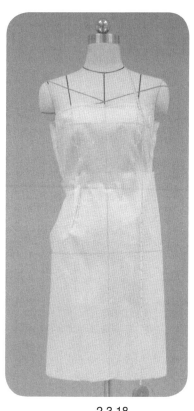

2.3.18

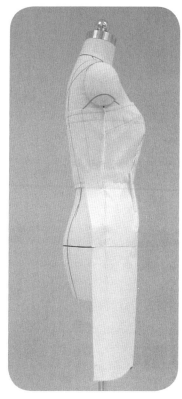

2.3.19

2.3.17 把前裙片用布固定于上衣片。

2.3.18、2.3.19 分配腰围线处余量于腰省和侧缝，沿腰围线别合裙片和上衣垫布。

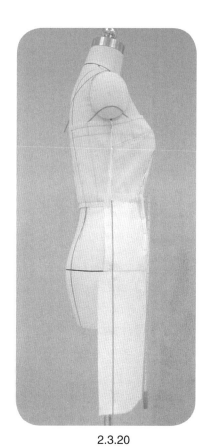

2.3.20

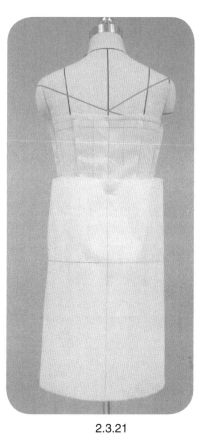

2.3.21

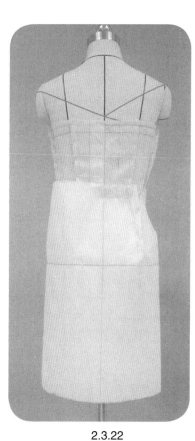

2.3.22

2.3.20 贴侧缝线，完成前裙片操作。

2.3.21 把后裙片用布固定于人台上。

2.3.22 同理操作后裙片。

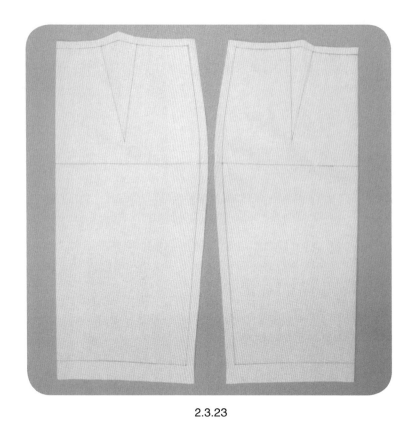

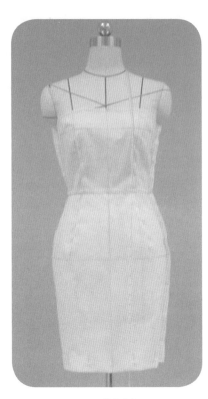

2.3.23

2.3.24

2.3.23　进行裙片的标点描线、平面整理，拓印对称片。

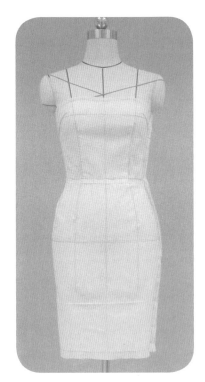

2.3.25

2.3.26

2.3.27

2.3.24 ~ 2.3.26　进行裙子的试样补正、造型确认。

2.3.27　在实际操作中，至此步骤时需要按垫布样板来裁剪选用的面料，缝纫省道，用大头针别合侧缝及腰围线后再继续操作。左肩带及衣褶面布均采用斜丝面料，要采用选用的面料来直接剪裁、缝钉等进行造型。

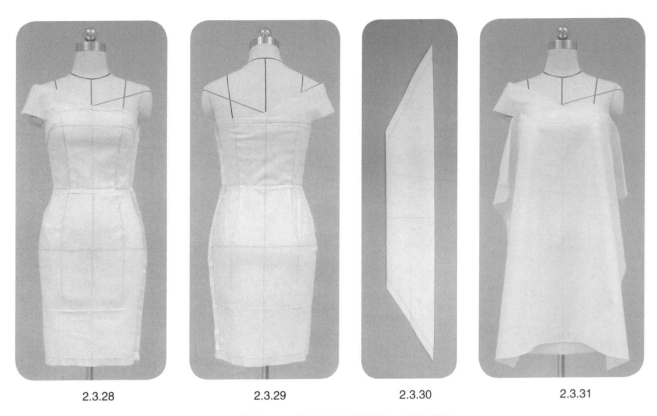

2.3.28	2.3.29	2.3.30	2.3.31

　2.3.28～2.3.30　左肩带用布为 45°斜丝双层；将其折边置于领口，注意肩端
的受力点支撑以及袖窿的大小，操作左肩带造型。

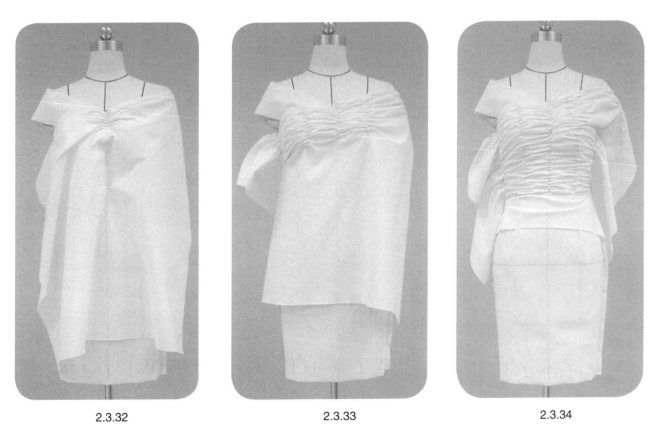

2.3.32	2.3.33	2.3.34

　2.3.31～2.3.34　前片衣褶用布为 45°斜丝，丝缕线位于中心位置；抓皱衣褶并用大头针固定；左右平衡地依次操
作。由于衣褶面积过大，故中间位置需要用手工针将面布衣褶与垫布以暗缲针固定。操作中衣褶形成的碎褶自然且效
果较好。

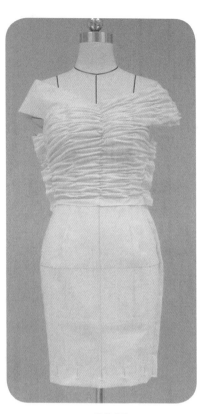

2.3.35

2.3.36

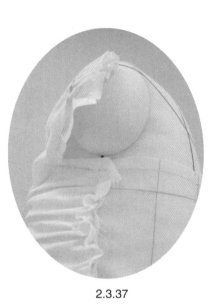

2.3.37

2.3.35 ~ 2.3.37　使袖窿及侧缝处与垫布边缘平齐一致，并用大头针别缝固定；修剪缝份。

2.3.38

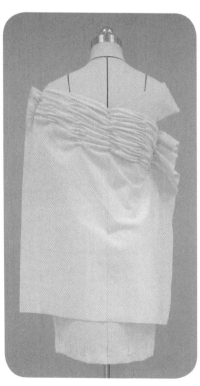

2.3.39

2.3.40

2.3.38 ~ 2.3.41　同理操作后片衣褶造型。

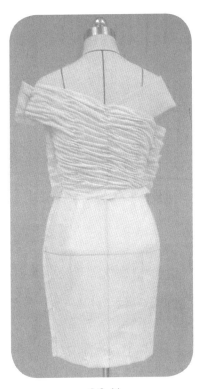

2.3.41

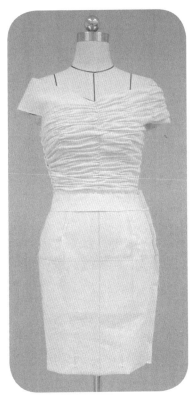

2.3.42

2.3.42 整理上衣造型。用实际面料制作时，这一步骤将前、后片面布与垫布一起取下，缝合侧缝、肩缝，并加缝里布。完成上衣缝合后再操作裙片。

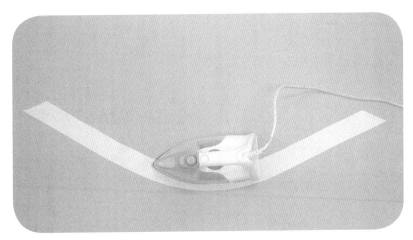

2.3.43

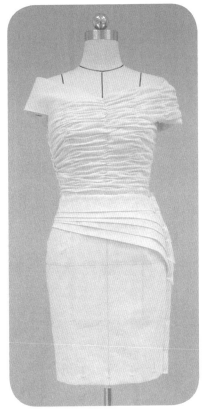

2.3.44

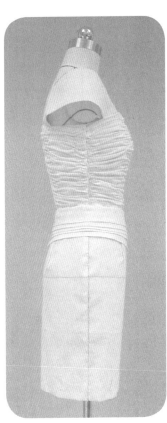

2.3.45

2.3.43 ~ 2.3.45　进行下裙编拼操作。用45°斜丝双层布料对折成布条，依据人体曲面形态归烫编拼条弯度；依次确定编拼条位置、形态。

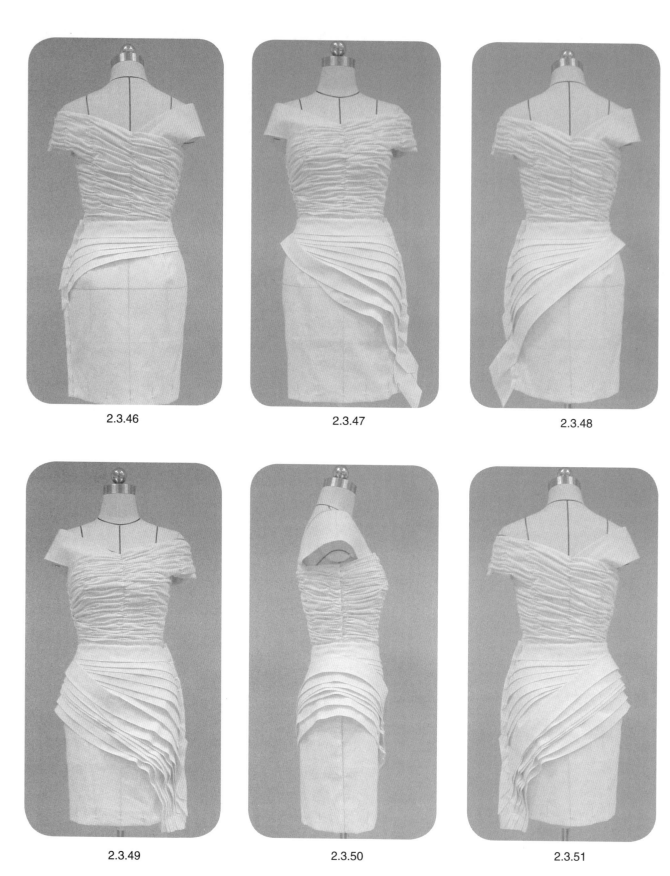

2.3.46

2.3.47

2.3.48

2.3.49

2.3.50

2.3.51

2.3.46 ~ 2.3.51　注意编拼条的韵律变化。中间一条为双边对折光边编拼条，左侧交叉在其他编拼条之上，侧缝处单针缝钉形成交叉形态。

2.3.52

2.3.52 使用 45° 斜丝布料对折成布条，折成宽度适当、两端收窄的形状，然后缝缩一边,制作成装饰花,最后缝于适当位置。

2.3.53

2.3.54

2.3.55

2.3.56

2.3.53 ~ 2.3.56 完成整体造型。

● 样片描图（图2.3.3）

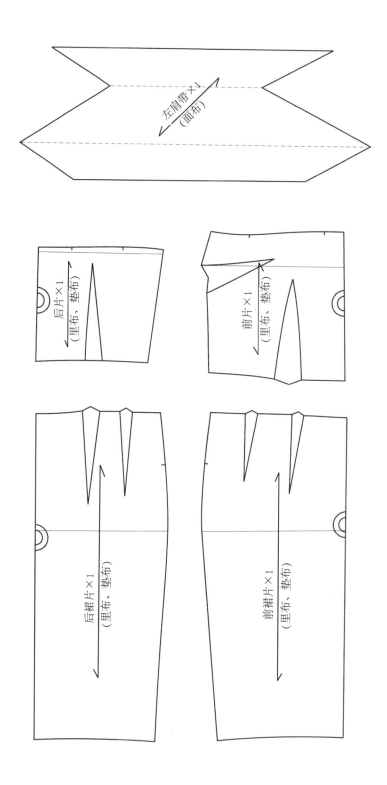

左肩带×1
（面布）

后片×1
（里布、垫布）

前片×1
（里布、垫布）

后裙片×1
（里布、垫布）

前裙片×1
（里布、垫布）

图2.3.3 样片描图

2.4 晚礼服4——多层饰片上衣+多层波浪曳地鱼尾裙设计

● 款式分析（图2.4.1）

设计重点：整体呈鱼尾造型，多层设计烘托胸
部，夸张下摆，前中心的优美纵向
线条增添了服装的隆重感和优雅
性。

衣身廓形：X形；断腰型。

结构要素：

　　上衣外层——弧形分割线；

　　上衣内里——侧缝省、胸腰省、侧缝；

　　裙——纵向分割线、波浪。

细节设计：侧缝装拉链。

松量设计：胸围松量0.5~1cm；腰围松量
1~2cm；臀围松量3~4cm。

● 坯布准备（图2.4.2）

图2.4.1　款式插图

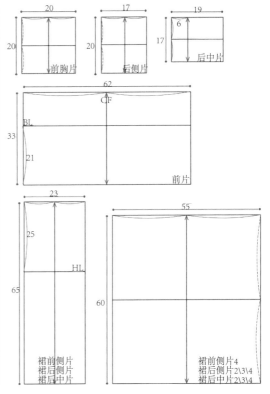

图2.4.2　坯布准备图（单位：cm）

● 操作步骤

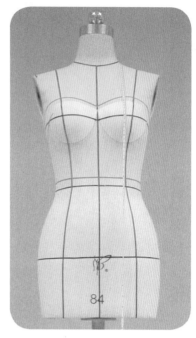

2.4.1

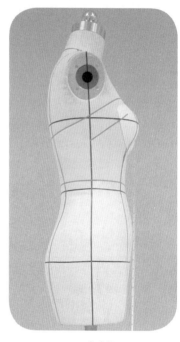

2.4.2

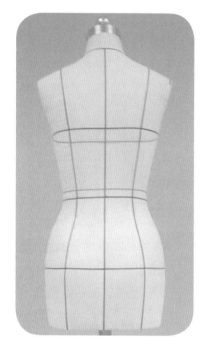

2.4.3

2.4.1 ~ 2.4.3 装置胸垫，贴置款式造型线。

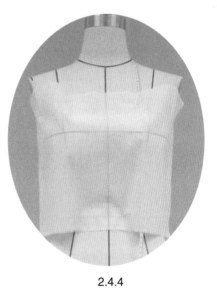

2.4.4

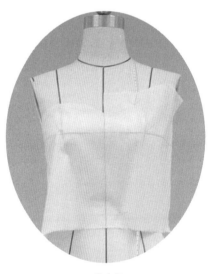

2.4.5

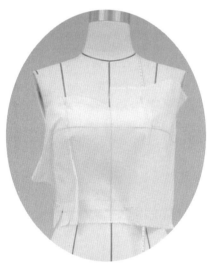

2.4.6

2.4.4 把前片用布固定于人台上。

2.4.5 注意领口的自然伏贴，修剪领口线，把多余的曲面量转移至侧缝省。

2.4.6 观察省尖的位置，合理分配侧缝省和腰省的省量。

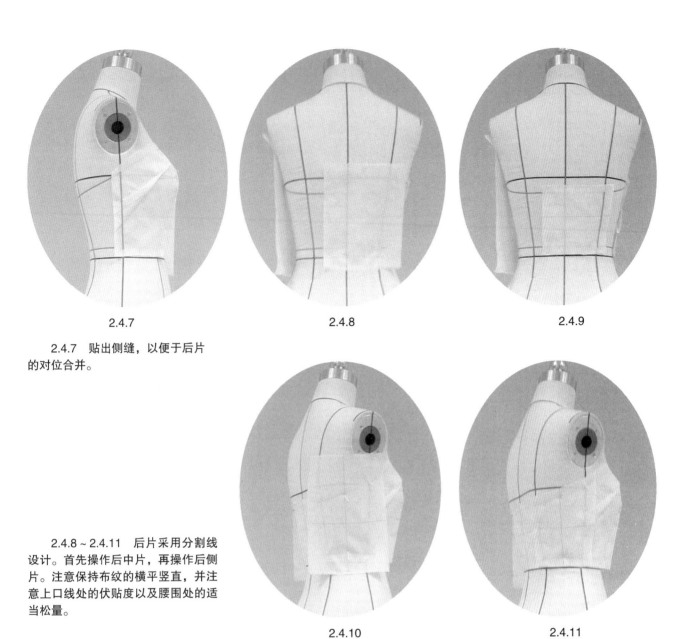

2.4.7

2.4.8

2.4.9

2.4.7 贴出侧缝，以便于后片的对位合并。

2.4.8～2.4.11 后片采用分割线设计。首先操作后中片，再操作后侧片。注意保持布纹的横平竖直，并注意上口线处的伏贴度以及腰围处的适当松量。

2.4.10

2.4.11

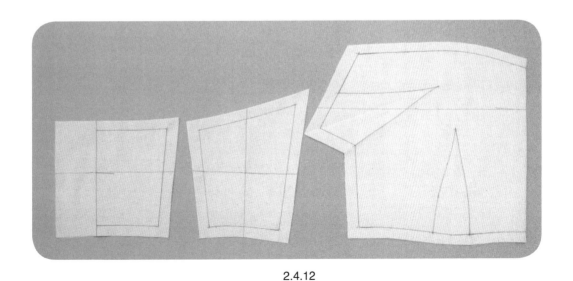

2.4.12

2.4.12 进行上衣里层样片的标点描线、平面整理，拓印对称片。

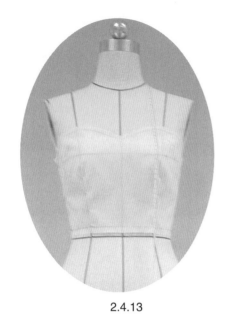

2.4.13

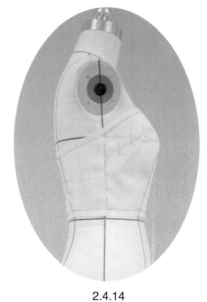

2.4.14

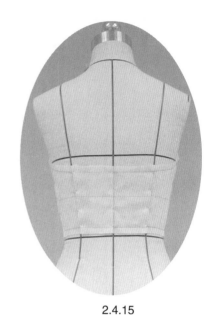

2.4.15

2.4.13 ~ 2.4.15　进行试样补正、造型确认。

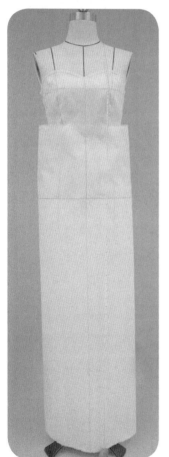

2.4.16

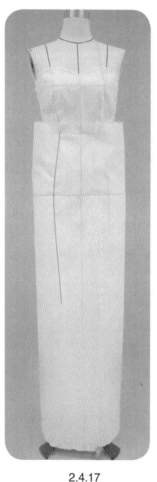

2.4.17

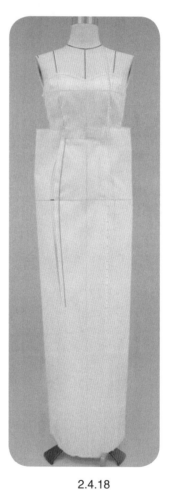

2.4.18

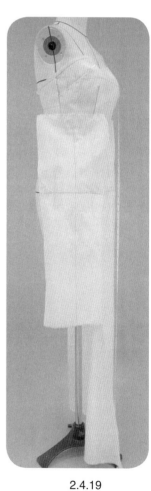

2.4.19

2.4.16　把裙中片用布固定于人台上。

2.4.17　沿腰围线用平叠针法别合裙片与上衣片，把腰腹部曲面量转移至分割线处。贴置分割线造型至鱼尾起波浪位置。

2.4.18　沿造型线进行裁剪至起波浪位置；旋转用布，设置下摆波浪量。

2.4.19　把裙前侧片用布固定于人台上，注意保持侧片纵向中线的竖直。

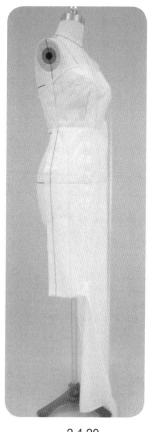

2.4.20

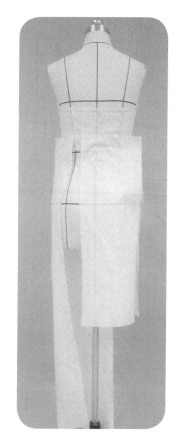

2.4.21

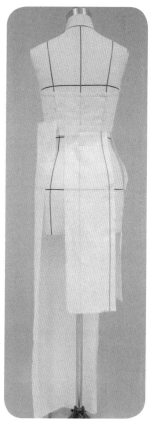

2.4.22

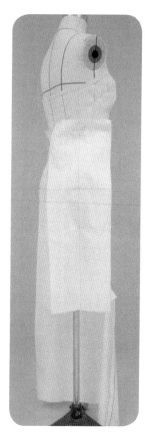

2.4.23

2.4.20　用平叠针法沿腰围线别合侧片与上衣片，沿分割线与前中片别合，注意鱼尾收窄造型。修剪侧缝线。

2.4.24

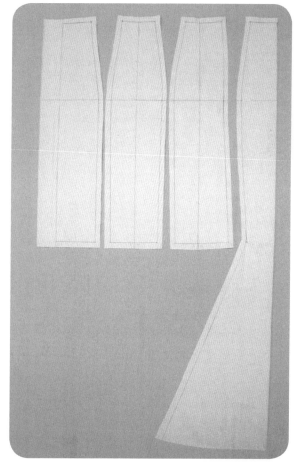

2.4.25

2.4.21 ~ 2.4.24　同理操作后裙片。

2.4.25　进行裙片标点描线、平面整理，拓印对称片。

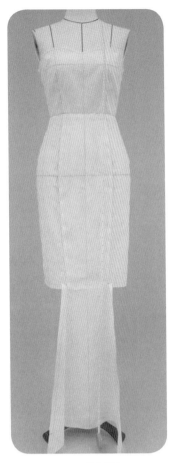

2.4.26

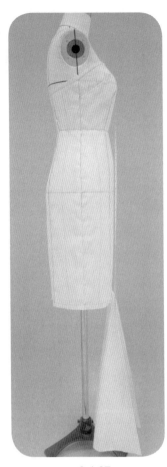

2.4.27

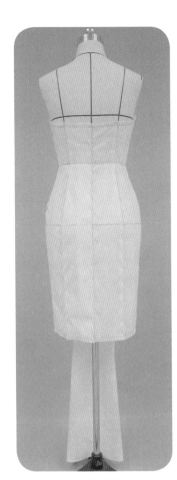

2.4.28

2.4.26 ~ 2.4.28　进行试样补正、造型确认。

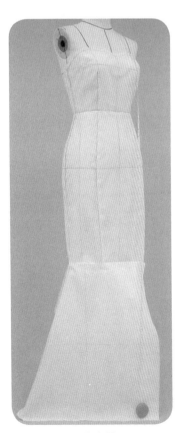

2.4.29

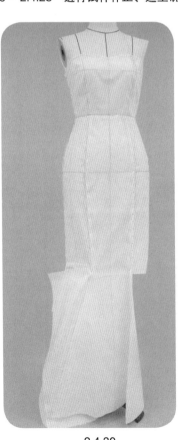

2.4.30

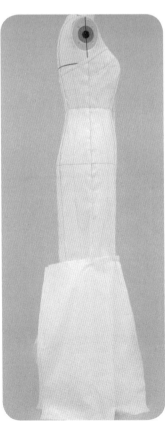

2.4.31

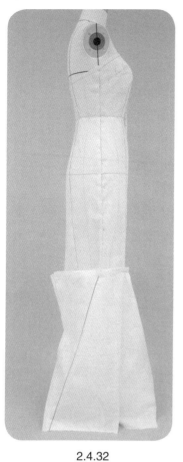

2.4.32

2.4.33

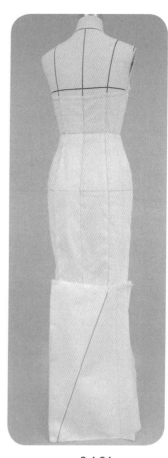

2.4.34

2.4.29 ~ 2.4.35　裙子前侧及后片的鱼尾为有横向分割线的波浪造型。逐片操作，设置波浪量，塑造鱼尾造型。

2.4.36　贴置外层造型线，准备外层的操作。

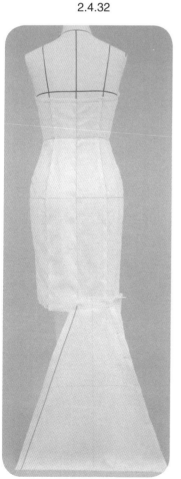

2.4.35

2.4.36

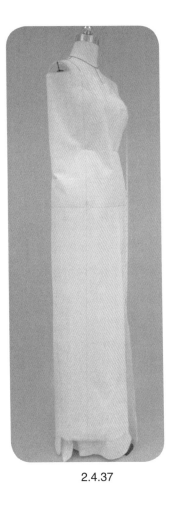

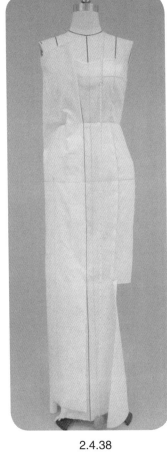

2.4.37   2.4.38   2.4.39

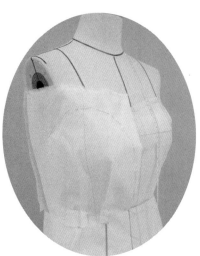

2.4.40

2.4.37 ～ 2.4.45　第一外层的
操作。保持侧片布纹竖直，固定用
布于人台上；设置腰部衣裥，塑造
胸部的贝壳曲面形态；修剪部分断
腰分割线；修剪纵向分割线；修剪
鱼尾横向部分分割线；旋转用布，
设置底摆波浪量。

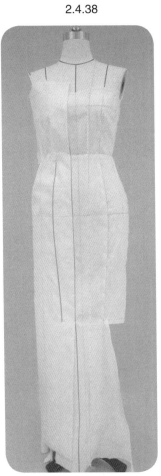

2.4.41   2.4.42

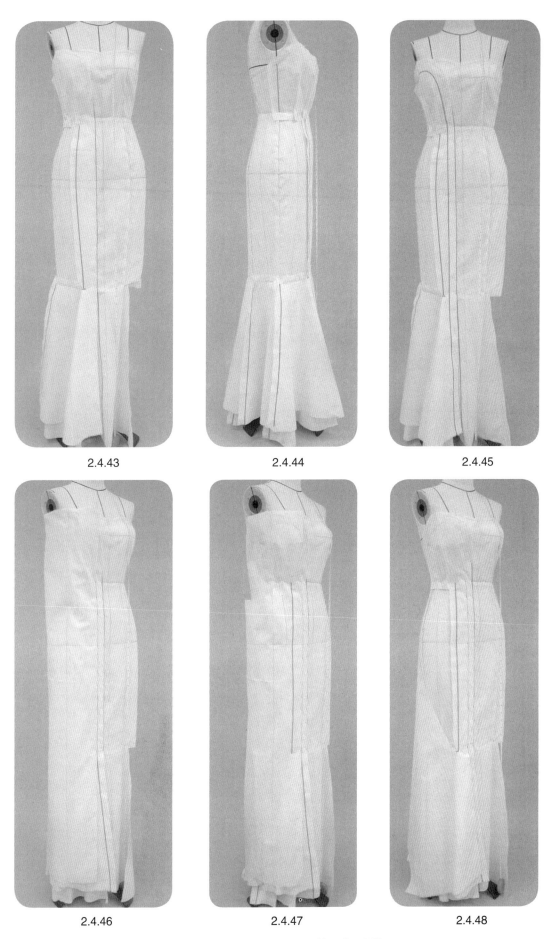

2.4.43

2.4.44

2.4.45

2.4.46

2.4.47

2.4.48

2.4.46 ~ 2.4.50　同理操作第二外层侧片。

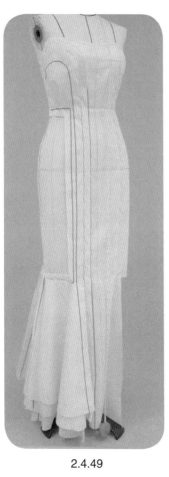

2.4.49

2.4.50

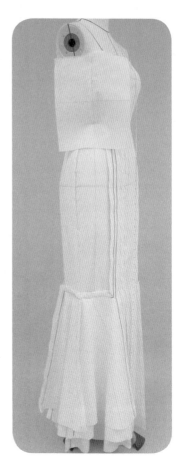

2.4.51

2.4.51 ~ 2.4.53 第三外层
为完全断腰型结构。先操作上
衣第三外层,腰部无衣褶。注
意三层的空间形态。

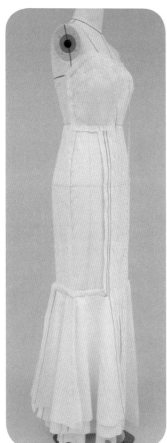

2.4.52

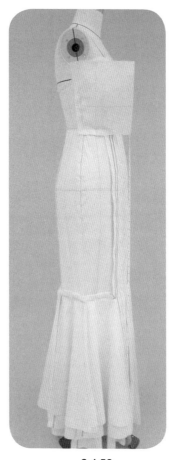

2.4.53

2.4.54

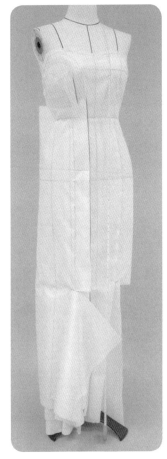

2.4.55

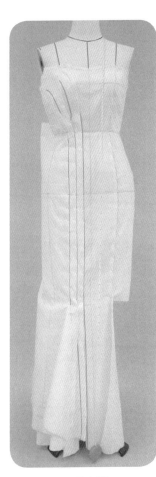

2.4.56

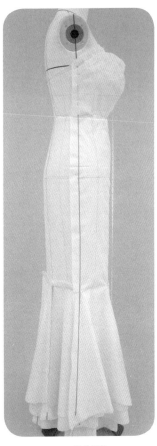

2.4.57

2.4.58

2.4.54 ~ 2.4.58 第三外层裙片为无横向分割的鱼尾造型，注意分割线的对位等长别和，以及下摆波浪量的旋转用布设置，在长度上裙摆要与内层形成层次感。

2.4.59

2.4.59 ~ 2.4.61　同理操
作后侧片外层。

2.4.60

2.4.61

2.4.62 ~ 2.4.67　同理操
作后中片外层，注意布纹的横
平竖直以及分割线别合的对位
等长，以及下摆波浪的层次感。

2.4.62

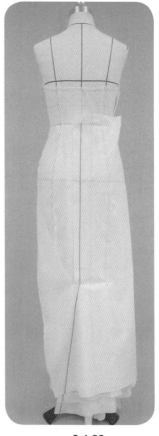

2.4.63

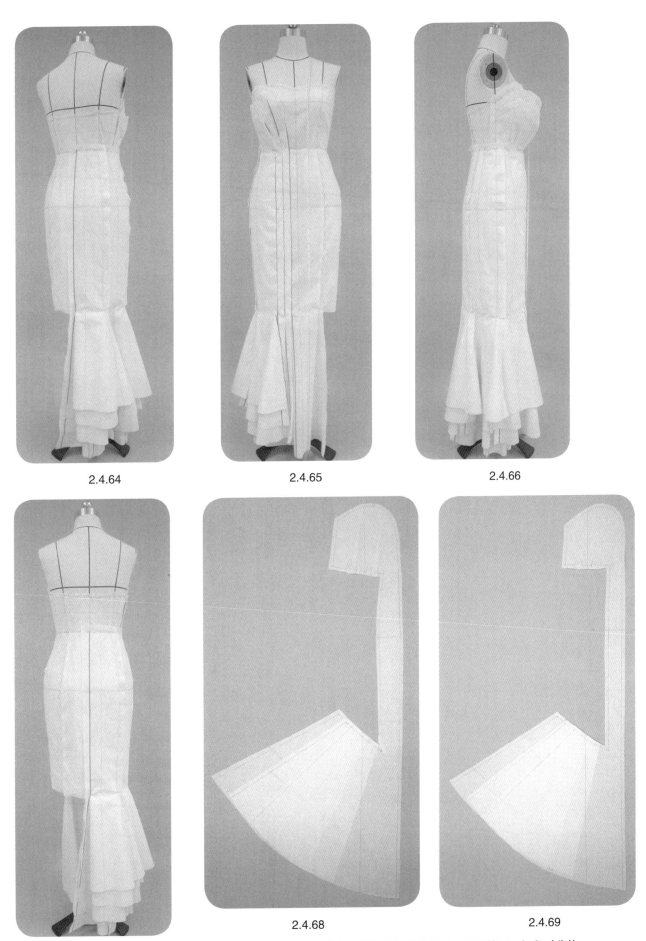

2.4.64

2.4.65

2.4.66

2.4.67

2.4.68

2.4.69

2.4.68 ~ 2.4.70　进行外层衣片的标点描线、平面整理，拓印对称片。

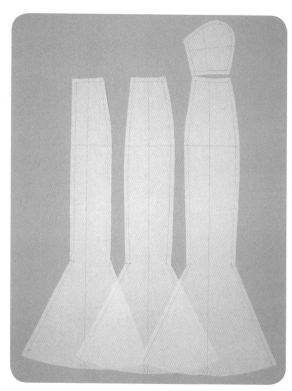

2.4.70

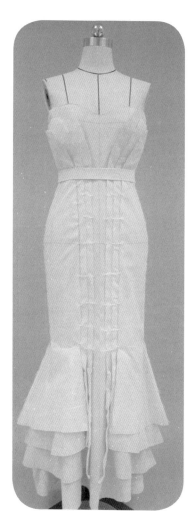

2.4.71

2.4.72

2.4.73

2.4.71 ~ 2.4.73　进行试样补正，腰带为直腰造型，将其上口与腰围线别合。完成整体造型。

● 样片描图（图2.4.3）

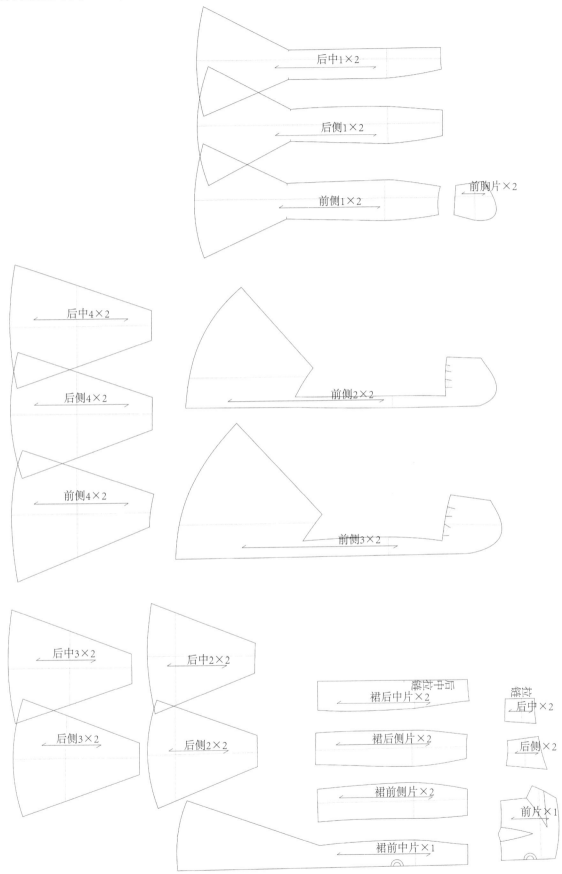

图2.4.3 样片描图

2.5 晚礼服5——U形分割线+多层波浪造型曳地裙设计

● **款式分析（图2.5.1）**

设计重点：波浪造型的多重运用，组合U形分割线；极具装饰性，华丽优雅。

衣身廓形：X形；断腰型。

结构要素：

省道——腰围线胸省；

分割线——侧面U形分割线、缝纵；

波浪——上衣与裙子的波浪组合。

细节设计：高腰；后中心装拉链。

松量设计：胸围松量0.5~1cm；腰围松量2~3cm；臀围松量3~4cm。

● **坯布准备（图2.5.2）**

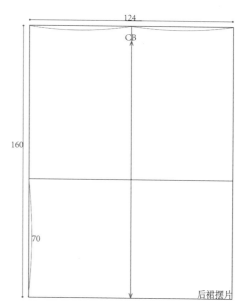

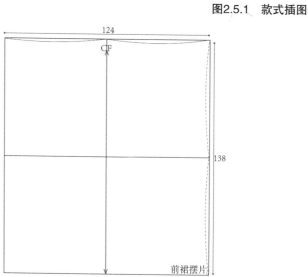

图2.5.1 款式插图

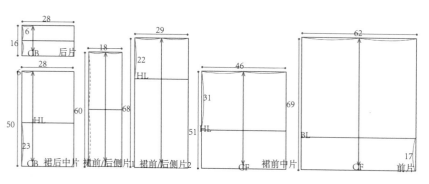

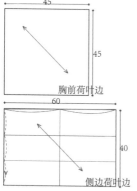

图2.5.2 坯布准备图（单位：cm）

● 操作步骤

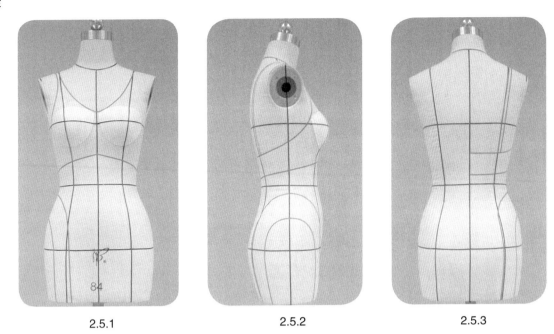

2.5.1　　　　　　　2.5.2　　　　　　　2.5.3

2.5.1～2.5.3　装置胸垫，贴置造型线。注意造型线的弧线美感。

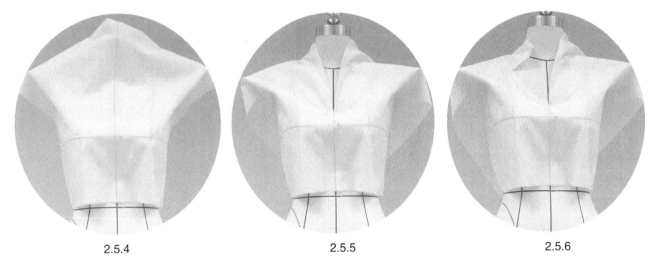

2.5.4　　　　　　　2.5.5　　　　　　　2.5.6

2.5.4～2.5.6　上衣前片为低领口、连肩带造型。余留右侧用布。操作左侧即可。

2.5.7、2.5.8　沿领口线逐渐修剪；转移领口多余量，可先转移至袖窿处。

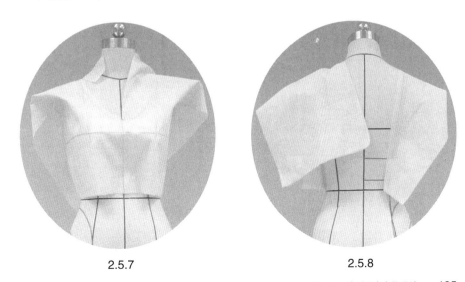

2.5.7　　　　　　　2.5.8

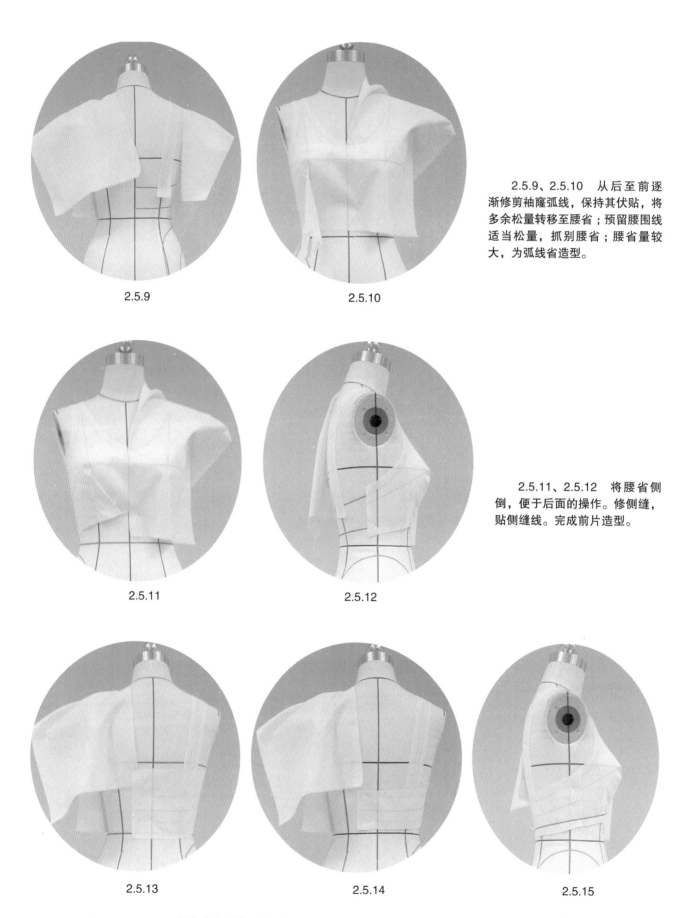

2.5.9

2.5.10

2.5.9、2.5.10　从后至前逐渐修剪袖窿弧线，保持其伏贴，将多余松量转移至腰省；预留腰围线适当松量，抓别腰省；腰省量较大，为弧线省造型。

2.5.11

2.5.12

2.5.11、2.5.12　将腰省侧倒，便于后面的操作。修侧缝，贴侧缝线。完成前片造型。

2.5.13

2.5.14

2.5.15

2.5.13～2.5.15　操作上衣后片。从后中心向侧缝进行逐段修剪，保证上口的伏贴和腰围线的适当松量。

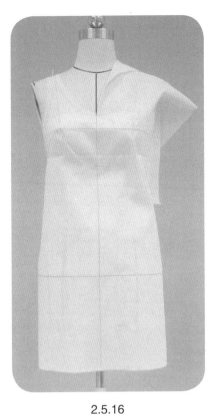

2.5.16

2.5.16 固定裙前中片用布。

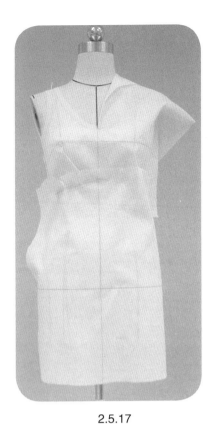

2.5.17

2.5.17 剪刀口，沿腰围线别合上、下衣片，把腰围多余松量转移至分割线。

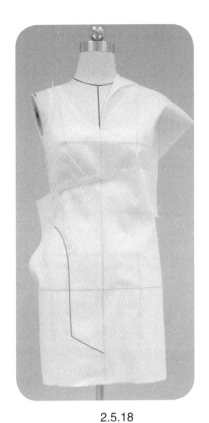

2.5.18

2.5.18 贴出分割线造型。

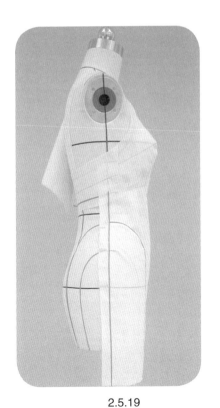

2.5.19

2.5.19 修剪侧缝，贴出侧缝线。

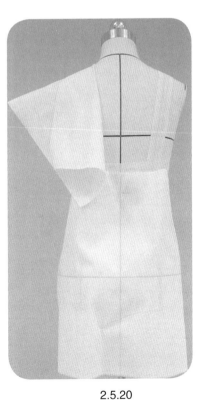

2.5.20

2.5.20 把裙后中片用布固定于人台上。

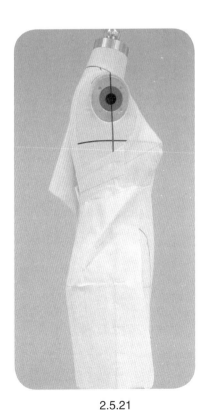

2.5.21

2.5.21 沿腰围线别合裙片与上衣片，把腰围余量转移至分割线外，可将其设置为临时省道。

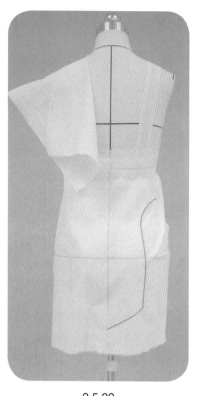

2.5.22

2.5.22　贴造型线。

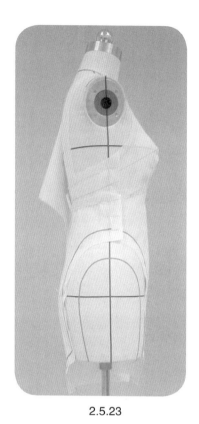

2.5.23

2.5.23　沿分割线进行裁剪操作，修掉临时省道。

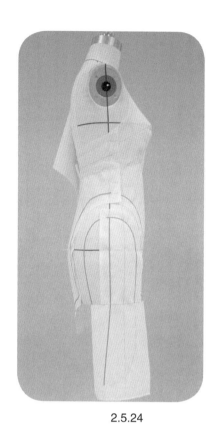

2.5.24

2.5.24　固定裙前侧片用布于人台上，保持纵向中线竖直。沿分割线别合前侧片与前片，贴出侧缝与造型线。用大头针别出弧线。

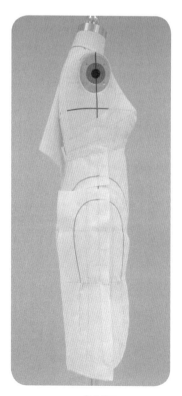

2.5.25

2.5.25　裙后侧片操作与裙前侧片相似。

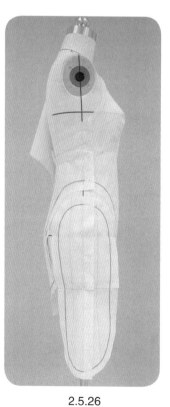

2.5.26

2.5.26　贴出用大头针别出的造型线。

2.5.27

2.5.27　固定裙前侧两片用布于人台上。

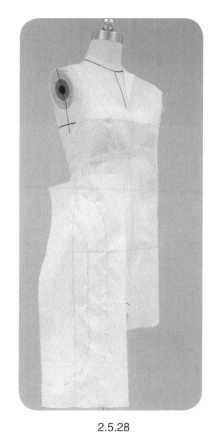

2.5.28

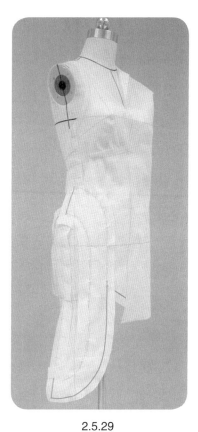

2.5.29

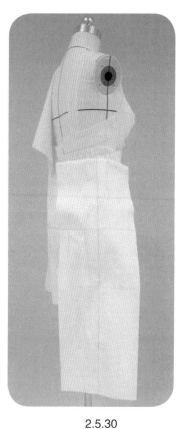

2.5.30

2.5.28　沿两侧分割线与前中片、侧片别合。

2.5.29　修剪掉多余量,贴造型线。

2.5.30 ~ 2.5.32　裙后侧两片操作与裙前侧两片相似。

2.5.31

2.5.32

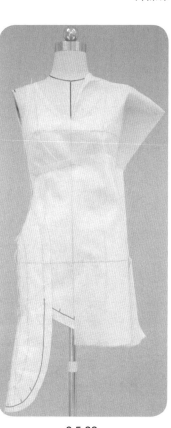

2.5.33

2.5.34

2.5.33 ~ 2.5.35　设置波浪位置。

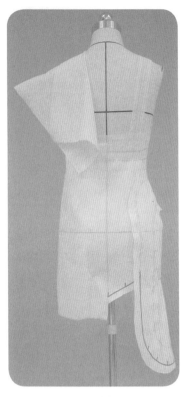

2.5.35

2.5.36

2.5.36　把前裙摆用布固
定于人台上。

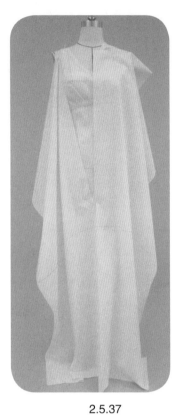

2.5.37

2.5.37　沿前中心线剪开，
操作左侧一半。

2.5.38

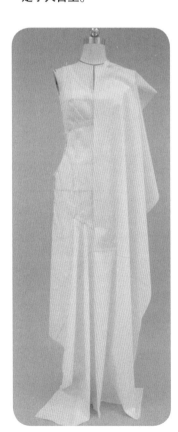

2.5.39

2.5.40

2.5.38 ~ 2.5.40　沿分割线别合裙摆与裙片用布；于波浪位置剪刀口；旋转用布，设置波浪。注意观
察与把握每一个波浪量。

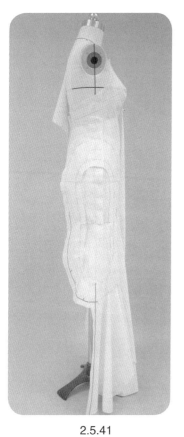

2.5.41

2.5.41　完成前裙摆的操作。修剪侧缝，贴置侧缝线。

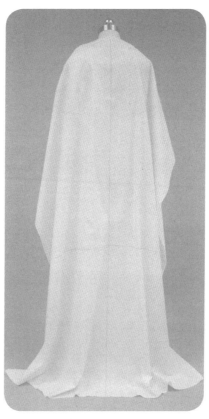

2.5.42

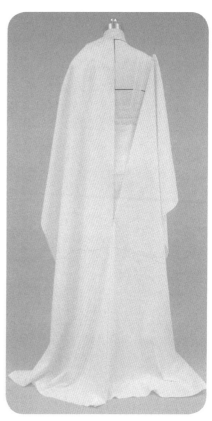

2.5.43

2.5.44

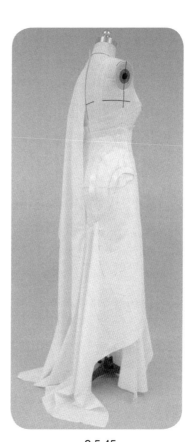

2.5.45

2.5.46

2.5.42 ~ 2.5.46　后裙摆操作方法与前裙摆相似。

2.5.47

2.5.48

2.5.49

2.5.47 ~ 2.5.49　修剪出裙底摆的花瓣弧线造型。将各裙片进行标点描线。

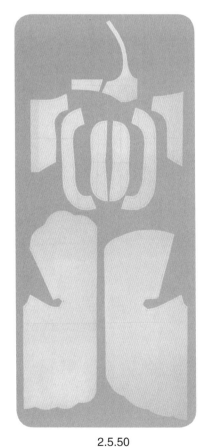

2.5.50

2.5.51

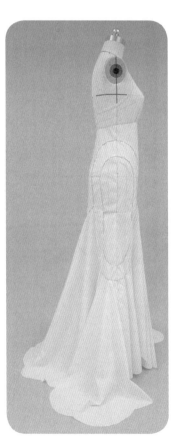

2.5.52

2.5.50　进行连点成线、平面
整理。拓印、修剪出对称片。

2.5.51 ~ 2.5.53　用大头针别合各裙片，并与上衣片腰围线别合。

2.5.53

2.5.54

2.5.54 上衣多层波浪饰边的操作采用圆弧布条加波浪补正的方法。操作前先进行平面绘制同心圆弧，宽度为饰片宽。

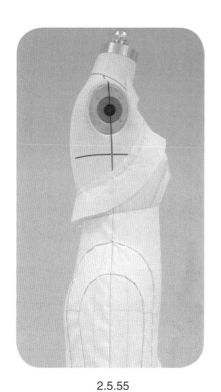

2.5.55

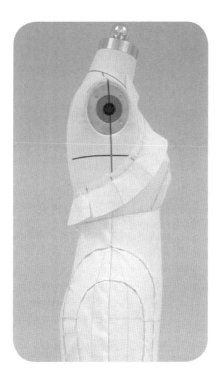

2.5.56

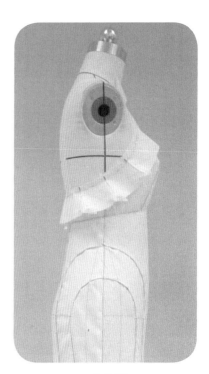

2.5.57

2.5.55 将首条圆弧片别合于上衣上口边缘。

2.5.56、2.5.57 观察波浪量不足位置，修剪刀口，插入小三角片，增加波浪量。

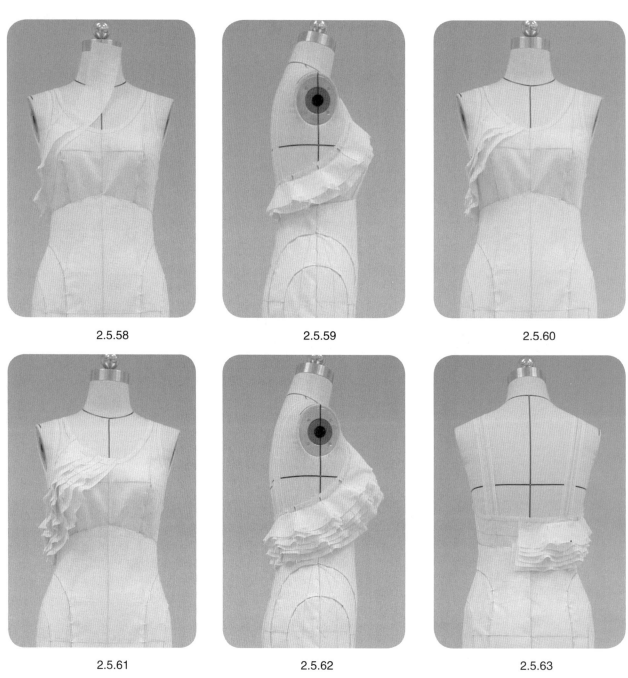

2.5.58　　　　　　　　　　　　　　　2.5.59　　　　　　　　　　　　　　　2.5.60

2.5.61　　　　　　　　　　　　　　　2.5.62　　　　　　　　　　　　　　　2.5.63

2.5.58 ~ 2.5.63　同理，逐层操作波浪饰片。

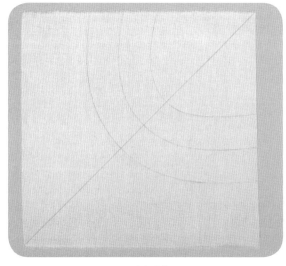

2.5.64　准备裙侧的波浪饰片操作用布。为了形成有韵律的层次感，要仔细调整饰片宽度、波浪位置、波浪量，使其要有韵律节奏而不是均匀的。

2.5.64

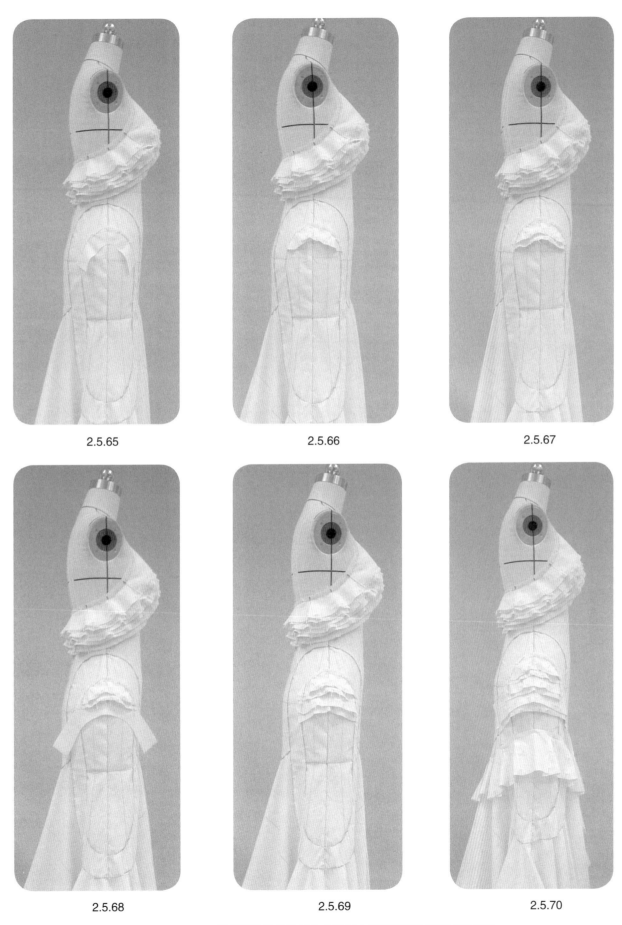

2.5.65

2.5.66

2.5.67

2.5.68

2.5.69

2.5.70

2.5.65 ~ 4.6.70　裙侧的波浪饰片操作方法与上衣波浪饰片操作方法相同。

2.5.71 将加入的许多三角片波浪饰片取下，进行描点、拓样，完成整片波浪饰片。

2.5.71

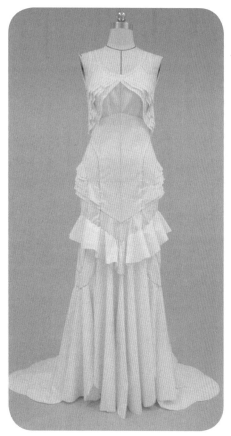

2.5.72

2.5.73

2.5.74

2.5.72 ~ 2.5.74 别合拓样后的饰片与衣身。进行试样补正，完成造型。

● 样片描图（图2.5.3）

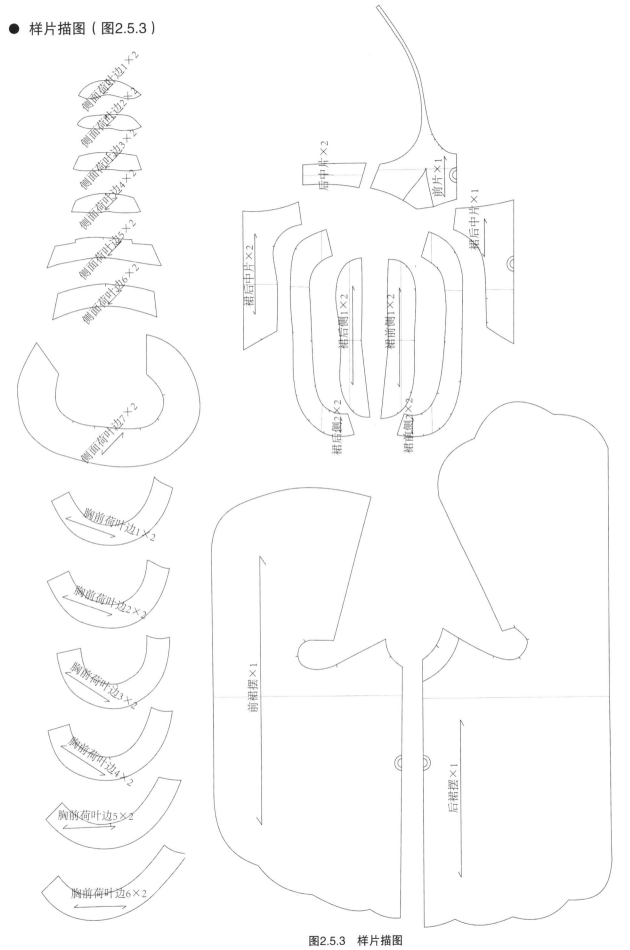

侧面荷叶边1×2
侧面荷叶边2×2
侧面荷叶边3×2
侧面荷叶边4×2
侧面荷叶边5×2
侧面荷叶边6×2
侧面荷叶边7×2

胸前荷叶边1×2
胸前荷叶边2×2
胸前荷叶边3×2
胸前荷叶边4×2
胸前荷叶边5×2
胸前荷叶边6×2

肩中片×2
前片×1
裙后中片×2
裙后中片×2
裙后侧1×2
裙前侧1×2
裙中侧2×2
裙前侧2×2
前裙摆×1
后裙摆×1

图2.5.3　样片描图

3 上衣造型元素变化设计

3.1 上衣1——腰线穿插衣裥设计

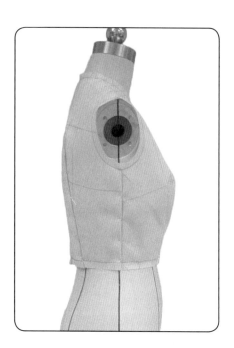
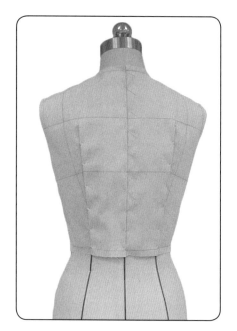

● **造型要点**

把前片胸围线以上的曲面量（形成或塑造曲面的结构量）和胸到腰的曲面量转移至腰线处，设置为衣裥；沿上层衣裥剪切刀口，形成交叉衣裥造型。胸围松量6 cm、腰围松量6 cm。

● 操作步骤

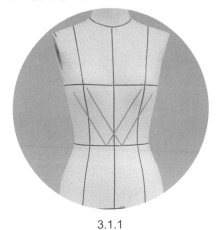

3.1.1

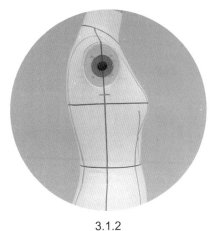

3.1.2

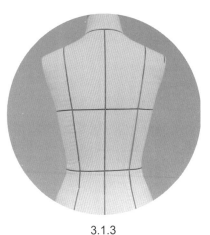

3.1.3

3.1.1 ~ 3.1.3 贴置款式造型线。

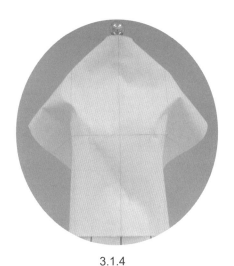

3.1.4

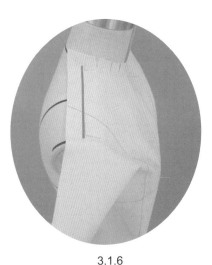

3.1.5

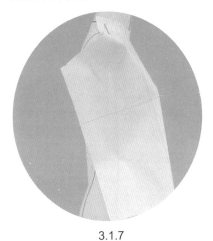

3.1.6

3.1.4 固定前片用布于人台上。注意前中心和胸围布纹线要对齐人台上相对应的标示线，以及余留胸围松量。前中心处、侧缝处、颈侧处用大头针固定。

3.1.5 以逐渐剪刀口的方式来修剪左边领口并自然抚平；余留适当松量后，在SNP点（侧颈点）处用大头针固定。

3.1.6 自然抚平肩部并在SP点（肩点）处用大头针固定；余留缝份量后，修剪用布。

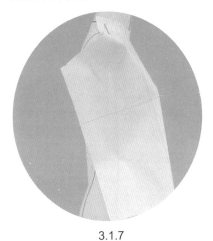

3.1.7

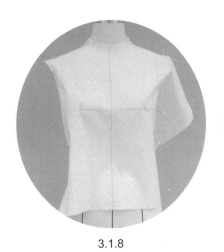

3.1.8

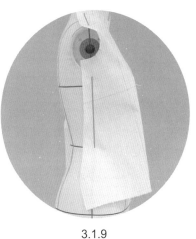

3.1.9

3.1.7 袖窿处余留适当松量后，把多余量转移至腰线位置；自然抚平侧缝并用大头针固定。注意保证胸围松量。

3.1.8、3.1.9 修剪袖窿、侧缝。

3.1.10

3.1.11

3.1.12

3.1.10、3.1.11　同理操作右边。

3.1.13

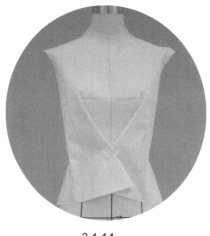

3.1.14

3.1.15

3.1.12 ~ 3.1.14　整理左、右边的第一个衣裥量；确定衣裥刀口位置和长度；剪刀口，实现衣裥的交叉。

3.1.16

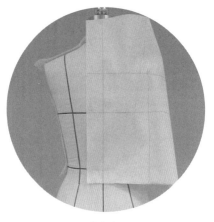

3.1.17

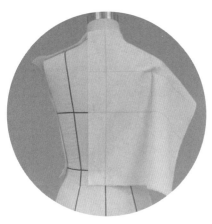

3.1.18

3.1.15、3.1.16　整理和设置左、右边第二个衣裥，并修剪腰线。完成前片的初步造型。

3.1.17　把后片用布固定于人台上。注意后中心布纹线和肩背横向布纹线与人台上相应标示线对齐，以及胸围松量的余留。后中心处、肩背横线处、侧缝处用大头针固定。

3.1.18　修剪后领口，并在SNP点处用平叠针法别合后片与前片；自然抚平肩部，把肩背曲面量转移至腰线，然后用平叠针法别合肩线。

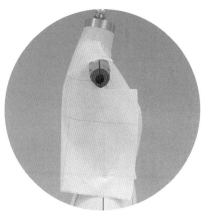

3.1.19

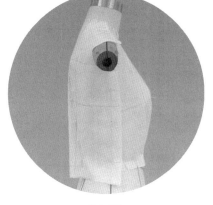

3.1.20

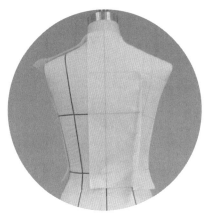

3.1.21

3.1.19　修剪袖窿，确认后袖窿松量；保证胸围松量并自然抚平；用平叠针法别合前、后片侧缝。

3.1.20 ~ 3.1.22　用抓别法别合腰背省，其省道量较大，为弧线省。修剪腰线。完成后片的初步造型。

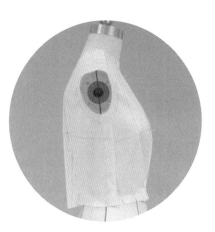

3.1.22

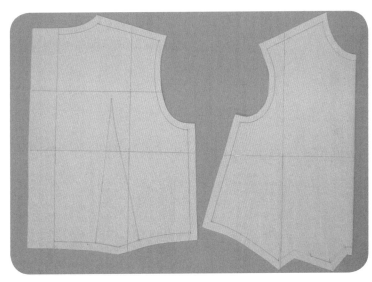

3.1.23

3.1.23　进行标点描线、平面整理。注意前片只需操作左边即可。将胸围线对齐并沿中心对折，用大头针定位别合；垫复写纸，连点成线，修剪缝份。注意只有左边有衣褶刀口。另外，还要注意衣褶的标示方式，这里只标示衣褶底部即可。

3.1.24

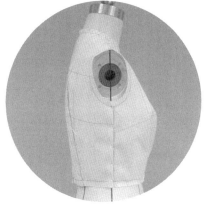

3.1.25

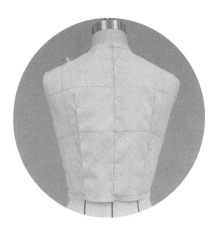

3.1.26

3.1.24 ~ 3.1.26　用折别针法别合省道、衣褶底、肩缝、侧缝等，进行试样补正。完成造型。

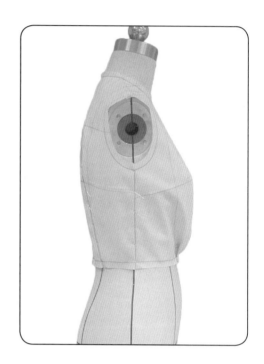

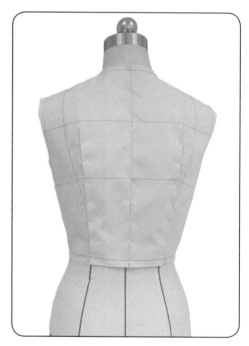

● **造型要点**

　　把前片胸围线以上的曲面量和胸到腰的曲面量转移至腰线处，设置为衣褶；沿上层衣褶剪切刀口，形成交叉衣褶造型。胸围松量 6 cm、腰围松量 6 cm。

● 操作步骤

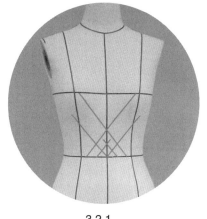
3.2.1

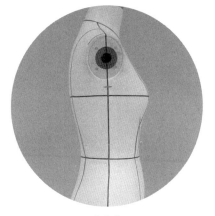
3.2.2

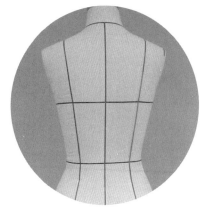
3.2.3

3.2.1～3.2.3　贴置款式造型线。

3.2.4

3.2.5

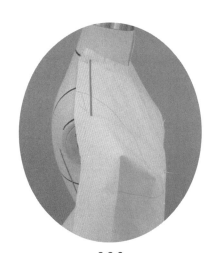
3.2.6

　　3.2.4　把前片用布固定于人台上。注意前中心和胸围布纹线与人台上相应标示线对齐，以及胸围松量的余留。前中心处、侧缝处、颈侧处用大头针固定。

　　3.2.5　用逐步剪刀口的方式修剪左边领口并自然抚平；余留适当松量后，在SNP点处用大头针固定。

　　3.2.6　自然抚平肩部并在SP点处用大头针固定；余留缝份量后修剪用布。

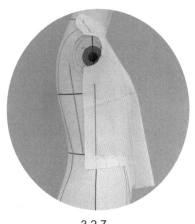
3.2.7

3.2.8

3.2.9

　　3.2.7　袖窿处余留适当松量后，把多余量转移至腰线；自然抚平侧缝并用大头针固定。注意胸围松量的保证。修剪袖窿、侧缝。

　　3.2.8、3.2.9　同理操作右边。

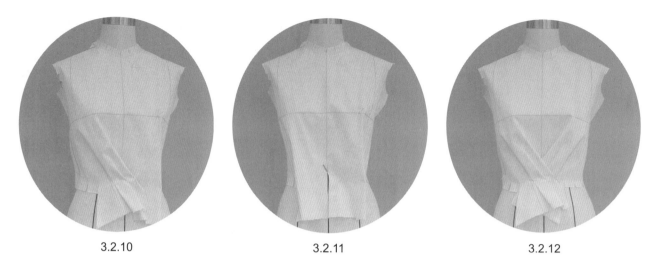

3.2.10　　　　　　　　　　3.2.11　　　　　　　　　　3.2.12

3.2.10 ~ 3.2.12　整理衣褶，观察衣褶长度，分配衣褶量，形成自然的衣褶造型。确定剪刀口的位置和长度，形成交叉衣褶的造型。

3.2.13

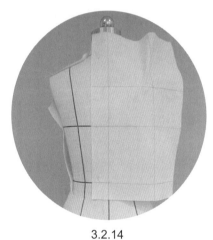

3.2.14

3.2.14　把后片用布固定于人台上。注意后中心布纹线、肩背横向布纹线与人台上相应标示线对齐，以及胸围松量的余留。后中心处、肩背横线处、侧缝处用大头针固定。

3.2.13　修剪腰线，完成前片的初步造型。

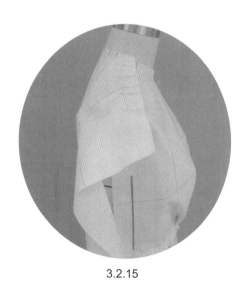

3.2.15

3.2.15　修剪后领口，在SNP点处用平叠针法别合后片与前片。自然抚平肩部，把肩背曲面量转移至腰线，用平叠针法别合肩线。

3.2.16　修剪袖窿，确认后袖窿松量；保证胸围松量并自然抚平，用平叠针法别合前、后片侧缝。

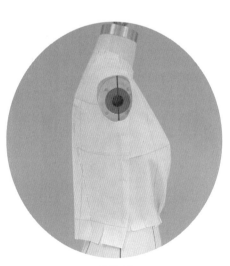

3.2.16

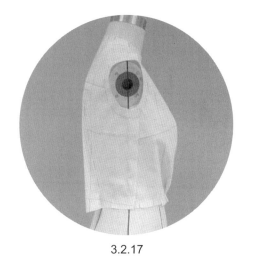

3.2.17

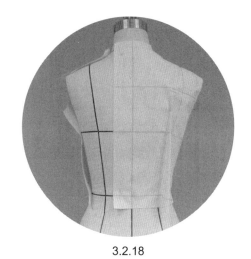

3.2.18

3.2.17、3.2.18　用抓别法别合腰背省，其省道量较大，为弧线省。修剪腰线。完成后片的初步造型。

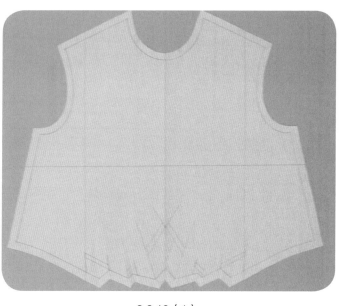

3.2.19（1）

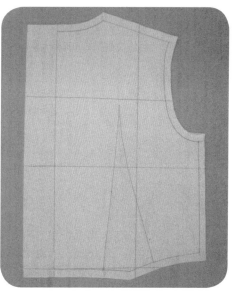

3.2.19（2）

　　3.2.19　进行标点描线、平面整理。注意前片只需操作左边即可。将胸围线对齐并沿中心对折，并用大头针定位别合；垫复写纸，连点成线，修剪缝份。衣褶刀口只有左边有。另外，还要注意衣褶的标示方式，这里只标示衣褶底部即可。

3.2.20

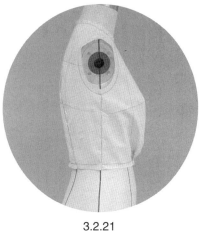

3.2.21

3.2.22

3.2.20～3.2.22　用折别针法别合省道、衣褶底、肩缝、侧缝等，进行试样补正。完成造型。

3.3 上衣3——领口穿插衣褶设计

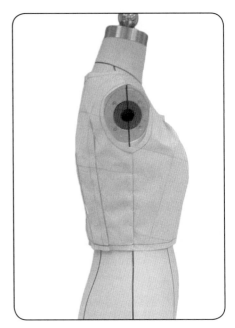

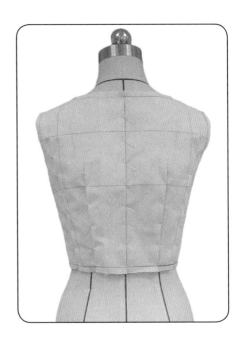

● 造型要点

把前片胸围线以上的曲面量和胸到腰的曲面量转移至领口线处，设置为衣褶；沿上层衣褶剪切刀口，形成交叉衣褶造型。胸围松量6 cm、腰围松量6 cm。

● 操作步骤

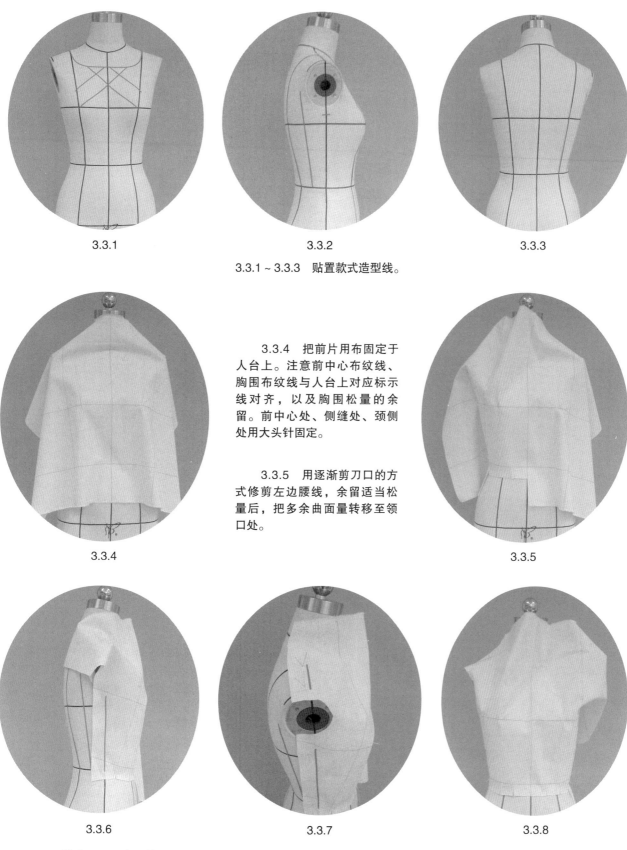

3.3.1   3.3.2   3.3.3

3.3.1～3.3.3　贴置款式造型线。

3.3.4　把前片用布固定于人台上。注意前中心布纹线、胸围布纹线与人台上对应标示线对齐，以及胸围松量的余留。前中心处、侧缝处、颈侧处用大头针固定。

3.3.5　用逐渐剪刀口的方式修剪左边腰线，余留适当松量后，把多余曲面量转移至领口处。

3.3.4   3.3.5

3.3.6   3.3.7   3.3.8

3.3.6　检查腰围和胸围的松量，自然抚平侧缝处，用大头针固定侧缝上、下端。

3.3.7、3.3.8　在袖窿处余留适当松量，然后把多余量转移至领口线位置；在SP点处用大头针固定，修剪袖窿。自然抚平肩缝处，SNP点处用大头针固定，修剪肩线。

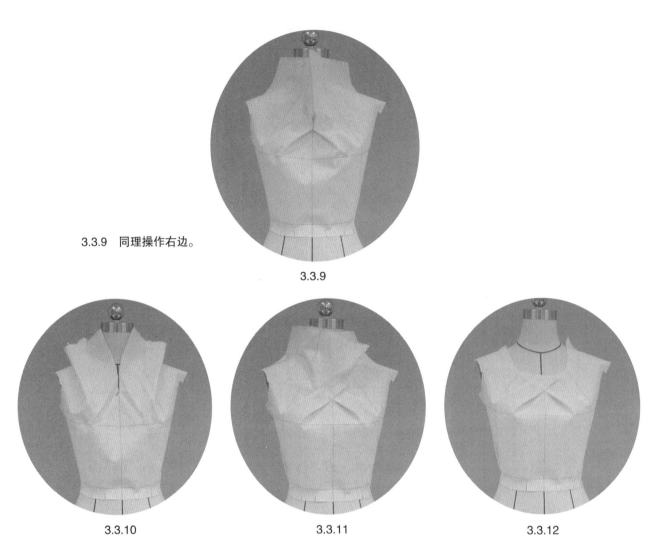

3.3.9 同理操作右边。

3.3.9

3.3.10

3.3.11

3.3.12

3.3.10 ~ 3.3.12 整理衣裥，观察衣裥长度，分配衣裥量，形成自然的衣裥造型。确定剪刀口的位置和长度，形成交叉衣裥的造型。修剪腰线，完成前片的初步造型。

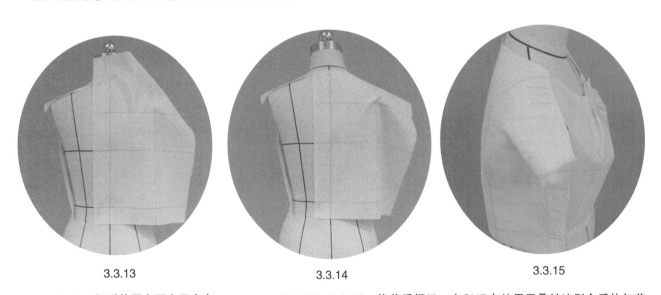

3.3.13

3.3.14

3.3.15

3.3.13 把后片用布固定于人台上。注意后中心布纹线、肩背横向布纹线与人台上对应标示线对齐，以及胸围松量的余留。后中心处、肩背横线处、侧缝处用大头针固定。

3.3.14、3.3.15 修剪后领口，在SNP点处用平叠针法别合后片与前片。自然抚平肩部，把肩背曲面量转移至腰线，用平叠针法别合肩线。

3.3.16

3.3.17

3.3.18

3.3.16 修剪袖窿，确认后袖窿松量。保证胸围松量并自然抚平，用平叠针法别合前、后片侧缝。

3.3.17、3.3.18 用抓别法别合腰背省，其省道量较大，为弧线省。修剪腰线。完成后片的初步造型。

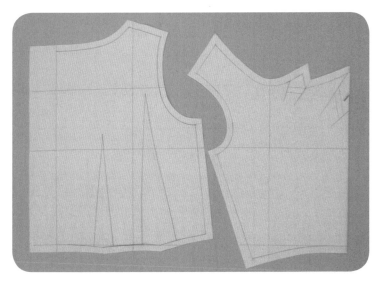

3.3.19

3.3.19 进行标点描线、平面整理。注意前片的标点描线只需操作左边即可。将胸围线对齐并沿中心对折，用大头针定位别合；垫复写纸，连点成线，修剪缝份。另外还要注意衣裾的标示方式，这里只标示衣裾底部即可。

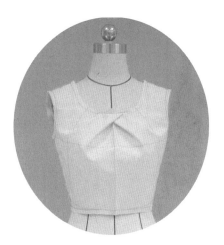

3.3.20

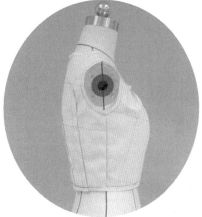

3.3.21

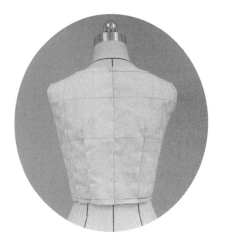

3.3.22

3.3.20 ~ 3.3.22 用折别针法别合省道、衣裾底、肩缝、侧缝等，进行试样补正。完成造型。

3.4　上衣4——衣裙连身领设计

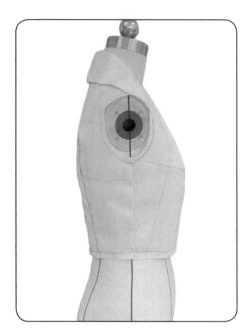

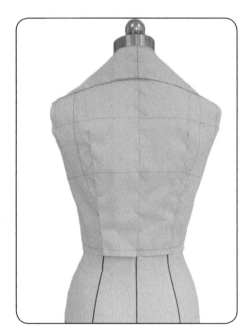

● **造型要点**

　　结合衣裙形成有内外层空间的前连后断立领造型；后衣
片和前衣片的拼合方式是造型稳定的关键。胸围松量 6 cm、
腰围松量 6 cm。

● 操作步骤

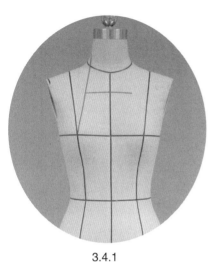
3.4.1

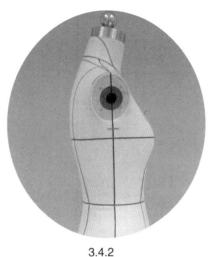
3.4.2

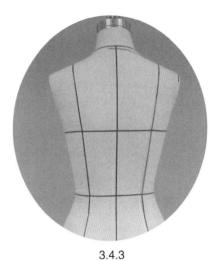
3.4.3

3.4.1 ~ 3.4.3　贴置款式造型线。

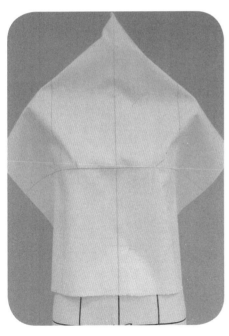
3.4.4

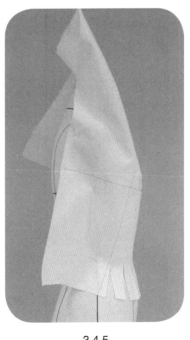
3.4.5

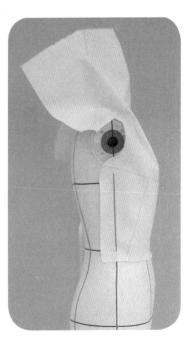
3.4.6

　　3.4.4　把前片用布固定于人台上。注意前中心布纹线、胸围布纹线与人台上对应标示线对齐，以及胸围松量的余留。前中心处、侧缝处、颈侧处用大头针固定。

　　3.4.5　用逐渐剪刀口的方式来修剪左边腰线，余留适当松量后，把多余曲面量转移至领口处。

　　3.4.6　检查腰围和胸围的松量，自然抚平侧缝处，修剪缝份。检查袖窿处的松量，适当修剪袖窿。

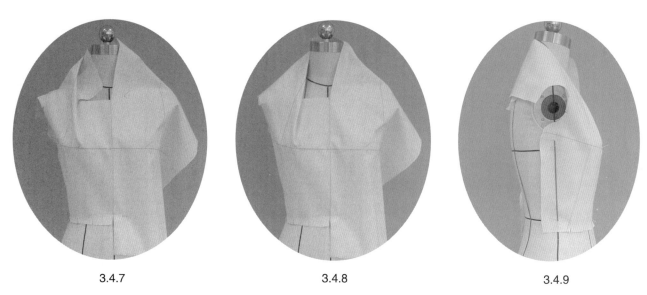

3.4.7　　　　　　　　　　　　　　3.4.8　　　　　　　　　　　　　　3.4.9

3.4.7 ~ 3.4.10　沿前中心剪纵向刀口，整理衣裾；沿前领口横向刀口至衣裾内边处止，折转用布，整理立领造型。注意调整用布的折转量，其可以实现立领高度的调整。

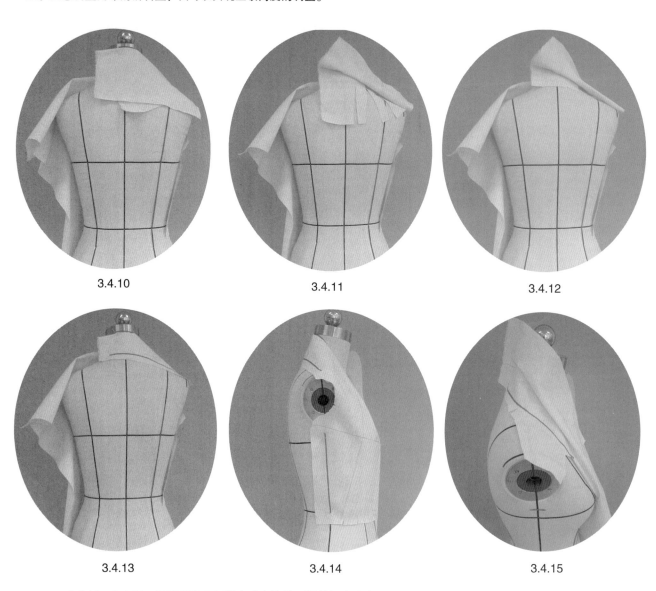

3.4.10　　　　　　　　　　　　　3.4.11　　　　　　　　　　　　　3.4.12

3.4.13　　　　　　　　　　　　　3.4.14　　　　　　　　　　　　　3.4.15

3.4.11 ~ 3.4.16　用逐渐剪刀口的方式来修剪，调整与确认内层后领口造型以及外层领外口线造型。注意内层领口线的横开领适当开大，且延至前领口刀口位置止。

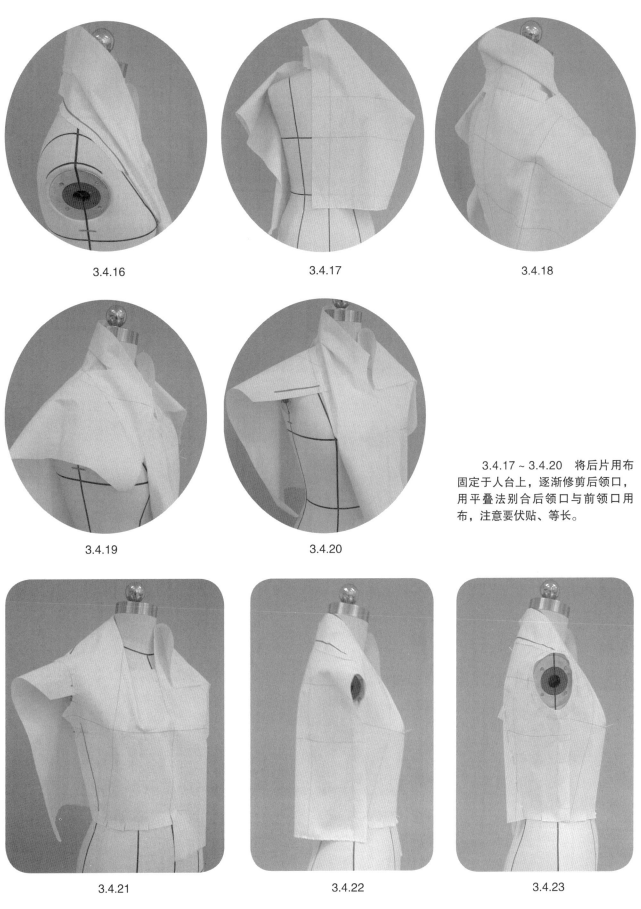

3.4.16

3.4.17

3.4.18

3.4.19

3.4.20

3.4.17~3.4.20　将后片用布固定于人台上，逐渐修剪后领口，用平叠法别合后领口与前领口用布，注意要伏贴、等长。

3.4.21

3.4.22

3.4.23

3.4.21　注意后片与前片在前袖窿肩端处有一段拼合。

3.4.22~3.4.24　设置腰背省，别合侧缝，确定袖窿造型。注意保证胸围松量和腰围松量。

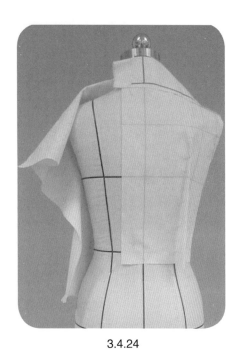

3.4.24

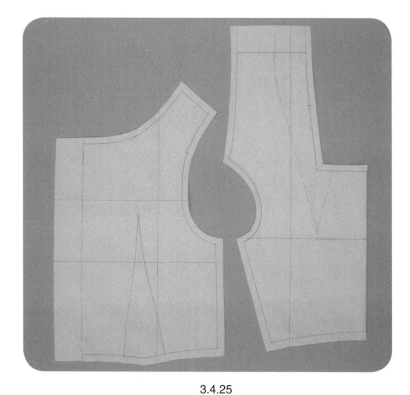

3.4.25

3.4.25　进行标点描线、平面整理，拓印对称片。

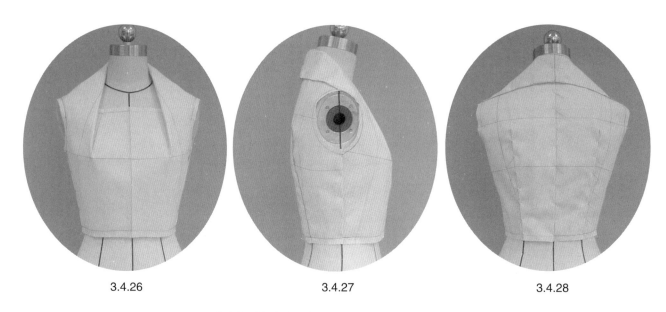

3.4.26　　　　　　　　　　3.4.27　　　　　　　　　　3.4.28

3.4.26 ~ 3.4.28　用大头针别合省道、衣裾底、肩缝、侧缝等，进行试样补正。造型完成。

3.5 上衣5——垂荡连身领设计

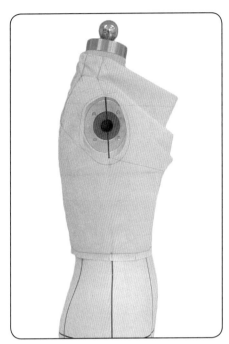

● **造型要点**

结合衣褶形成有内外层空间的前连后断立领造型；；后衣片和前衣片的拼合方式是造型稳定的关键。胸围松量6 cm、腰围松量6 cm。

● 操作步骤

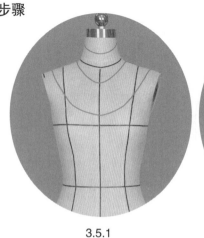

3.5.1

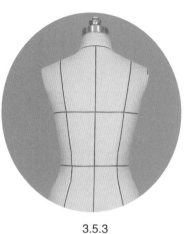

3.5.2

3.5.3

3.5.1 ~ 3.5.3　贴置款式造型线。

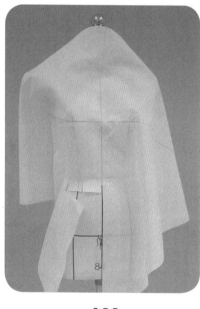

3.5.4

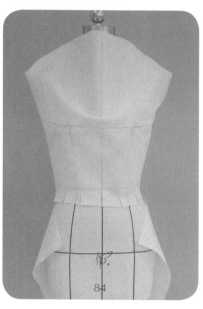

3.5.5

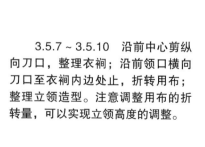

3.5.6

3.5.4　把前片用布固定于人台上。注意前中心布纹线、胸围布纹线与人台上对应标示线对齐，以及胸围松量的余留。前中心处、侧缝处、颈侧处用大头针固定。

3.5.5　用逐渐剪刀口的方式来修剪左边腰线，余留适当松量，把多余曲面量转移至领口处。

3.5.6　检查腰围和胸围的松量，自然抚平侧缝处，修剪缝份。检查袖窿处的松量，适当修剪袖窿。

3.5.7 ~ 3.5.10　沿前中心剪纵向刀口，整理衣裾；沿前领口横向刀口至衣裾内边处止，折转用布；整理立领造型。注意调整用布的折转量，可以实现立领高度的调整。

3.5.7

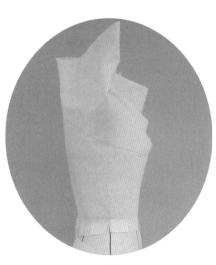

3.5.8

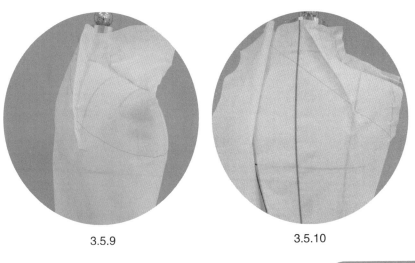

3.5.9

3.5.10

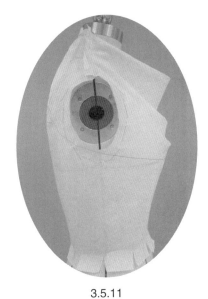

3.5.11

3.5.11 调整与确认内层和外层领外口线造型。

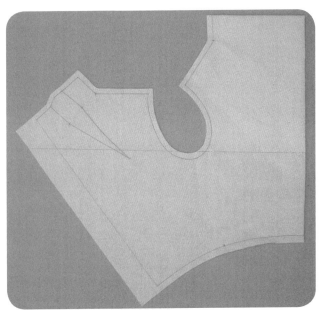

3.5.12

3.5.12 进行标点描线、平面整理，拓印对称片。

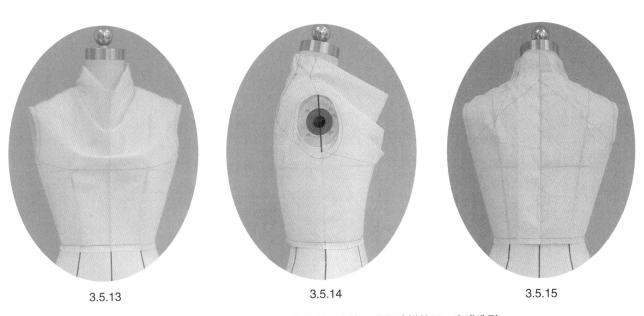

3.5.13

3.5.14

3.5.15

3.5.13 ~ 3.5.15 用大头针别合衣片，进行试样补正。完成造型。

3.6 上衣6——胸部连身衣结设计

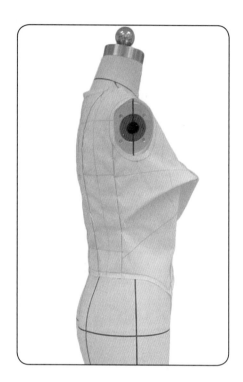

● **造型要点**

　　运用衣褶组合分割线，形成装饰性强的凹陷造型。注意中线的分割、侧缝线的后移以及衣褶的位置，这是造型的关键。胸围松量 5 cm、腰围松量 5 cm。

● 操作步骤

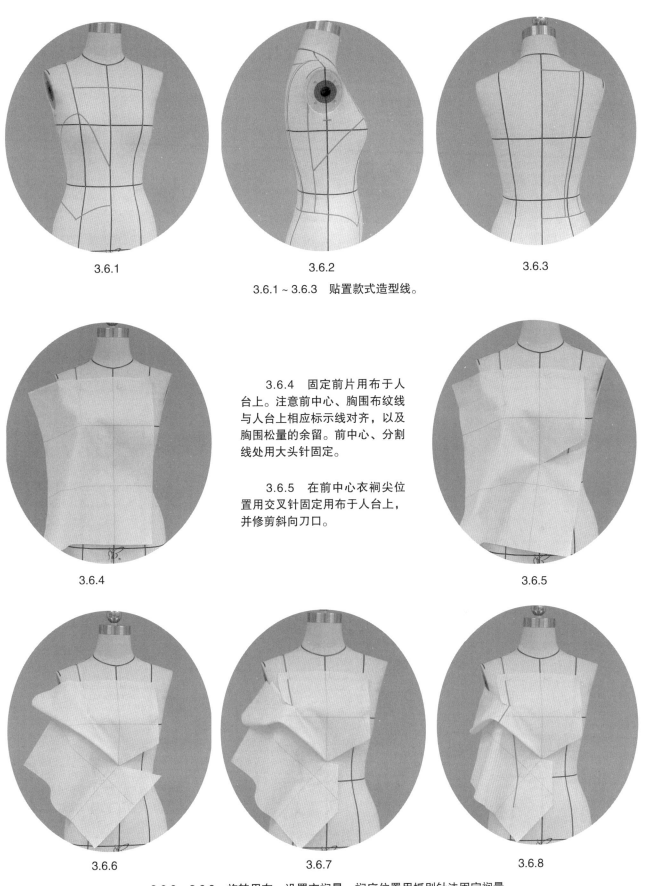

3.6.1   3.6.2   3.6.3

3.6.1~3.6.3　贴置款式造型线。

3.6.4　固定前片用布于人台上。注意前中心、胸围布纹线与人台上相应标示线对齐，以及胸围松量的余留。前中心、分割线处用大头针固定。

3.6.5　在前中心衣褶尖位置用交叉针固定用布于人台上，并修剪斜向刀口。

3.6.4   3.6.5

3.6.6   3.6.7   3.6.8

3.6.6~3.6.8　旋转用布，设置衣褶量；褶底位置用抓别针法固定褶量。

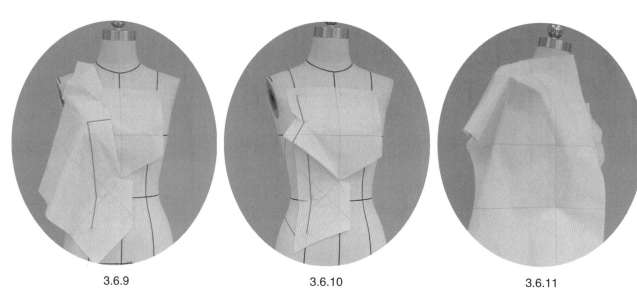

3.6.9   3.6.10   3.6.11

3.6.9、3.6.10　逐段修剪分割线，完成前中片的操作。

3.6.11　固定前侧片用布于人台上，将纵向布纹线置于腰部宽度的中间，胸围和腰围布纹线与人台上对应标示线对齐。

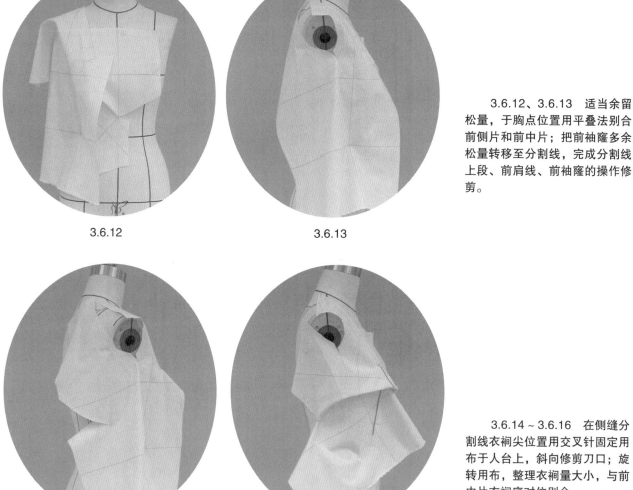

3.6.12   3.6.13

3.6.12、3.6.13　适当余留松量，于胸点位置用平叠法别合前侧片和前中片；把前袖窿多余松量转移至分割线，完成分割线上段、前肩线、前袖窿的操作修剪。

3.6.14   3.6.15

3.6.14 ~ 3.6.16　在侧缝分割线衣裙尖位置用交叉针固定用布于人台上，斜向修剪刀口；旋转用布，整理衣裙量大小，与前中片衣裙底对位别合。

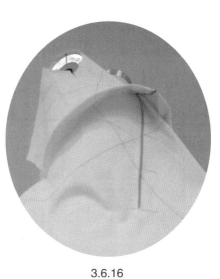

3.6.16

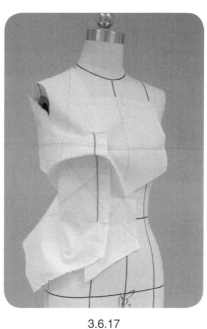

3.6.17

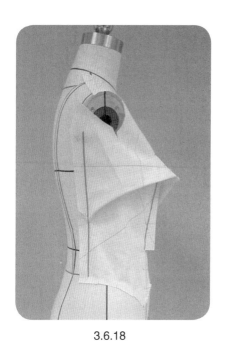

3.6.18

3.6.17、3.6.18　操作分割线下段部分，修剪底边，注意腰部和底边处的适当松量。完成前侧片的操作。

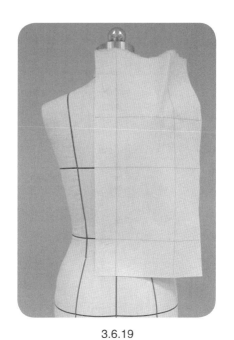

3.6.19

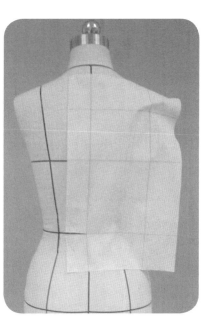

3.6.20

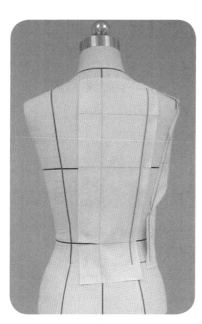

3.6.21

3.6.19　把后中片用布固定于人台上。注意后中布纹线的纵向对齐，肩背横线、胸围线和腰围线的横向对齐，以及侧纵向线的竖直。后中线上下位置、肩胛位置用大头针固定。

3.6.20、3.6.21　适当设置后背中缝省道量，把其余后背曲面量转移至分割线上段。修剪后领口，别合、修剪肩缝，并逐段修剪分割线。完成后中片操作。

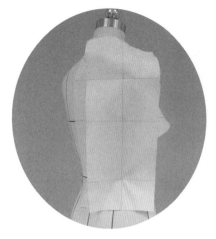

3.6.22

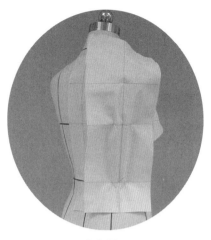

3.6.23

3.6.22　把后侧片用布固定于人台上。把纵向布纹线置于腰部宽度的中间，胸围和腰围布纹线与人台上相应标示线对齐。

3.6.23　设置后侧片胸围松量、腰围松量。

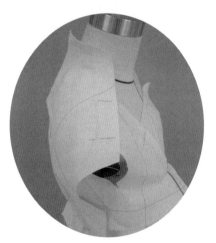

3.6.24

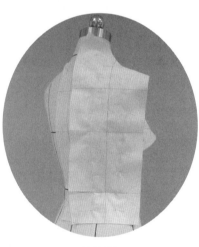

3.6.25

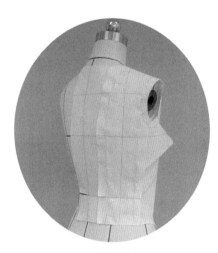

3.6.26

3.6.24 ~ 3.6.26　把后背曲面量转移至分割线上段，逐段别合、修剪后分割线和侧缝线，注意对位及等长。

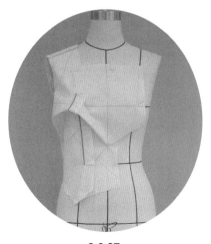

3.6.27

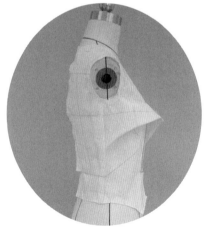

3.6.28

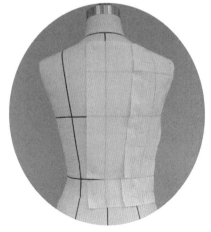

3.6.29

3.6.27 ~ 3.6.29　观察与调整衣片，完成初步造型。

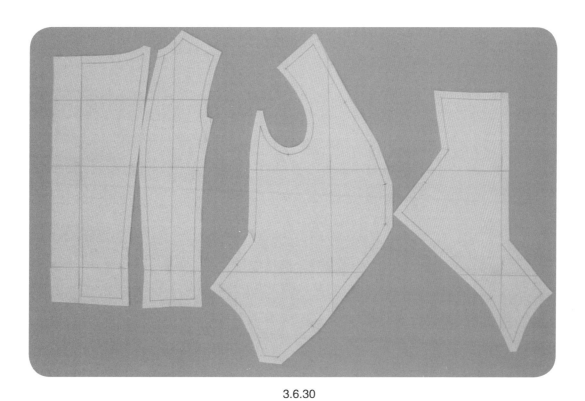

3.6.30

3.6.30　进行标点描线、平面整理，拓印对称片。

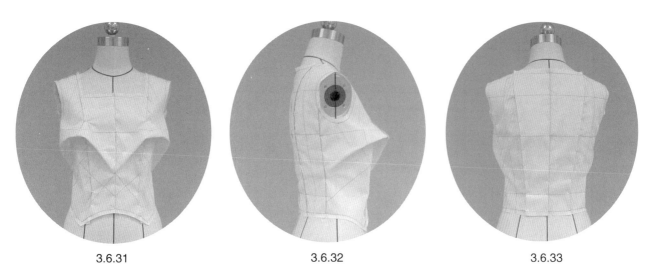

| 3.6.31 | 3.6.32 | 3.6.33 |

3.6.31～3.6.33　用大头针别合衣片，进行试样补正。完成造型。

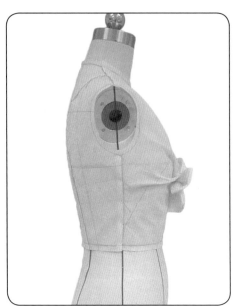

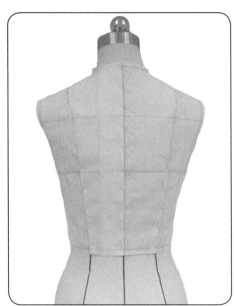

● **造型要点**

前中心上段相连，结合装饰衣裥形成蝴蝶结造型。造型整体巧妙，衣裥量以及剪口修剪是造型的关键。胸围松量 5 cm、腰围松量 5 cm。

● 操作步骤

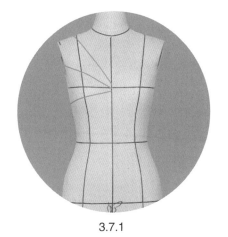

3.7.1

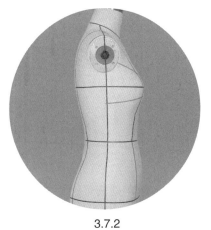

3.7.2

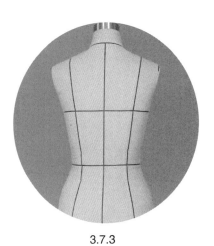

3.7.3

3.7.1 ~ 3.7.3 贴置款式造型线。

3.7.4

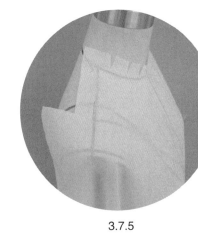

3.7.5

3.7.4 将前片用布固定于人台上。注意前中心、胸围布纹线对齐人台上相应标示线，以及胸围松量的余留。前中心、分割线处用大头针固定。以逐渐剪刀口的方式来修剪左边领口线。

3.7.5 修剪肩线至第一个衣褶尖位置；用交叉针固定用布于人台上，并剪刀口。

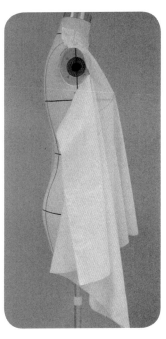

3.7.8

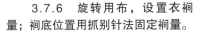

3.7.6

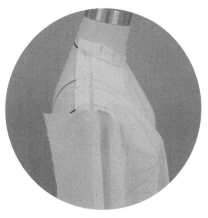

3.7.7

3.7.6 旋转用布，设置衣褶量；褶底位置用抓别针法固定褶量。

3.7.7 完成肩线修剪；用交叉针在SP点位置固定。

3.7.8 修剪袖窿至第二个衣褶尖位置，用交叉针固定用布于人台上，并修剪刀口。

3.7.9

3.7.10

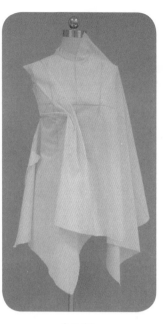

3.7.11

3.7.12

3.7.9 同理旋转用布，设置衣裥量，裥底位置用抓别针法固定裥量。注意要观察衣裥长度，调整设置衣裥量。衣裥量大则衣裥长度长；衣裥量小则衣裥长度短。

3.7.10、3.7.11 继续操作修剪袖窿及侧缝，至第三个衣裥尖位置用交叉针固定，剪刀口；旋转用布，操作设置第三个衣裥。

3.7.12 完成侧缝操作修剪。注意胸围和腰围的松量要适当。

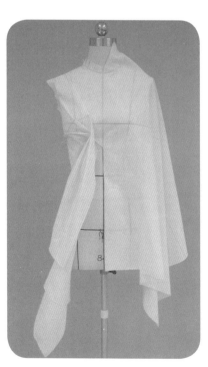

3.7.13

3.7.14

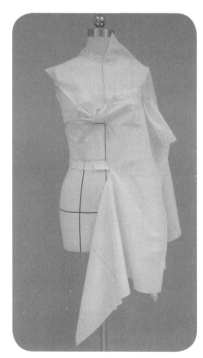

3.7.15

3.7.13 沿前中心剪开用布至蝴蝶结位置。

3.7.14、3.7.15 整理衣片使之伏贴；修剪腰线；确定前中心以及蝴蝶结下隐藏的横向刀口位置；余留缝份量并剪刀口。

3.7.16

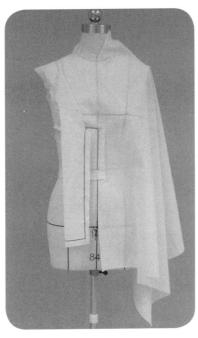

3.7.17

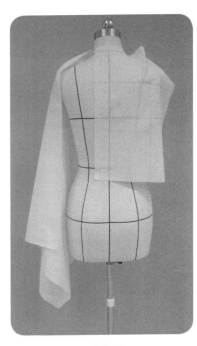

3.7.18

3.7.16、3.7.17　整理蝴蝶结用布，注意双层布的伏贴，确定宽度和长度，余留缝份，修剪用布。前片操作完成。

3.7.18　把后片用布固定于人台上。注意后中心布纹线的纵向对齐，肩背横线、胸围线和腰围线的横向对齐，以及侧纵向线的竖直。在后中线上下位置、肩胛位置用大头针固定。

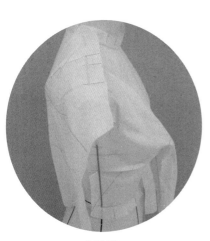

3.7.19

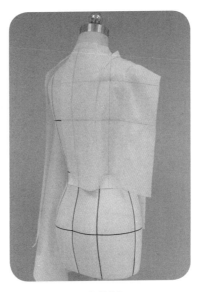

3.7.20

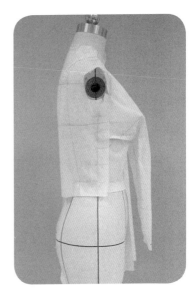

3.7.21

3.7.19　把肩背曲面量设置为肩省，用平叠法别合并修剪肩线。

3.7.20、3.7.21　操作修剪后袖窿和侧缝，注意胸围和腰围的松量。

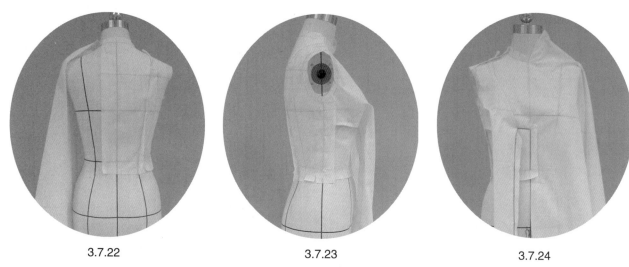

3.7.22 3.7.23 3.7.24

3.7.22~3.7.24 设置腰省，确定袖窿造型。完成初步造型。

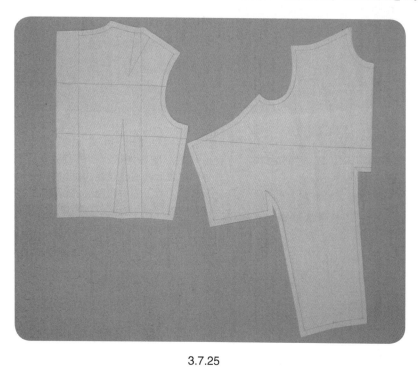

3.7.25

3.7.25 进行标点描线、平面整理，拓印对称片。

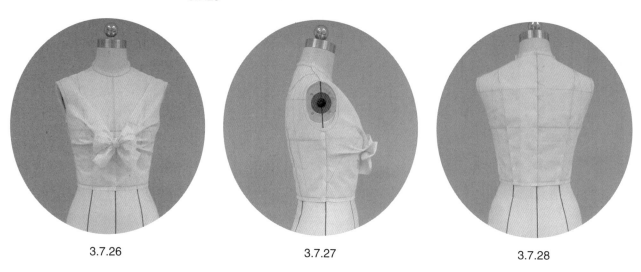

3.7.26 3.7.27 3.7.28

3.7.26~3.7.28 用大头针别合衣片，进行试样补正。完成造型。

4 连衣裙造型元素变化设计

4.1 连衣裙1 —— 连身/左右前片交叉衣结设计

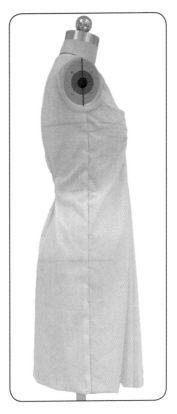

● 造型要点

　　前片相连：在前中心剪刀口，翻转用布，形成自然的翻转衣结造型。胸围松量6 cm，前腰为自然松量，后腰以设置衣褶收腰。

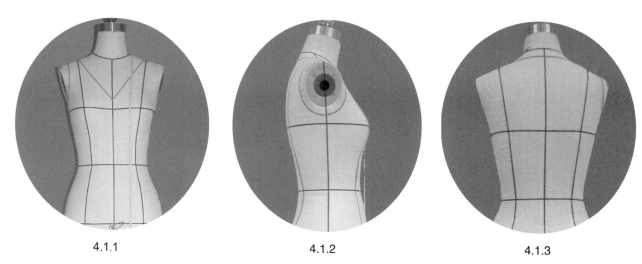

4.1.1   4.1.2   4.1.3

4.1.1 ~ 4.1.3 贴置款式造型线。横开领适当开大，前直开领开至衣结位置，袖窿造型适当，窄肩，袖窿深位于胸围线以上1~2 cm。

4.1.4

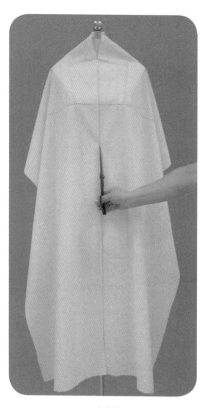

4.1.5

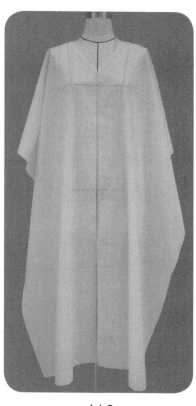

4.1.6

4.1.4 把前片用布固定于人台上。注意前中心布纹线、胸围布纹线与人台上对应标示线对齐，以及胸围松量的余留。前中心处、侧缝处、颈侧处用大头针固定。

4.1.5、4.1.6 沿前中心上端剪刀口至直开领位置处，修剪前领口造型。沿前中心下端剪刀口，余留12~15 cm宽度。若余留宽度大则衣裾量多。若面料薄则衣裾量可稍大，面料厚则衣裾量不宜过大。

4.1.7

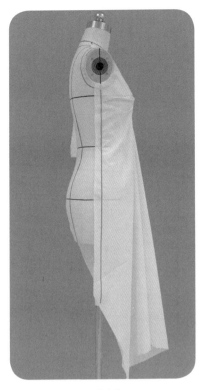

4.1.8

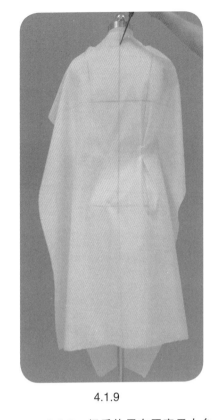

4.1.9

4.1.7、4.1.8　从下向上、从外往内翻转右侧用布，然后整理形成自然衣结衣褶。着重整理左侧肩线、袖窿、侧缝。完成前片的操作。

4.1.9　把后片用布固定于人台上。注意后中心布纹线、肩背横向布纹线与人台上对应标示线对齐，以及胸围松量的余留。在后中心处、肩背横线处、侧缝处用大头针固定。

4.1.11

4.1.12

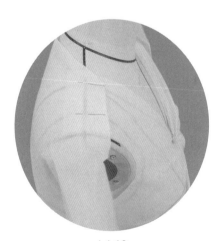

4.1.10

4.1.10　修剪后领口，在SNP点处用平叠针法别合后片与前片。自然抚平肩部，把肩背曲面量转移至下摆，用平叠针法别合肩线。

4.1.11、4.1.12　修剪袖窿，确认后袖窿松量，保持胸围松量，自然抚平衣片，用平叠针法别合前后片侧缝。用抓别法别合后腰衣裥，高度5cm左右。

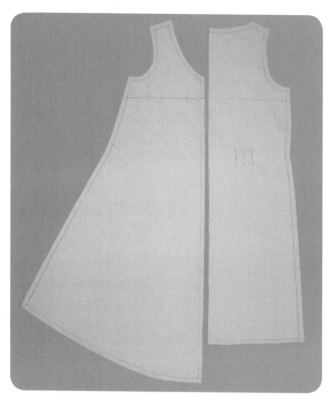

4.1.13

4.1.13　进行标点描线、平面整理。注意前片的标点描线只需操作左边即可。把胸围线对齐并沿中心对折，用大头针定位别合；垫复写纸，连点成线，修剪缝份。

4.1.14

4.1.15

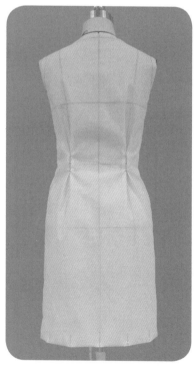

4.1.16

4.1.14～4.1.16　进行试样补正。完成造型。

4.2　连衣裙2——连身/左右衣裥隐藏衣结设计

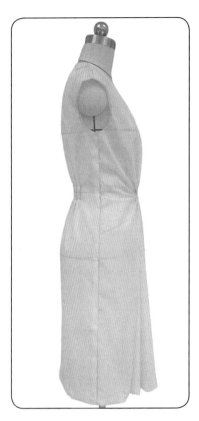

 造型要点

　　前片相连；腰部的放射状衣裥包含曲面造型量和旋转装饰量，塑造了合体造型；衣裥组合波浪更增加了裙子的动感。衣裥底部的精确整理与修剪是造型的关键。衣裥底部预留一定量用布，并向内翻转、固定形成隐藏型内结。胸围松量 6 cm、腰围松量 6 cm。

● 操作步骤

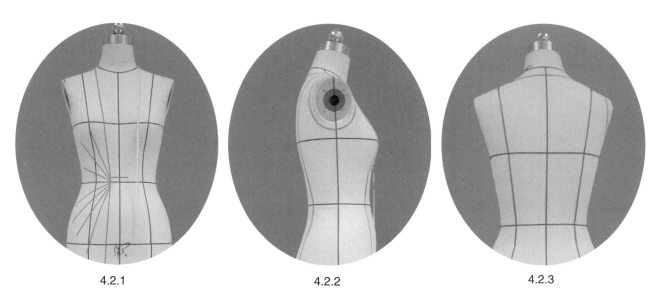

4.2.1　　　　　　　　　　　　　　4.2.2　　　　　　　　　　　　　　4.2.3

　　4.2.1～4.2.3　贴置款式造型线。注意前片的放射状衣裥造型及衣裥底形成衣结，其也成为视觉中心；后片设置开口衣裥以处理收腰量。

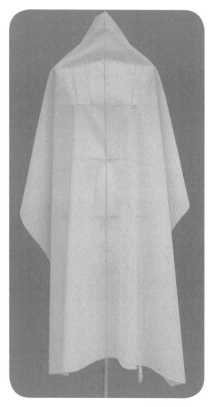

4.2.4

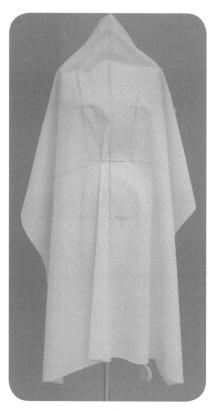

4.2.5

　　4.2.4　把前片用布固定于人台上。前中心布纹线与人台上相应标示线对齐，保持竖直。保持胸围线水平，将胸点固定后，胸围线以上曲面量自然下放；用大头针固定侧缝、肩颈等处。前片相连，左右对称，故取布时要整体取布，但裁剪操作时只操作左半边即可。

　　4.2.5　从前中心下部衣裥组合波浪造型起开始操作。观察波浪造型线的斜度，控制衣裥量和波浪旋转量。

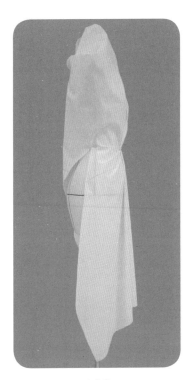

| 4.2.6 | 4.2.7 | 4.2.8 |

4.2.6、4.2.7　继续塑造另一个衣裥组合波浪造型；之后逐个进行单边放射状衣裥的操作。于侧缝处衣裥指向的位置固定用布于人台上，旋转、提拉用布来设置衣裥。

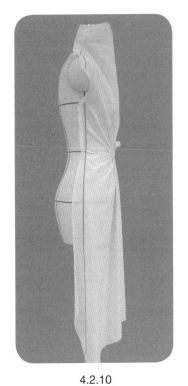

| 4.2.9 | 4.2.10 | 4.2.11 |

4.2.8 ~ 4.2.11　按顺时针逐个进行腰围线以上衣裥的操作。用大头针固定衣裥指向的侧缝、袖窿和肩线位置，并逐渐修剪侧缝、袖窿、肩线以及领口，并注意袖窿的小拖肩造型。要将这些衣裥底部正好整体置于组合波浪的衣裥之下，且在修剪领口线时可准确修剪衣裥底部；横向上其与组合波浪的衣裥重叠一个缝份量，使纵向上组合波浪的衣裥预留适当内翻量，以便内翻、固定衣裥底部。

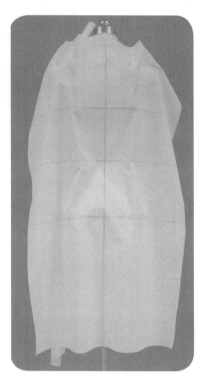

4.2.12

4.2.12 把后片用布固定于人台上，后中心线、胸围线与人台上相应标示线对齐，在中心线、侧缝处、肩颈处用大头针固定。后片相连，左右对称，故取布时整体取布，但裁剪操作时只操作右半边即可。

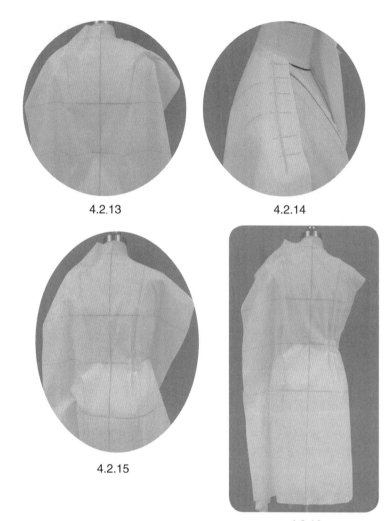

4.2.13

4.2.14

4.2.15

4.2.16

4.2.13 ～ 4.2.16 逐渐修剪领口线、肩线；把肩背曲面量适当下放，形成裙身的小A造型；腰部设置开口衣褶，以塑造收腰造型。

4.2.17

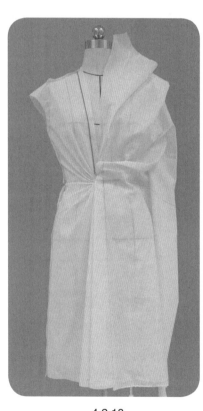

4.2.18

4.2.17、4.2.18 用大头针别出袖窿造型。袖窿为小拖肩款式，肩点适当外移；胸宽点、背宽点少量外移；袖窿深点位于胸围线高度即可。基于这四个关键点，用大头针别出袖窿圆顺造型。

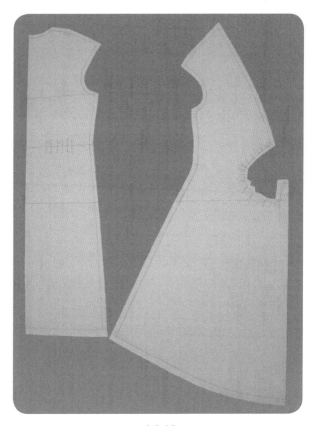

4.2.19

4.2.19　进行标点描线、平面整理。特别要注意衣裥底部的准确标记。

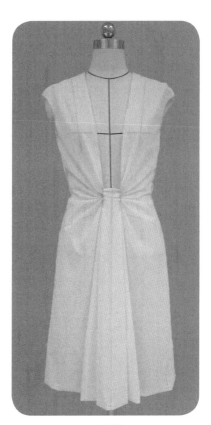

4.2.20

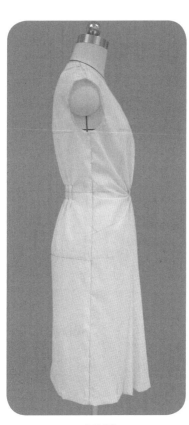

4.2.21

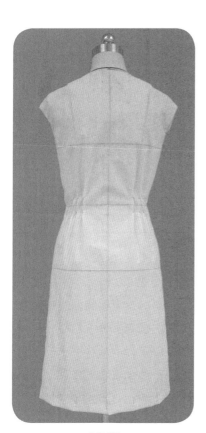

4.2.22

4.2.20 ~ 4.2.22　进行试样补正。完成造型。

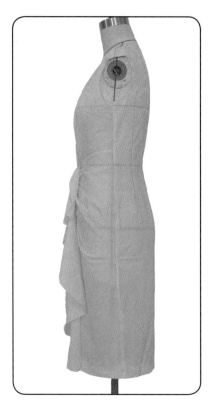

● **造型要点**

　　上层衣片中间部位开刀口，下层衣片一角由刀口穿出，翻转夹缝于腰线分割线处，形成造型整体。视觉中心突出的放射状衣裥穿套结造型，上层衣片边缘形成的悬垂波浪造型，更增加了款式的灵动性。胸围松量4 cm、腰围松量6 cm。

● 操作步骤

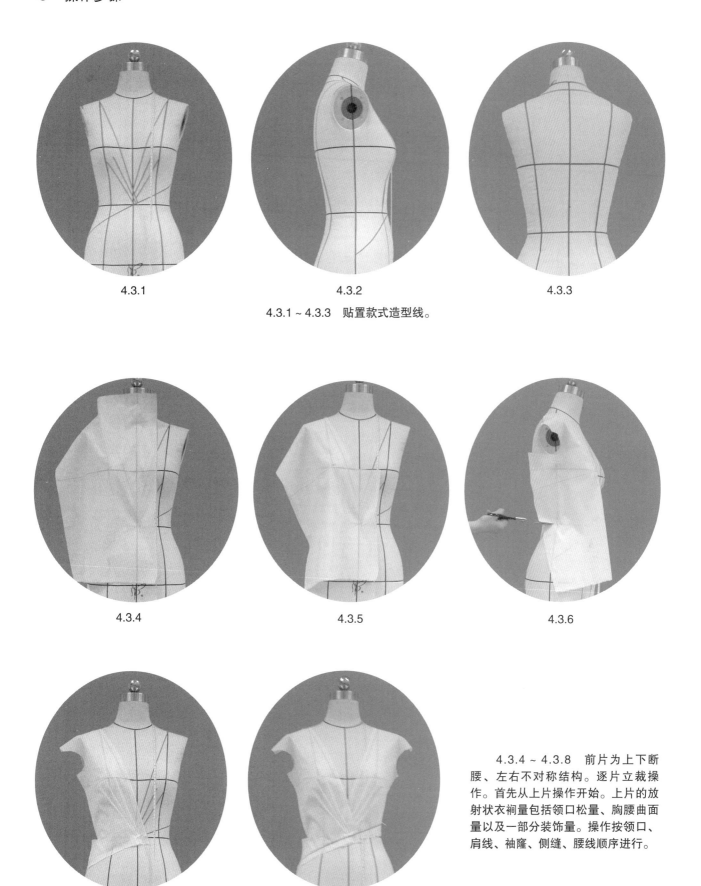

4.3.1　　　　　　　　　4.3.2　　　　　　　　　4.3.3

4.3.1 ~ 4.3.3　贴置款式造型线。

4.3.4　　　　　　　　　4.3.5　　　　　　　　　4.3.6

4.3.7　　　　　　　　　4.3.8

4.3.4 ~ 4.3.8　前片为上下断腰、左右不对称结构。逐片立裁操作。首先从上片操作开始。上片的放射状衣裙量包括领口松量、胸腰曲面量以及一部分装饰量。操作按领口、肩线、袖窿、侧缝、腰线顺序进行。

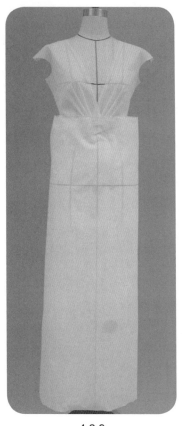

4.3.9

4.3.10

4.3.11

4.3.9 ~ 4.3.12　左裙片的放射状衣裥指向侧缝位置；用大头针准确固定衣裥指向的侧缝位置，逐段修剪；提拉与旋转用布，设置衣裥造型。保留右侧用布，以备后续悬垂波浪造型之用。

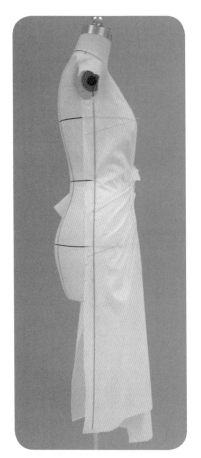

4.3.12

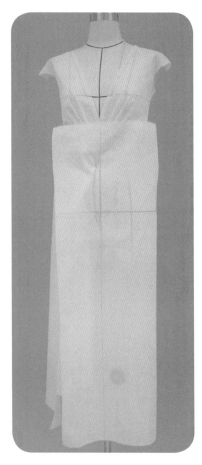

4.3.13

4.3.14

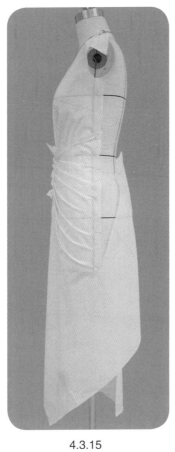

4.3.15

4.3.16

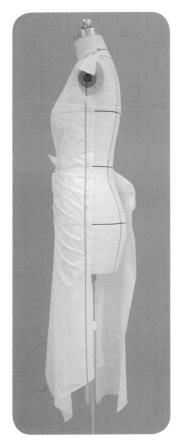

4.3.17

4.3.13 ~ 4.3.17　操作右裙片。

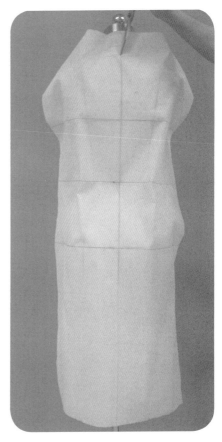

4.3.18

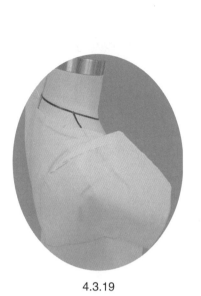

4.3.19

4.3.20

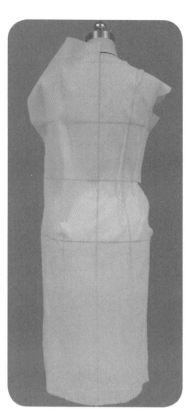

4.3.21

　　4.3.18 ~ 4.3.21　操作后衣片。设置肩省来处理肩背部曲面量；设置连腰省来处理收腰量；侧缝处设置少量的缝缩量以塑造直裙造型。

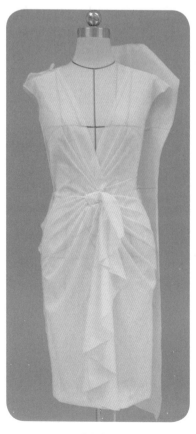

4.3.22

4.3.23

　　4.3.22、4.3.23　观察与确认造型；标点描线。

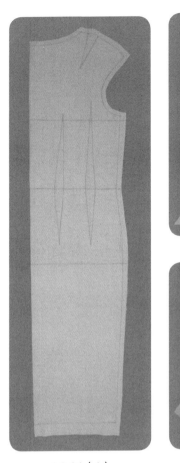

4.3.24（2）

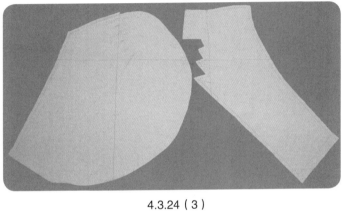

4.3.24（1）

4.3.24（3）

4.3.24　平面整理各样片。

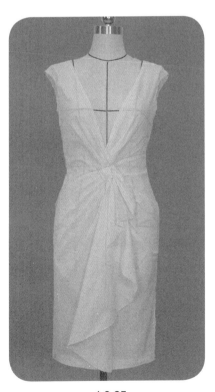

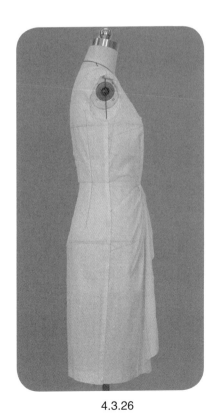

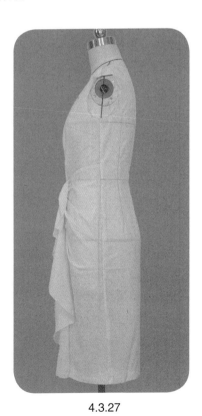

4.3.25

4.3.26

4.3.27

4.3.25 ~ 4.3.27　用大头针别合衣片，进行试样补正。完成造型。

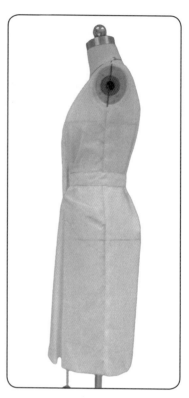

 造型要点

上衣片衣裾延伸,从裙片衣裾处开设的刀口向内穿套至腰线并夹缝于其中,形成有层次的、有自然提拉感的衣裾穿套造型,其结构巧妙。侧缝装拉链。胸围松量4 cm、腰围松量5 cm。

● 操作步骤

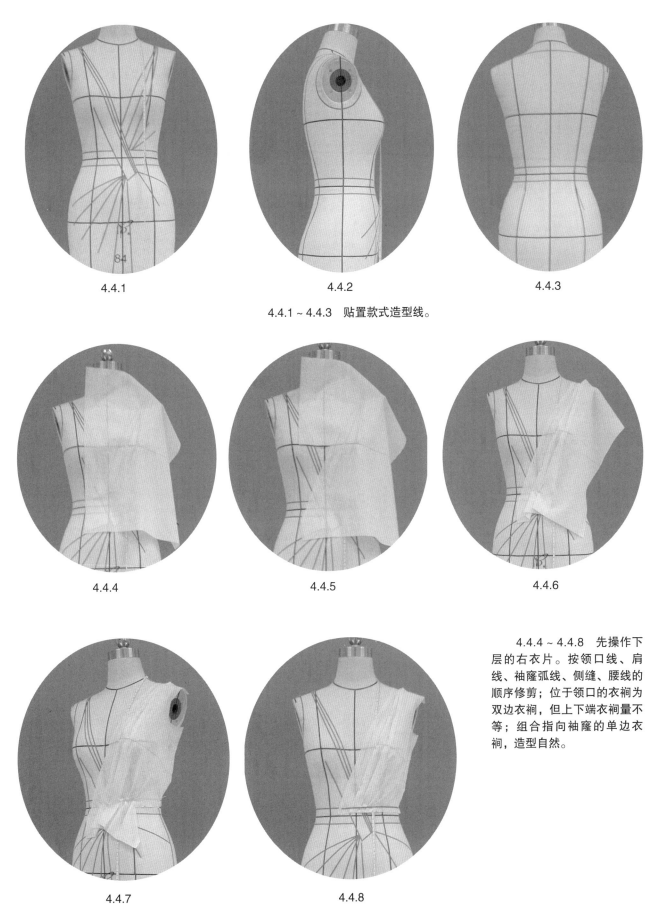

4.4.1   4.4.2   4.4.3

4.4.1 ~ 4.4.3 贴置款式造型线。

4.4.4   4.4.5   4.4.6

4.4.4 ~ 4.4.8 先操作下层的右衣片。按领口线、肩线、袖窿弧线、侧缝、腰线的顺序修剪；位于领口的衣褶为双边衣褶，但上下端衣褶量不等；组合指向袖窿的单边衣褶，造型自然。

4.4.7   4.4.8

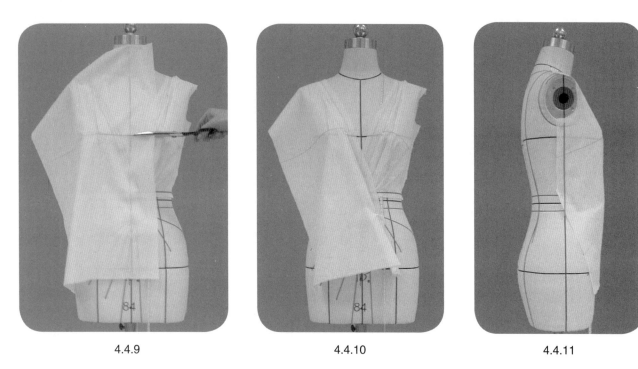

4.4.9   4.4.10   4.4.11

    4.4.9 ~ 4.4.12　上层左衣片的操作。同右衣片的操作，但注意左、右片衣裾造型的不对称性，要利用左衣片衣裾的折倒方向来掩盖腰线；修剪刀口；延伸左衣片衣裾，留出穿套长度。整理、修剪衣片。

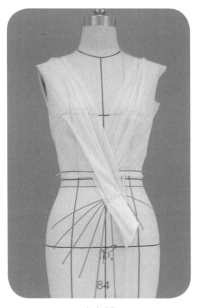

4.4.12

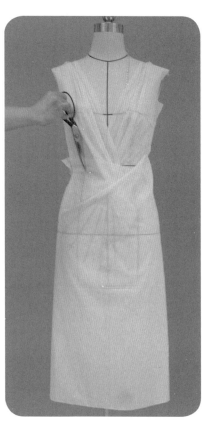

4.4.13   4.4.14

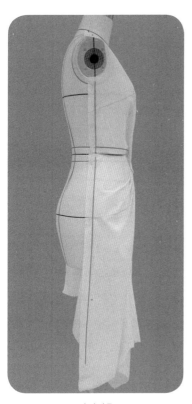

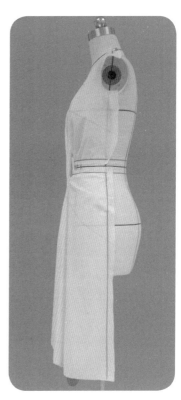

4.4.15   4.4.16   4.4.17

4.4.13 ~ 4.4.17　前裙片的操作。从腰线中点开始，按逆时针操作。以穿套位置为中心整理衣裾，并组合波浪造型，于恰当位置开刀口；上衣片延伸量从其中向内穿套，提拉至腰线位置；再继续整理右侧衣裾，修剪侧缝、腰线。完成前裙片操作。

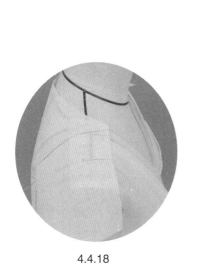

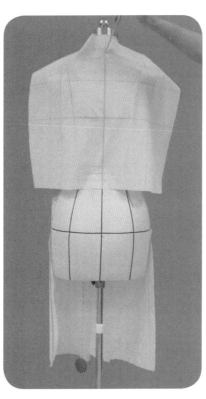

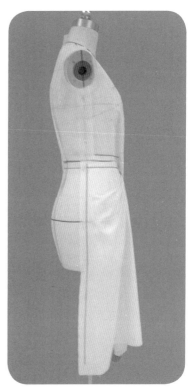

4.4.18   4.4.19   4.4.20

4.4.18 ~ 4.4.20　后上衣片的操作。后上衣片为对称造型，故操作一半即可。设置腰线衣裾来处理肩背部曲面量和收腰量。

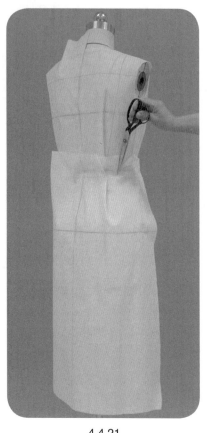

4.4.21

4.4.22

4.4.21、4.4.22　后裙片的操作。设置腰线衣褶来处理臀腰差量，注意上下衣褶的对位性。

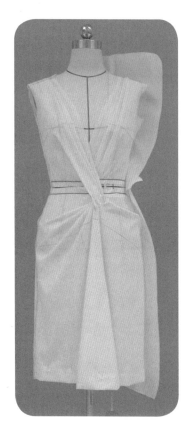
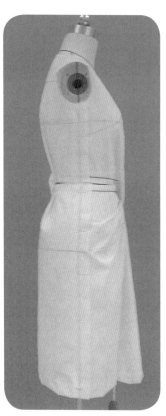

4.4.23

4.4.24

4.4.25

4.4.23 ~ 4.4.25　完成裙片底边的操作。观察造型，标点描线。

4.4.26

4.4.27

4.4.26　连点成线，修剪缝份，进行各衣片的平面整理。注意衣褶的
准确、清晰标注。

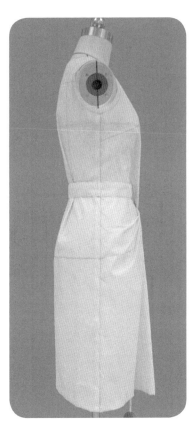

4.4.28

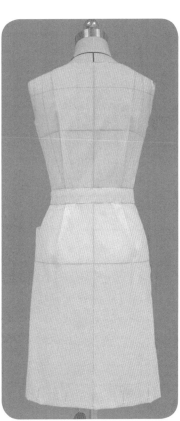

4.4.29

4.4.30

4.4.27 ~ 4.4.30　完成腰片的操作。整体造型完成。

4.5 连衣裙5——衣片相连蝴蝶结设计

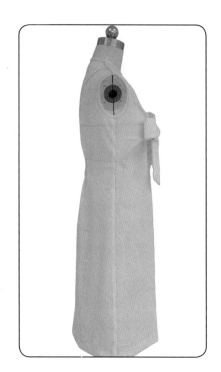

● **造型要点**

　　由前衣片胸部衣裆相连而出,系结成为蝴蝶结,其造型巧妙,衣裆量要恰到好处,刀口位置也要精准,这是保证造型成功的关键。胸围松量6 cm、腰围松量8 cm。

● 操作步骤

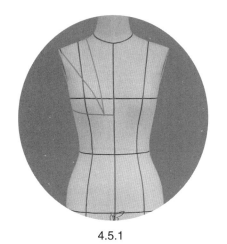
4.5.1

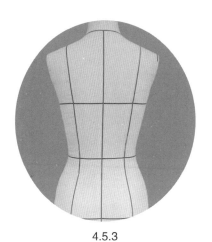
4.5.2

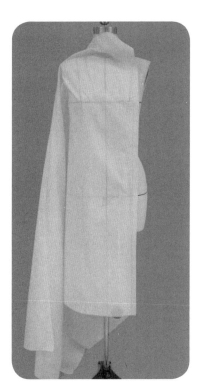
4.5.3

4.5.1 ~ 4.5.3　贴置款式造型线。

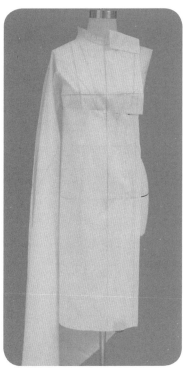
4.5.4

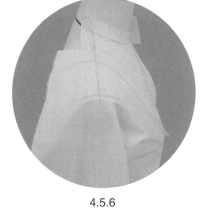
4.5.5

4.5.6

4.5.4　把前片用布固定于人台上。前中心布纹线与人台上相应标示线对齐，保持竖直，用大头针固定前中心线外侧；保持胸围线水平，用大头针固定侧缝、肩颈等处。

4.5.5　修剪领口弧线。

4.5.6、4.5.7　修剪肩线至第一个衣裥指向的位置，用大头针固定用布于人台上，修剪刀口；逆时针旋转用布，设置衣裥。

4.5.7

4.5.8

4.5.8 ~ 4.5.10 完成肩线修剪。修剪袖窿弧线至第二个衣裥指向的位置，用大头针固定用布于人台上；逆时针旋转用布，设置第二个衣裥。

4.5.9

4.5.10

4.5.11

4.5.12

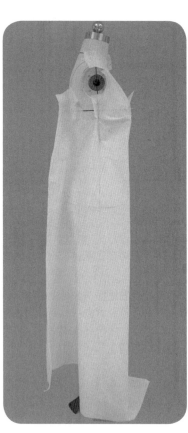

4.5.13

4.5.11 ~ 4.5.13 完成前袖窿弧线修剪。修剪侧缝上端至第三个衣裥指向的位置；旋转用布，设置第三个衣裥。

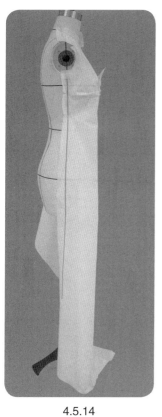

4.5.14

4.5.14　修剪侧缝。

4.5.15

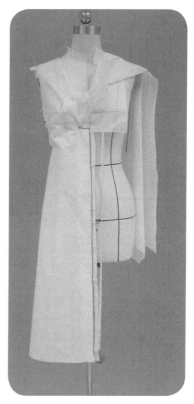

4.5.16

4.5.15、4.5.16　沿第三个衣裥边修剪横向刀口至恰当位置，设置暗裥。

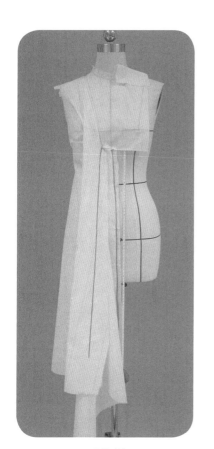

4.5.17

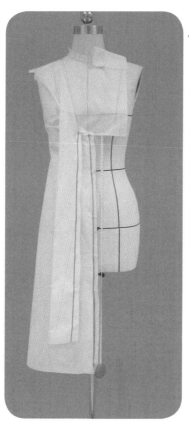

4.5.18

4.5.17、4.5.18　整理衣裥延伸部分，形成蝴蝶状的系带。

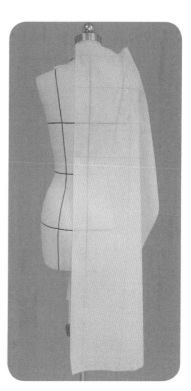

4.5.19

4.5.19　固定后片用布于人台上。注意后中心布纹线、肩背横向布纹线与人台上对应标示线对齐，以及胸围松量的余留。后中心处、肩背横线处、侧缝处用大头针固定。

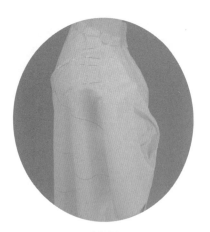

4.5.20

4.5.20　修剪后领口，在SNP点、SP点处用平叠针法别合后片与前片。设置肩省来处理肩背曲面量，完成后肩线与前肩线的平叠相拼。

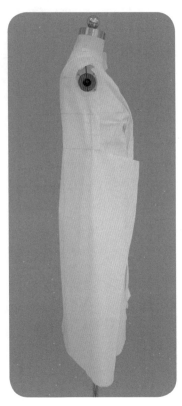

4.5.21

4.5.22

4.5.21、4.5.22　修剪袖窿，确认后袖窿松量；保持胸围松量并自然抚平，用平叠针法别合前后片侧缝。用抓别法别合后腰衣褶，其高度为5 cm左右。

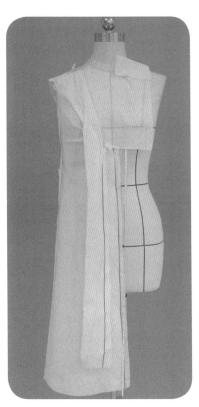

4.5.23

4.5.24

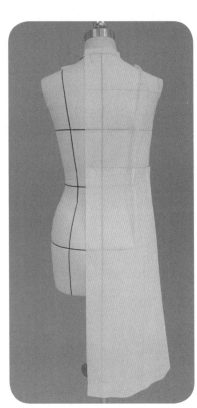

4.5.25

4.5.23～4.5.25　进行标点描线，确认造型。

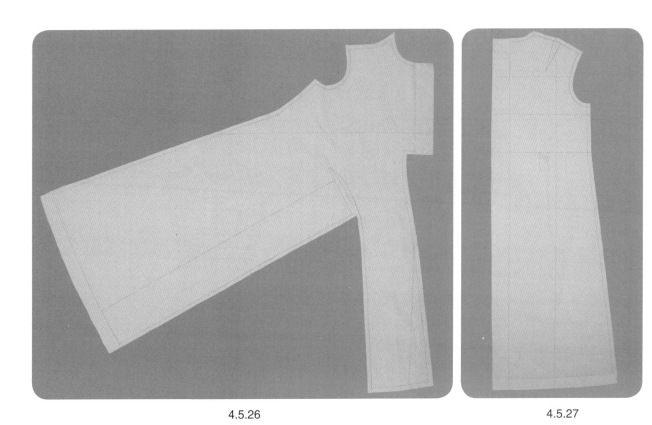

4.5.26

4.5.27

4.5.26、4.5.27　进行平面整理，拓印前、后片对称片。

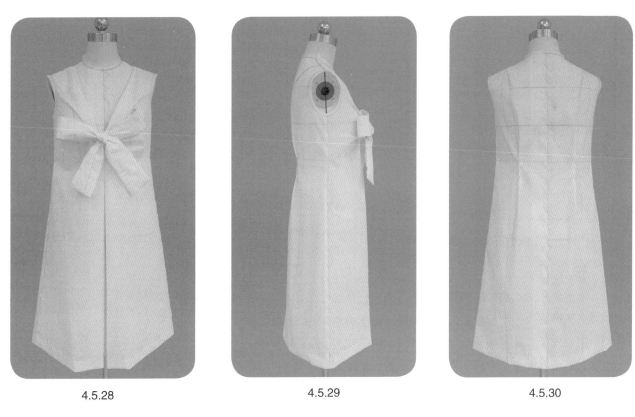

4.5.28

4.5.29

4.5.30

4.5.28 ~ 4.5.30　进行试样补正。完成造型。

4.6 连衣裙6——多片螺旋分割线设计

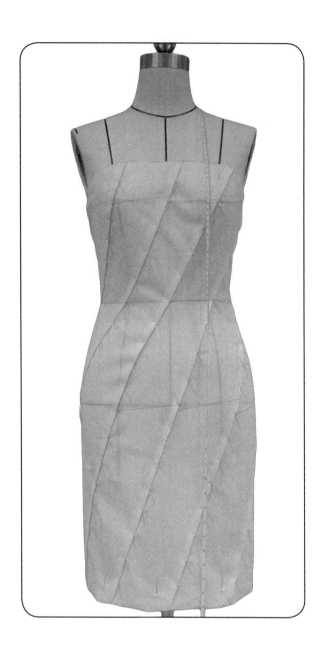

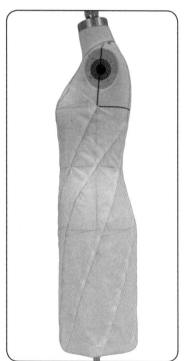

● **造型要点**

多条斜向分割线形成多片螺旋的造型，分割线的设置要注意通过胸部曲面的高点和臀围曲面的高点，避免发生衣片跨越曲面高点的状况。由于衣片上口、胸围、腰围、臀围和底边的不等量以及曲面的立体变化，故多片并非相等或对称。胸围松量1 cm、腰围松量3 cm、臀围松量4 cm。

● 操作步骤

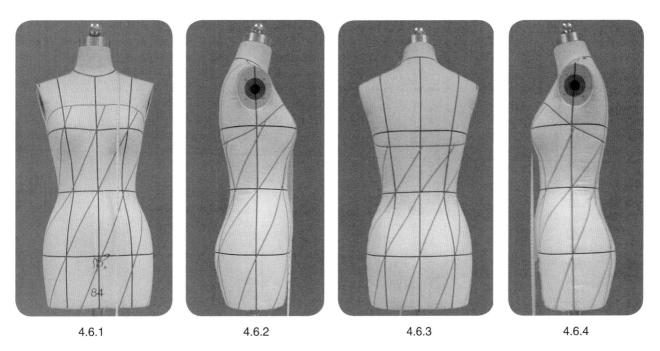

4.6.1   4.6.2   4.6.3   4.6.4

4.6.1 ~ 4.6.4　贴置款式造型线。由于衣片上口、胸围、腰围、臀围和底边的不等量及曲面的变化，多片并非相等或对称，因此要注意各线条的设置要通过胸部曲面或臀围曲面的高点，避免发生衣片跨越曲面高点，还要保证线条的整体平衡和美感。

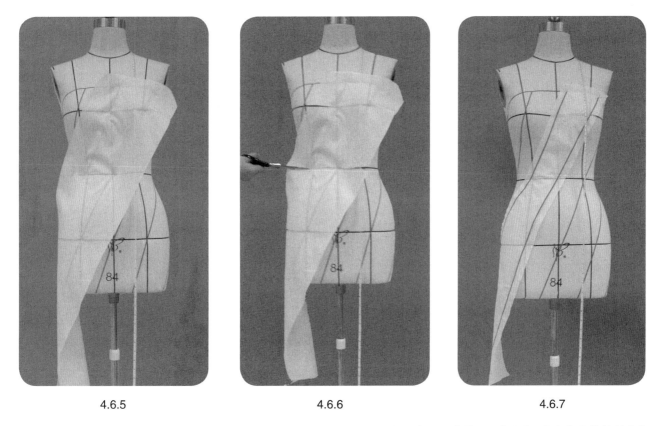

4.6.5   4.6.6   4.6.7

4.6.5 ~ 4.6.7　从前中片开始逐片操作。衣片用布长度为衣长上下端各加放 4 cm 余量，用布宽度要根据螺旋片的斜度来量取，此处先取布为根据螺旋分割线斜度的一定宽度的用布。用布要保持布纹的竖直，在胸围线、腰围线、臀围线处把用布水平固定于人台上。在胸围线、腰围线、臀围线处剪刀口，逐段修剪衣片两边分割线。注意保证各处适当的松量。贴置造型线，完成本片操作。

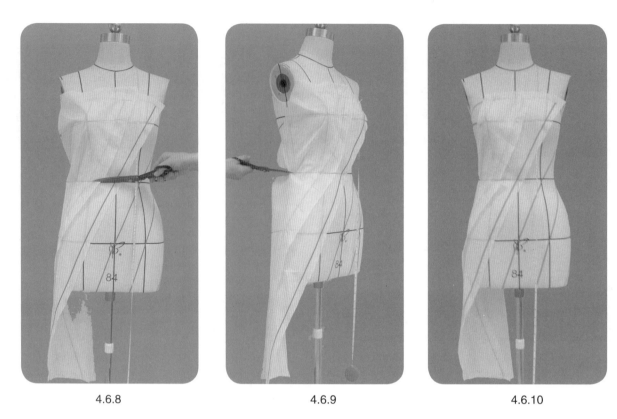

4.6.8   4.6.9   4.6.10

4.6.8 ~ 4.6.10   第二片的操作。保持布纹线的竖直和水平，以腰围线保持对齐为原则；逐段修剪刀口；用大头针盖别法别合右侧分割线的两衣片；把左侧分割线修剪完成后贴置造型线。

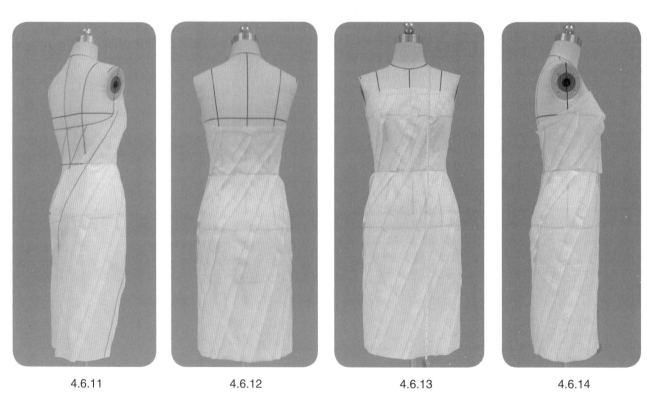

4.6.11   4.6.12   4.6.13   4.6.14

4.6.11 ~ 4.6.14   同理逐片操作。注意围度适当以及分割线衣片拼合的伏贴及对位。

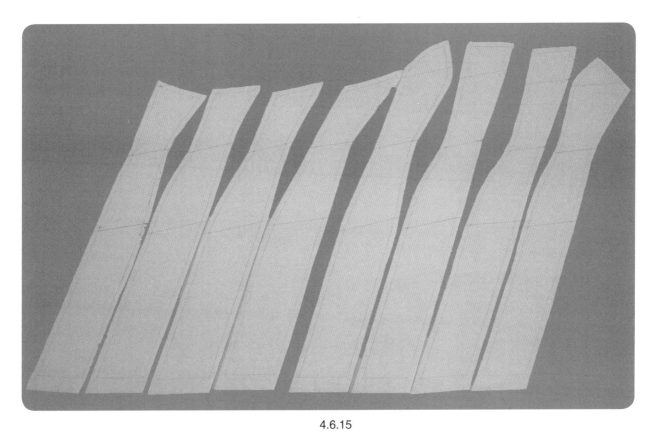

4.6.15

4.6.15　进行标点描线，平面整理。注意各片名称或编号的标注。

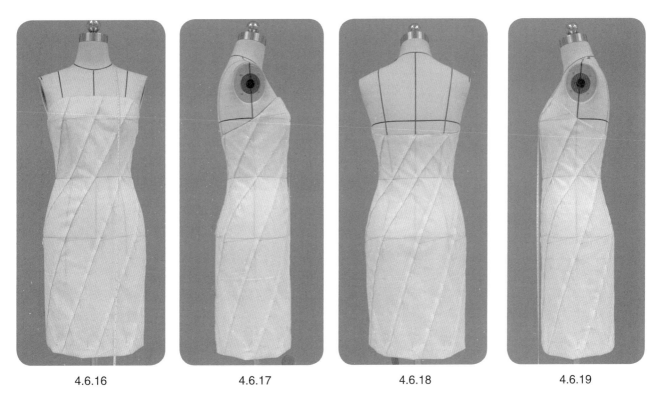

| 4.6.16 | 4.6.17 | 4.6.18 | 4.6.19 |

4.6.16 ~ 4.6.19　用大头针别合衣片，进行试样补正。整体造型完成。

4.7 连衣裙7——双片螺旋分割线设计

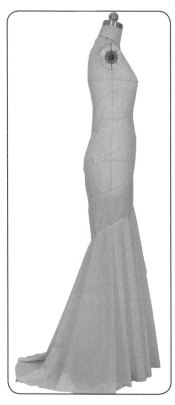

● **造型要点**

　　两条螺旋分割线自上而下形成螺旋形造型。分割线无法处理的曲面量以省道结构处理。因受到面料门幅的制约，所以另外拼接了曳地大波浪裙片，大大增加了服装的华丽感。胸围松量 3 cm、腰围松量 3 cm、臀围松量 3 cm。

● 操作步骤

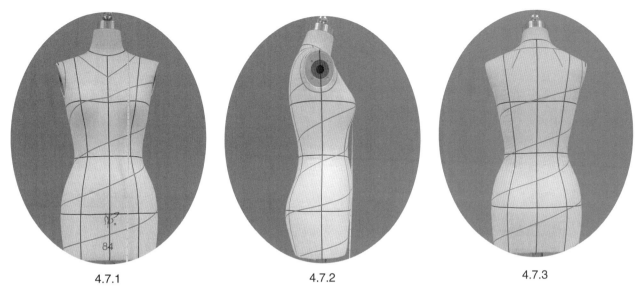

4.7.1   4.7.2   4.7.3

    4.7.1～4.7.3   贴置款式造型线。使两条螺旋分割线缠绕而下，注意尽量通过曲面高点，但并非可全部通过，又由于胸、腰、臀的曲面变化特征，螺旋线并非完全平行，故需注意整体的平衡协调。

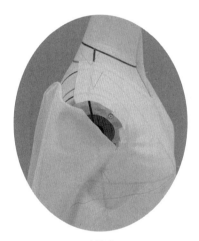      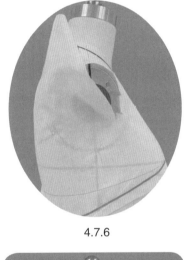

4.7.4   4.7.5   4.7.6

    4.7.4   前片起始螺旋片的操作。先在保持布纹线横平竖直的情况下，将用布固定于人台上，螺旋衣片从上至下、从左至右操作。前中心线右侧余留适量用布即可，其余用布余留于左侧。

   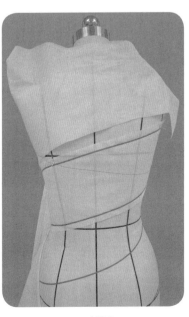

    4.7.5～4.7.8   进行前领口、前肩线和袖窿弧线的修剪操作。可以将此段胸围线以上的曲面量置于分割线之内。

4.7.7   4.7.8

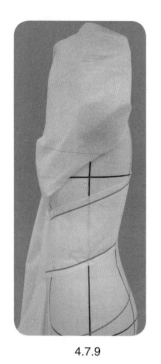

4.7.9

4.7.10

4.7.11

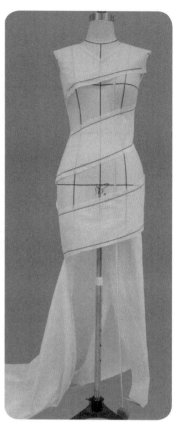

4.7.12

　　4.7.9 ~ 4.7.13　螺旋而下，逐段修剪操作。后臀处衣片跨越了曲面的高点，对应后臀高点位置的螺旋分割线需要设置适当的缝缩量。整体上仍要注意围度松量的适度把握。

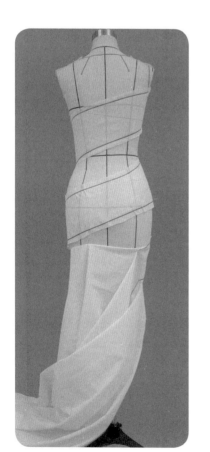

4.7.13

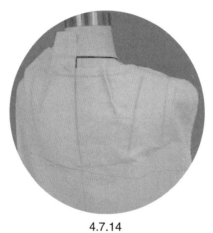

4.7.14

4.7.15

4.7.16

　　4.7.14 ~ 4.7.17　开始后片螺旋衣片的操作。设置后领口省来处理肩背部的曲面量。

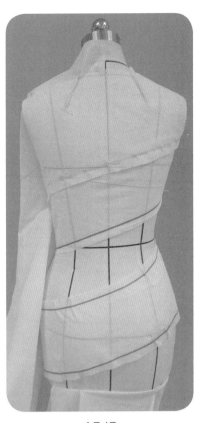

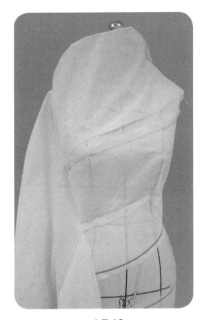

4.7.18

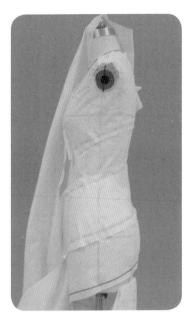

4.7.19

4.7.18 ~ 4.7.20　旋转至前胸腰部，需要设置省道来处理曲面量；逐渐修剪、拼合，完成两片的组合。

4.7.17

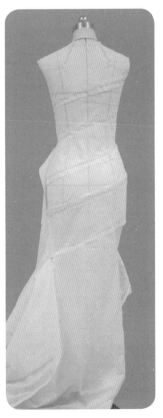

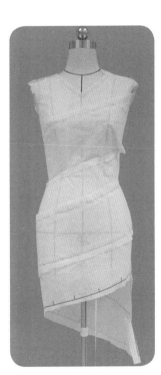

4.7.21

4.7.22

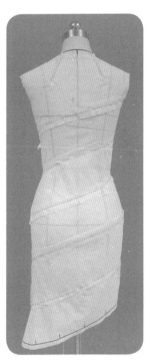

4.7.23

4.7.21 ~ 4.7.23　设置起波浪的位置。

4.7.20

4.7.24

4.7.25

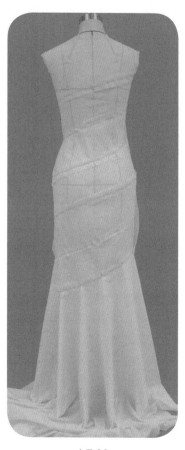

4.7.26

4.7.27

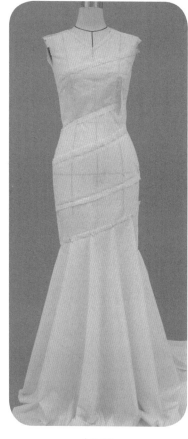

4.7.28

4.7.24 ~ 4.7.28　曳地波浪裙摆的操作。沿螺旋分割线逐段拼合，剪刀口，旋转用布设置定位波浪。注意波浪量的控制和造型把握。

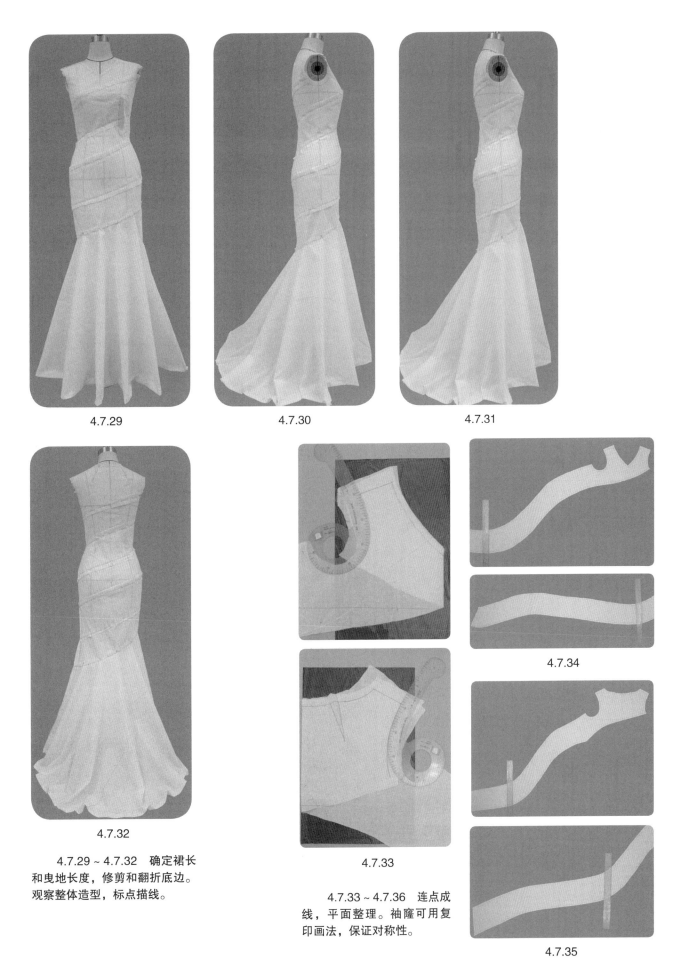

4.7.29

4.7.30

4.7.31

4.7.32

4.7.33

4.7.34

4.7.35

4.7.29～4.7.32　确定裙长和曳地长度，修剪和翻折底边。观察整体造型，标点描线。

4.7.33～4.7.36　连点成线，平面整理。袖窿可用复印画法，保证对称性。

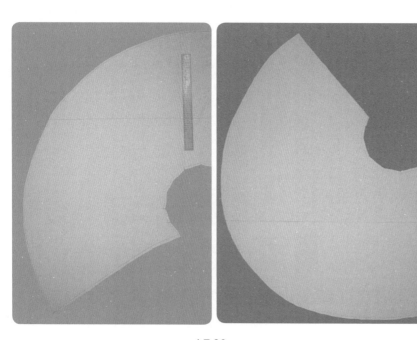

4.7.36

4.7.37

4.7.38

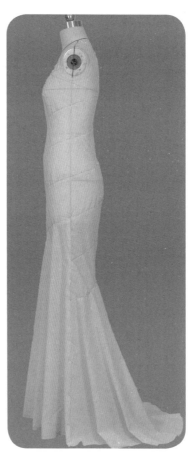

4.7.39

4.7.40

4.7.37 ~ 4.7.40 进行试样补正。完成整体造型。

4.8　连衣裙8——纵向斜向穿插衣裥设计

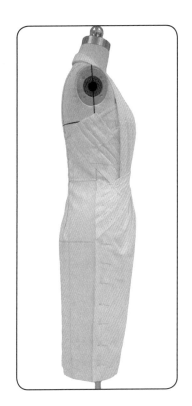

 造型要点

　　利用面料的斜丝缕特征塑造伏贴、自然的衣裥造型是操作的要点。胸围松量 4 cm、腰围松量 4 cm、臀围松量 4 cm。

● 操作步骤

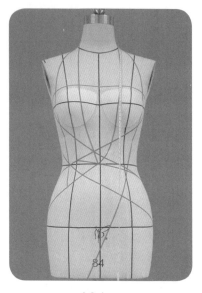

4.8.1

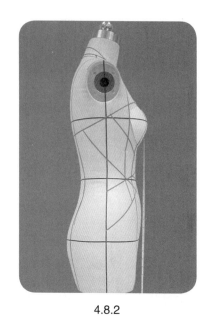

4.8.2

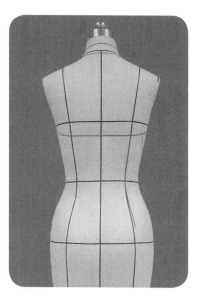

4.8.3

4.8.1～4.8.3　贴置款式造型线。

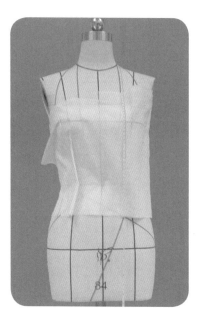

4.8.4

4.8.4　前上片A片的操作。前上片为低腰断腰结构。设置侧缝省和连腰省来处理胸部曲面量和腰部曲面量。

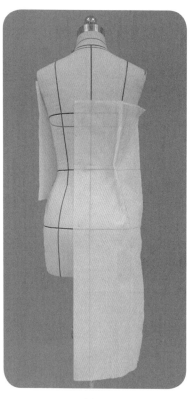

4.8.5

4.8.5　后片B片的操作。后片为连腰结构。设置开口连腰省来处理腰臀部曲面量。后中装拉链，故设置后中缝，但不包含省道量。

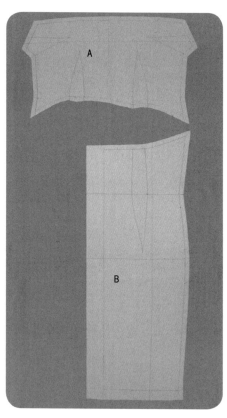

4.8.6

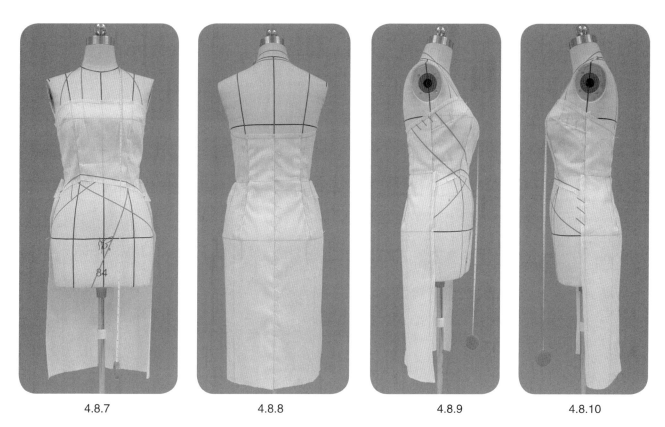

| 4.8.7 | 4.8.8 | 4.8.9 | 4.8.10 |

4.8.6～4.8.10　进行标点描线、平面整理。用大头针别缝前上片A片和后片B片，进行试样补正，确认造型。贴置衣裾造型位置，待用。

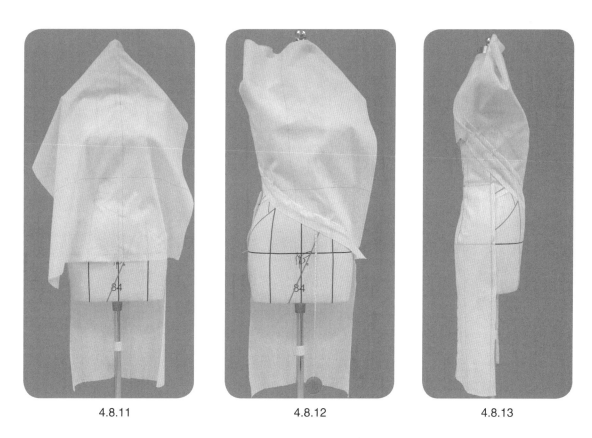

| 4.8.11 | 4.8.12 | 4.8.13 |

4.8.11～4.8.15　前左上衣裾C片的操作。采用纵向直丝缕放置用布，在衣裾部位形成沿衣裾方向的斜丝缕布纹，依顺序操作衣裾。

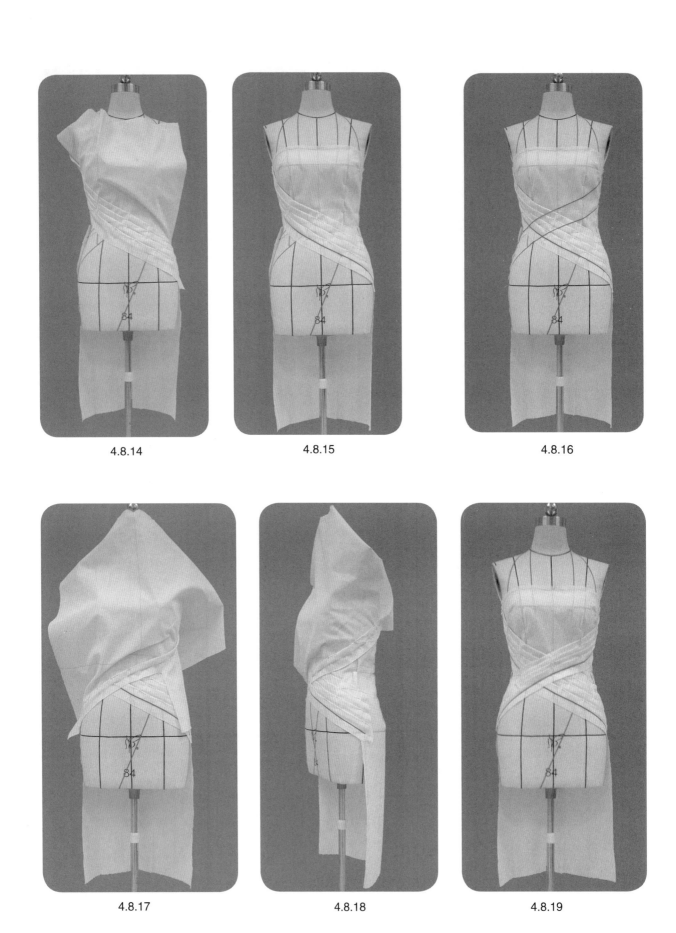

4.8.14

4.8.15

4.8.16

4.8.17

4.8.18

4.8.19

4.8.16 ~ 4.8.21　同理操作右上衣裥片D片。

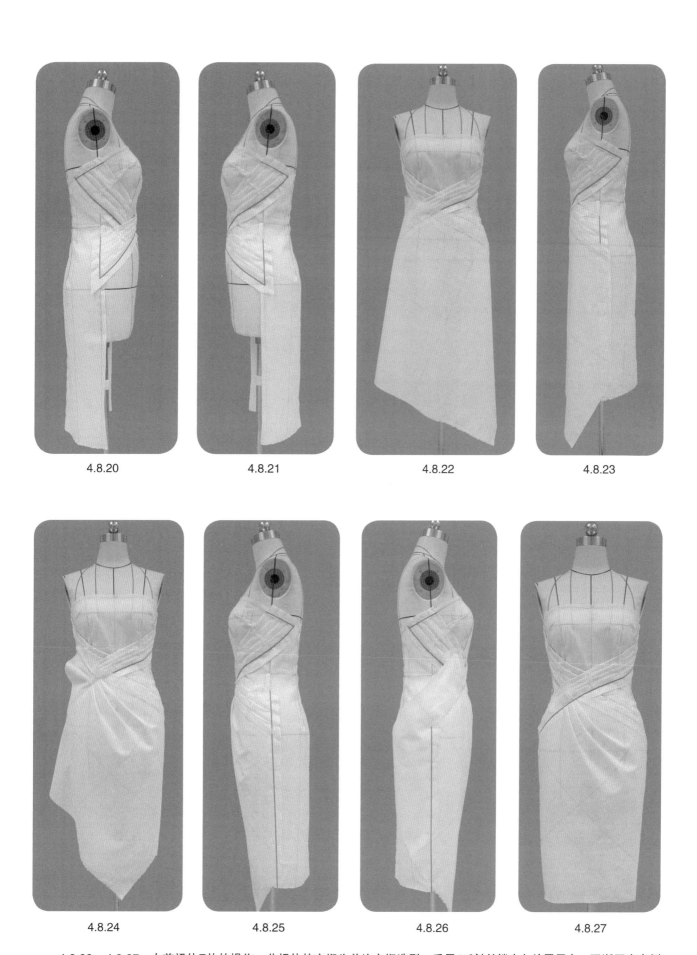

4.8.20   4.8.21   4.8.22   4.8.23

4.8.24   4.8.25   4.8.26   4.8.27

4.8.22 ~ 4.8.27　右前裙片E片的操作。此裙片的衣裥为单边衣裥造型。采用45°斜丝缕方向放置用布，逐渐固定右侧缝；旋转用布，设置衣裥。注意衣裥的方向以及衣裥量大小与衣裥长度的配合。

| 4.8.28 | 4.8.29 | 4.8.30 |

4.8.28～4.8.30　同理操作左前裙F片。

| 4.8.31 | 4.8.32 | 4.8.33 |

4.8.31～4.8.39　采用45°斜丝缕面料，同理操作左前连吊带领G片以及右前连吊带领H片。

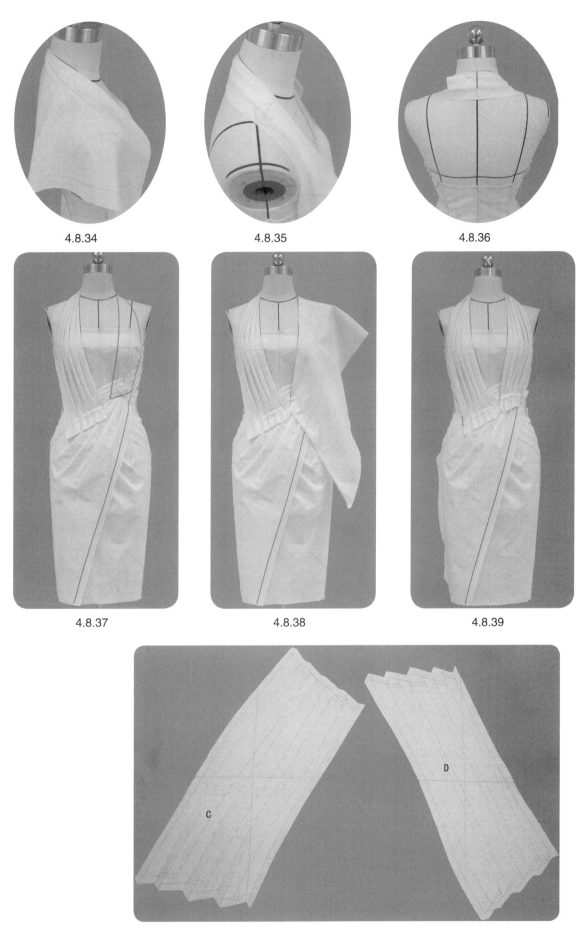

4.8.34

4.8.35

4.8.36

4.8.37

4.8.38

4.8.39

4.8.40(1)

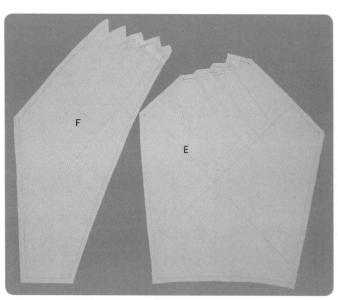

4.8.40(2)

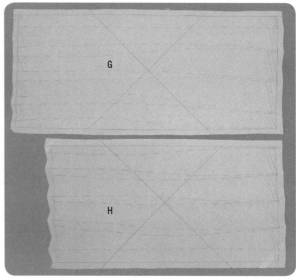

4.8.40(3)

4.8.40　进行各衣裥片的标点描线、平面整理。

4.8.41

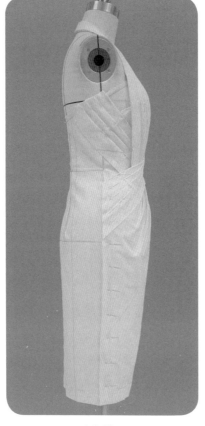

4.8.42

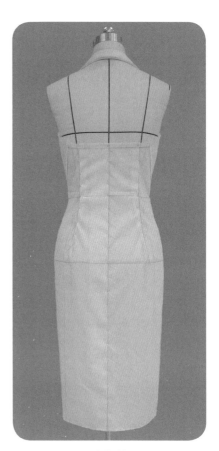

4.8.43

4.8.41～4.8.43　进行整体试样补正。完成造型。

4.9 连衣裙9——X形交叉衣裥设计

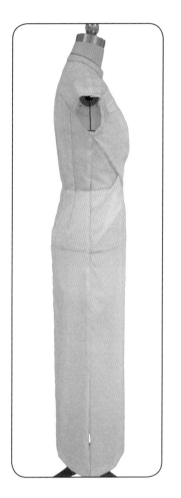

● **造型要点**

利用面料的斜丝缕特征塑造伏贴、自然的衣裥造型是操作的要点。胸围松量4 cm、腰围松量4 cm、臀围松量4 cm。

● 操作步骤

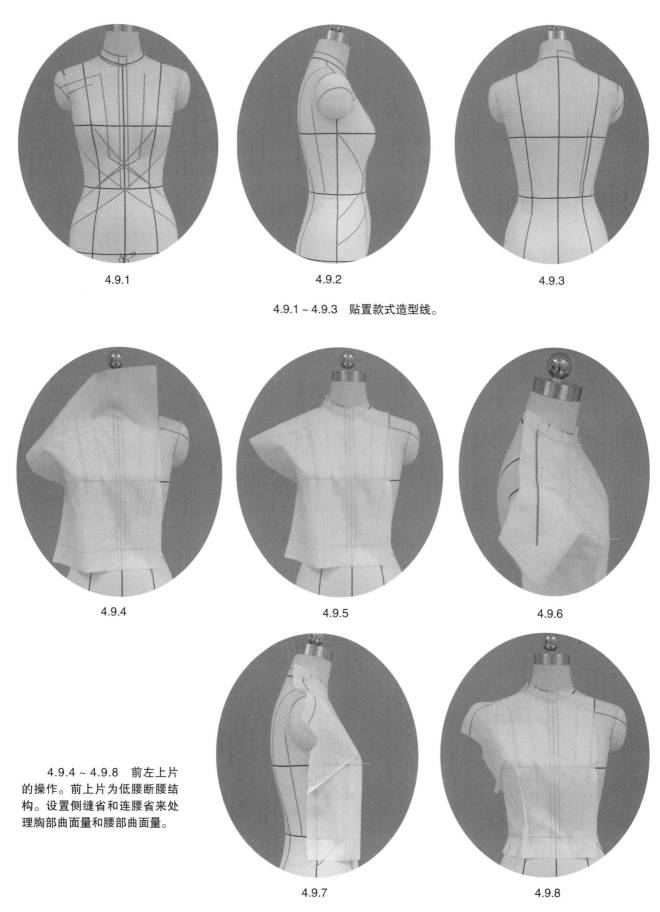

4.9.1   4.9.2   4.9.3

4.9.1 ~ 4.9.3   贴置款式造型线。

4.9.4   4.9.5   4.9.6

4.9.4 ~ 4.9.8   前左上片
的操作。前上片为低腰断腰结
构。设置侧缝省和连腰省来处
理胸部曲面量和腰部曲面量。

4.9.7   4.9.8

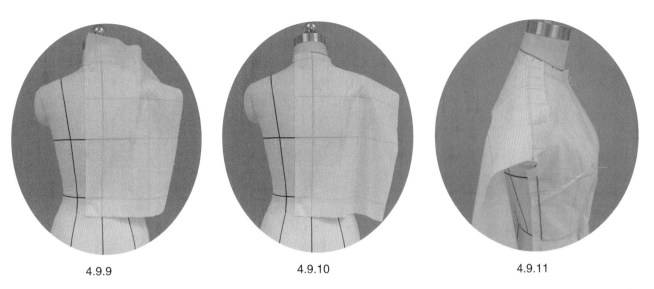

4.9.9   4.9.10   4.9.11

4.9.9 ~ 4.9.15　后左上片的操作。后片为连腰结构，设置开口连腰省来处理腰臀部曲面量。后中装拉链，故设置后中缝，但不包含省道量。

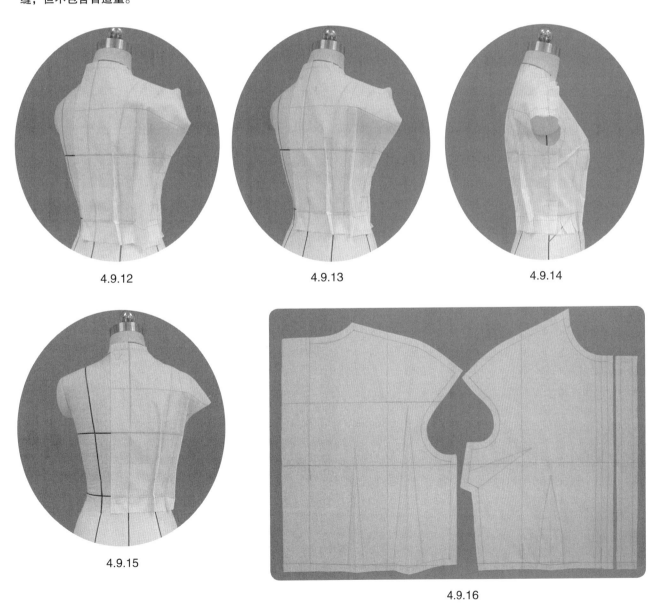

4.9.12   4.9.13   4.9.14

4.9.15

4.9.16

4.9.16　进行上衣片的标点描线、平面整理，完成对称片的拓印。

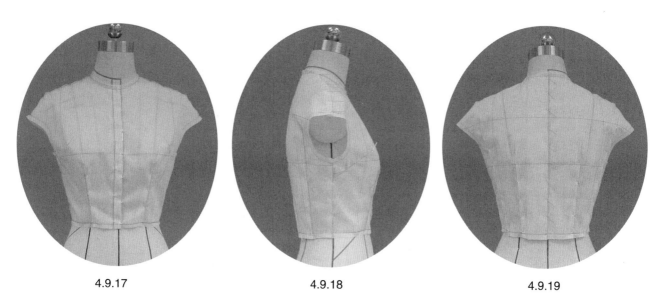

| 4.9.17 | 4.9.18 | 4.9.19 |

4.9.17 ~ 4.9.19　用大头针别合上衣片，进行试样补正、确认造型。贴置衣裥造型位置，待用。

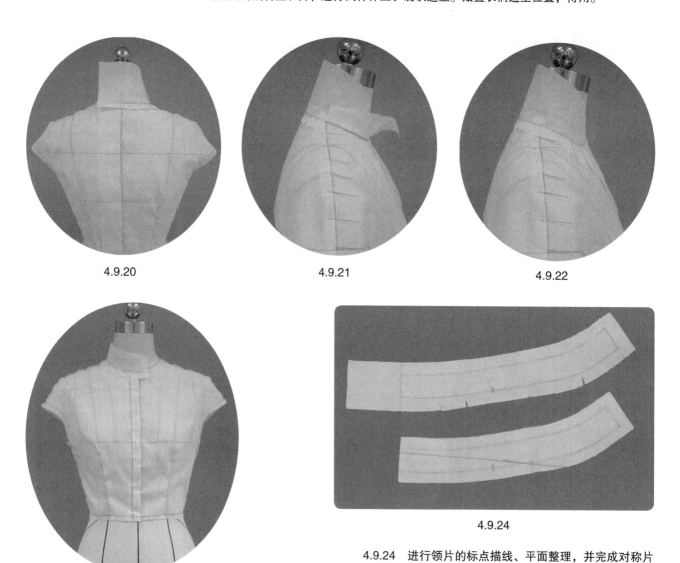

| 4.9.20 | 4.9.21 | 4.9.22 |

4.9.23

4.9.24

4.9.24　进行领片的标点描线、平面整理，并完成对称片的拓印。

4.9.20 ~ 4.9.23　领的操作。

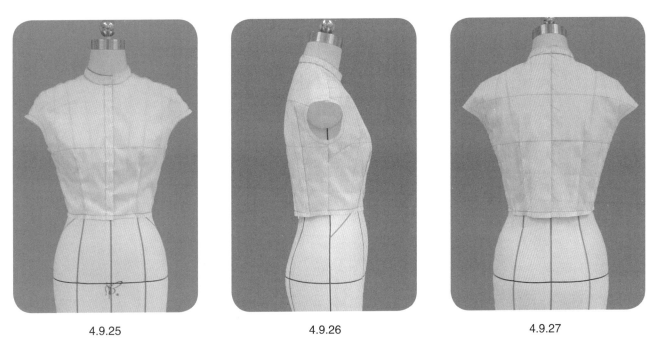

4.9.25   4.9.26   4.9.27

4.9.25 ~ 4.9.27   用大头针别合领片，进行试样补正、确认造型。

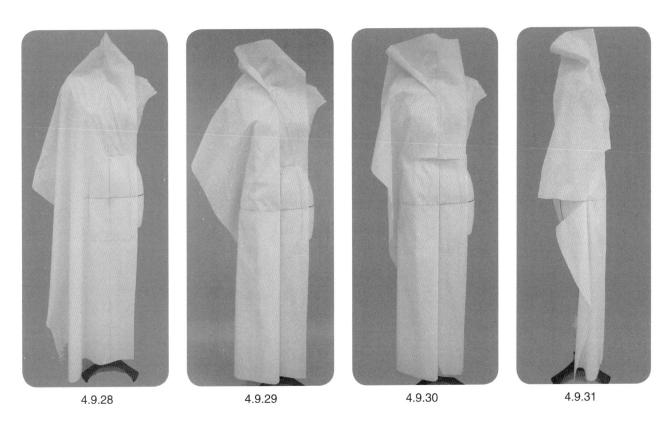

4.9.28   4.9.29   4.9.30   4.9.31

4.9.28 ~ 4.9.31   前左上衣裾片的操作。采用纵向直丝缕放置用布，衣裾部位形成沿衣裾方向的斜丝缕布纹，依顺序操作衣裾。同理操作前右上衣裾片。

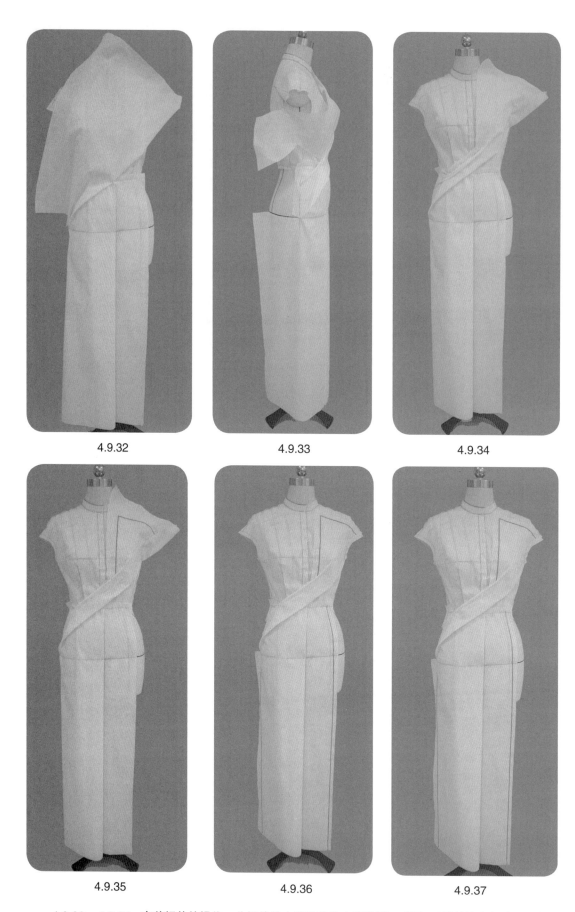

4.9.32

4.9.33

4.9.34

4.9.35

4.9.36

4.9.37

4.9.32 ~ 4.9.37　右前裙片的操作。此裙片的衣裥为单边衣裥造型。采用45°斜丝缕方向放置用布，逐渐固定右侧缝；旋转用布，设置衣裥。注意衣裥的方向以及衣裥量大小与衣裥长度的配合。同理操作左前裙片。

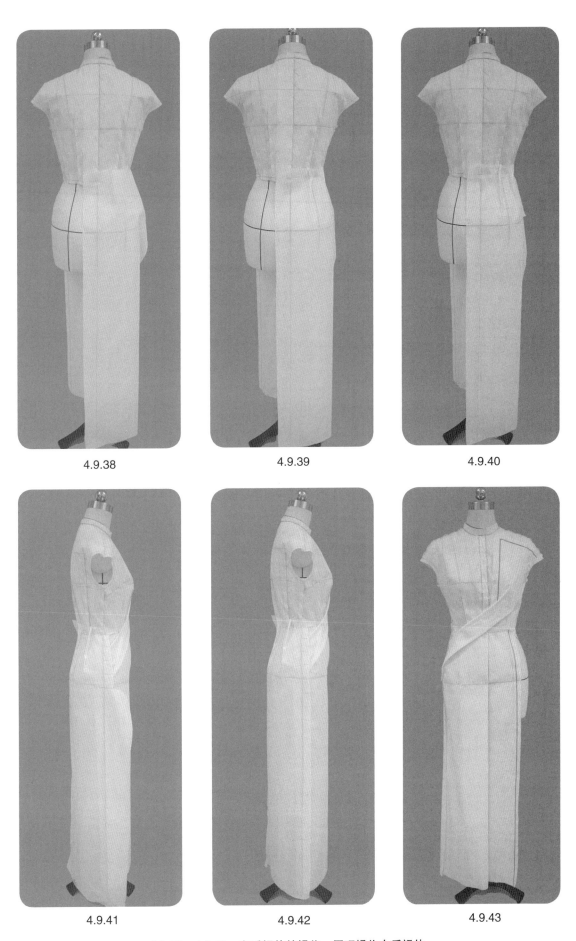

4.9.38

4.9.39

4.9.40

4.9.41

4.9.42

4.9.43

4.9.38 ~ 4.9.43 左后裙片的操作。同理操作右后裙片。

4.9.44

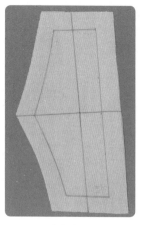

4.9.45

4.9.46

4.9.44　采用45°斜丝缕面料操作左前连吊带领片以及右前连吊带领片。

4.9.45、4.9.46　进行各衣片的标点描线、平面整理，并完成对称片的拓印。

4.9.47

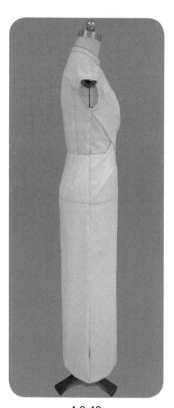

4.9.48

4.9.49

4.9.47～4.9.49　进行整体试样补正，完成造型。

4.10 连衣裙10——内外层穿套衣裥相连后片设计

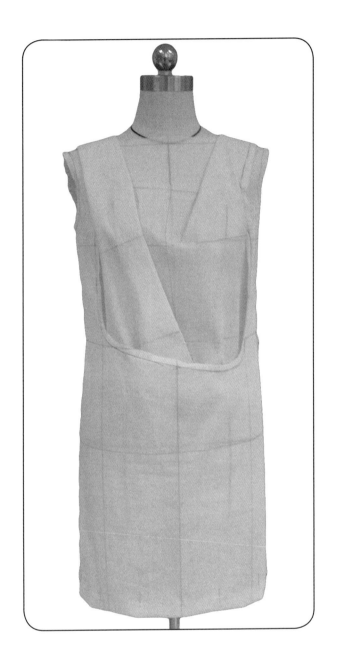

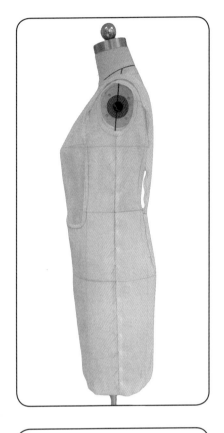

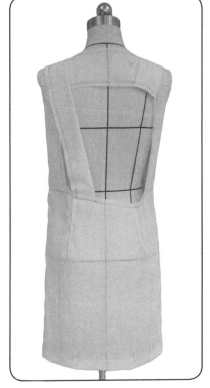

● **造型要点**

　　前、后连身衣片上半部分镂空，组合衣裥造型衣片形成空间层次设计，H 型廓型，整体造型流畅、设计感好。胸围松量 6 cm、臀围松量 6 cm。

● 操作步骤

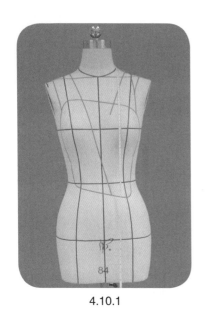

4.10.1

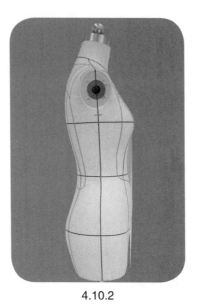

4.10.2

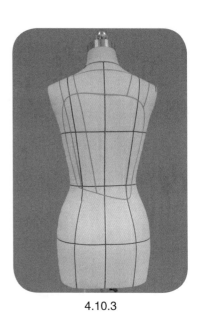

4.10.3

4.10.1 ~ 4.10.3　贴置款式造型线。

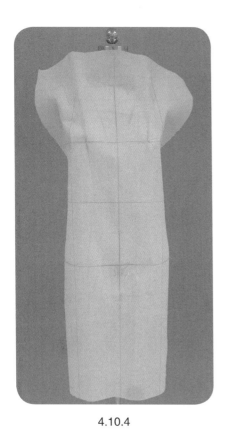

4.10.4

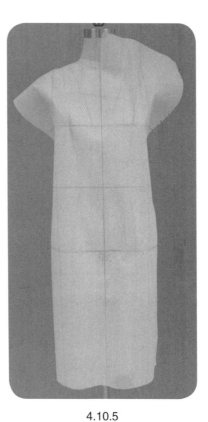

4.10.5

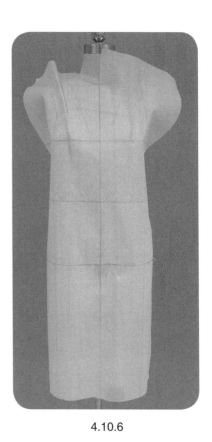

4.10.6

　　4.10.4 ~ 4.10.9　前片A片的操作。先按基础领口线进行领口修剪；在肩缝设置肩省来处理胸围线以上曲面量；袖窿底点基于胸围线抬高1.5 cm，按肩点、胸宽点以及袖窿底点修剪袖窿；修剪侧缝；贴置肩线和侧缝线。

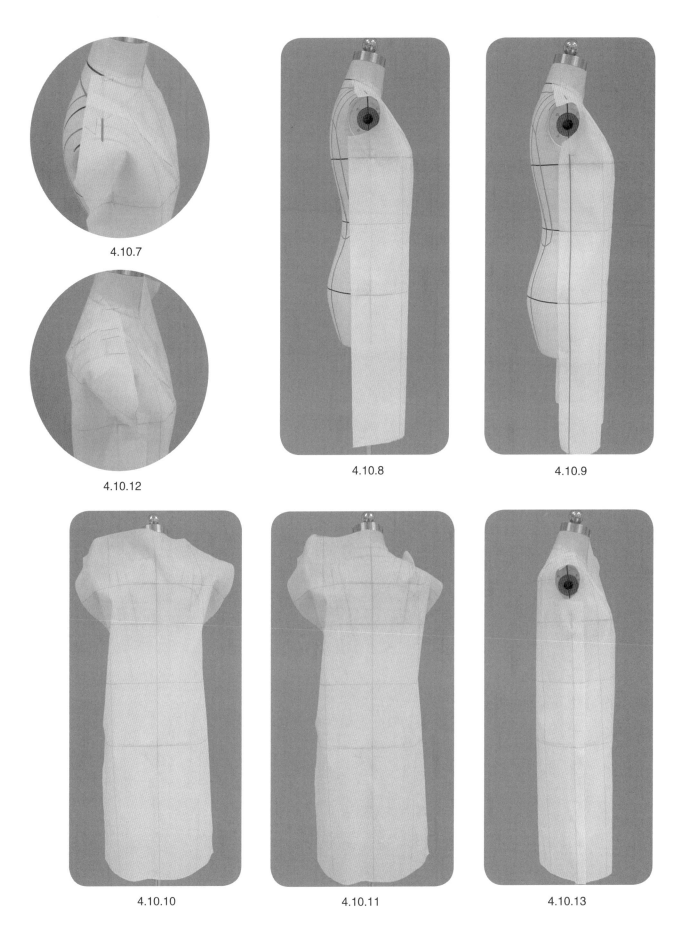

4.10.7

4.10.12

4.10.8

4.10.9

4.10.10

4.10.11

4.10.13

　　4.10.10 ~ 4.10.13　后片B片的操作。后片领口按基础领口线进行修剪，肩线处设置肩省来处理肩背线以上曲面量；与前片别合肩缝；按肩点、背宽点以及袖窿底点顺序修剪袖窿；与前片别合侧缝。注意衣身H廓型的塑造。

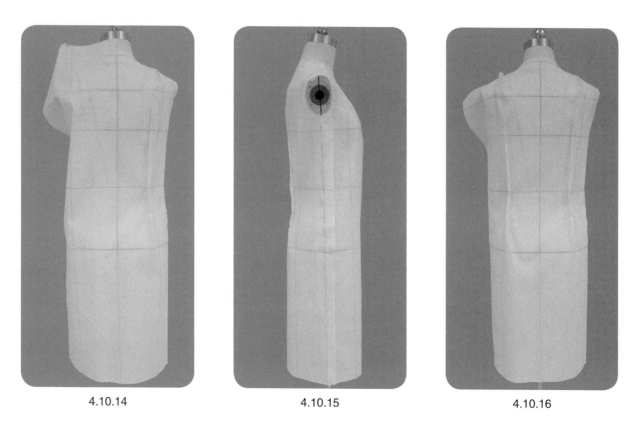

4.10.14   4.10.15   4.10.16

4.10.14 ~ 4.10.16   设置后片连腰省。注意左右省道位置和省量的对称性。

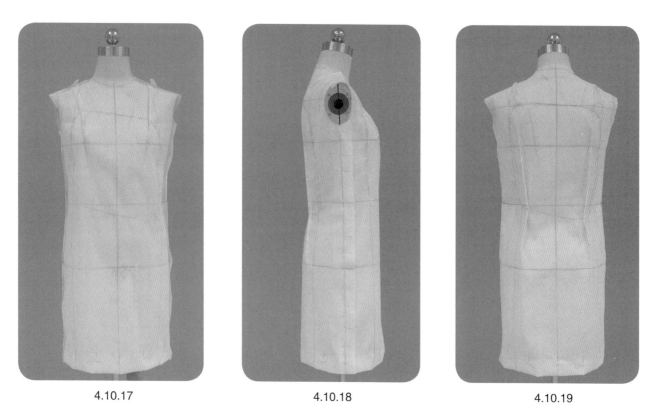

4.10.17   4.10.18   4.10.19

4.10.17 ~ 4.10.19   用大头针别出袖窿弧线、底边以及前、后片镂空造型线。

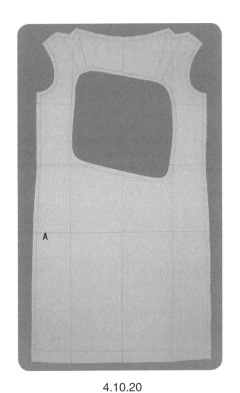

4.10.20

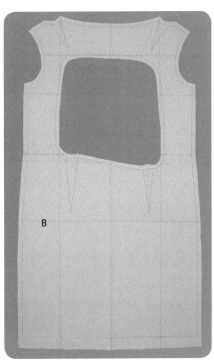

4.10.21

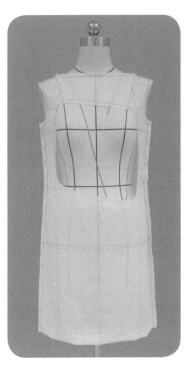

4.10.22

4.10.20~4.10.21　进行A片和B片的平面整理。

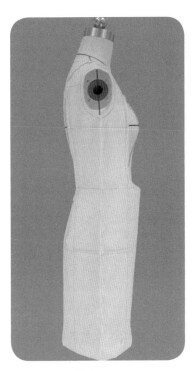

4.10.23

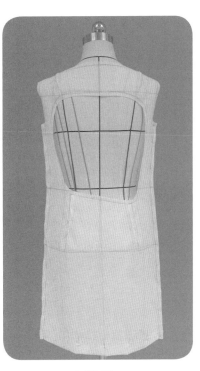

4.10.24

4.10.25

4.10.22~4.10.24　用大头针别合A片和B片，进行试样补正。

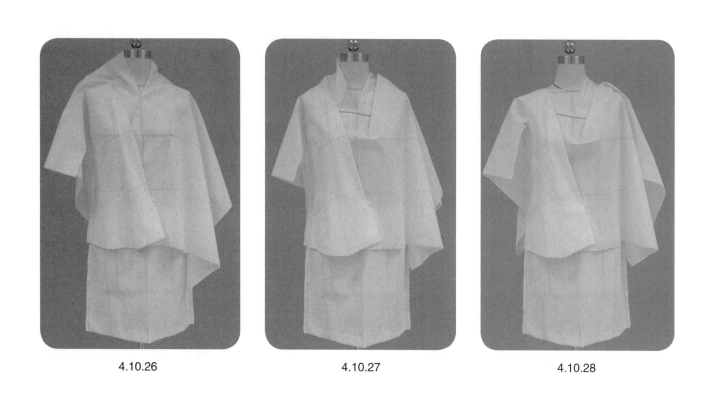

4.10.26	4.10.27	4.10.28

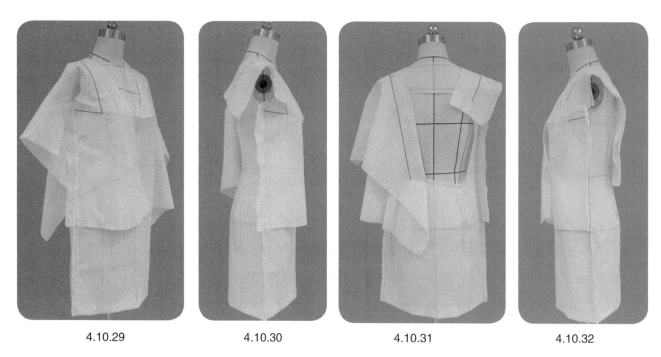

4.10.29	4.10.30	4.10.31	4.10.32

　　4.10.25～4.10.33　前后相连C片的操作。其要点为前片衣裾的设置，领口线处刀口以及袖窿处刀口的修剪，相连到后片的肩带为双层结构。

4.10.33

4.10.34

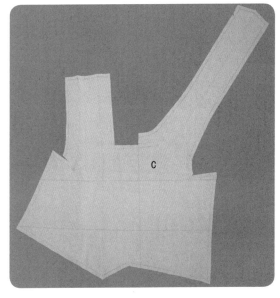

4.10.35

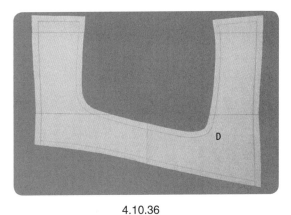

4.10.36

4.10.34　把C片置于A片镂空内，侧缝与A片别合，并配合C片衣长位置配置A片镂空处的贴边D片。

4.10.35、4.10.36　C片和D片的平面整理。

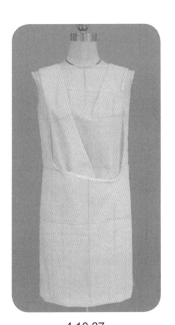

4.10.37

4.10.38

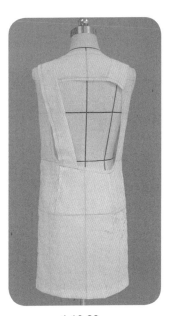

4.10.39

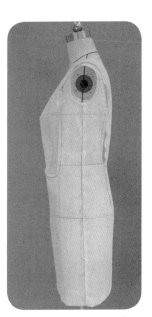

4.10.40

4.10.37～4.10.40　进行整体试样补正，完成造型。

4.11　连衣裙11——扭曲纹理衣褶设计1

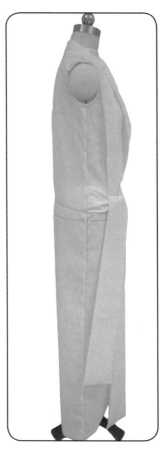

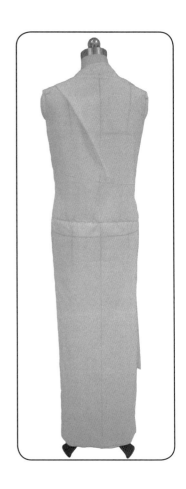

● **造型要点**

　　扭曲衣纹组合领型，其效果自然轻松，整体风格装饰性强且正式、优雅。胸围松量6 cm、臀围松量4 cm。

● 操作步骤

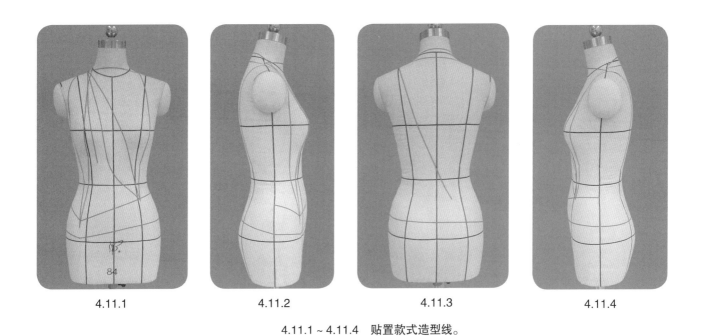

4.11.1   4.11.2   4.11.3   4.11.4

4.11.1 ~ 4.11.4   贴置款式造型线。

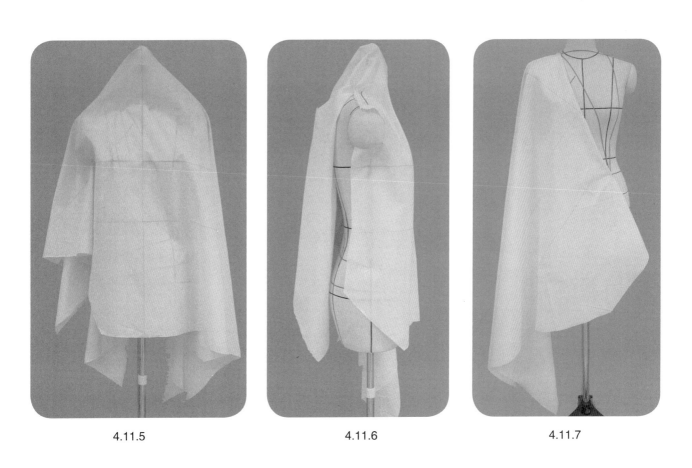

4.11.5   4.11.6   4.11.7

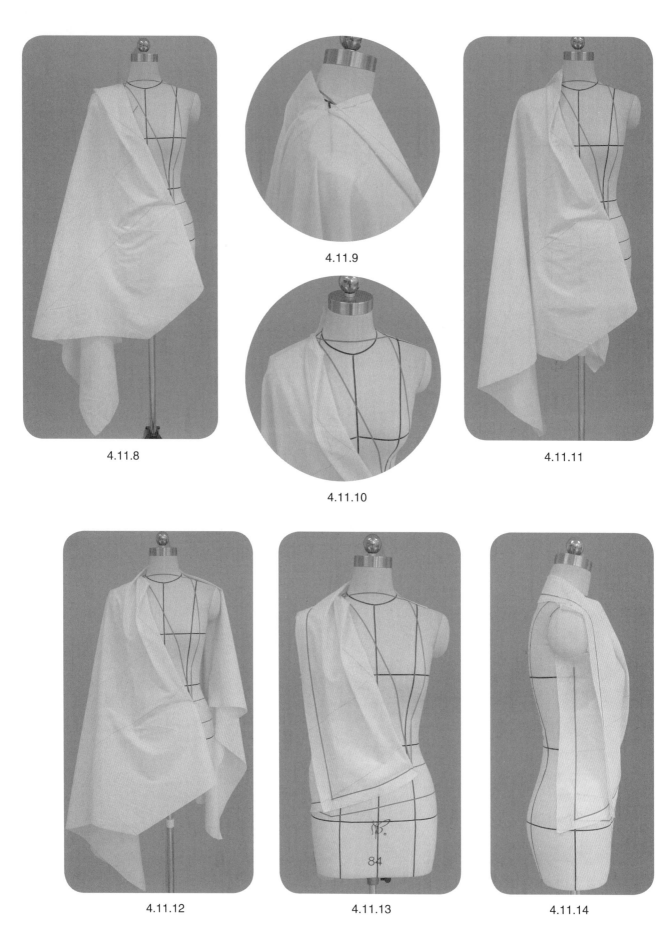

4.11.8

4.11.9

4.11.10

4.11.11

4.11.12

4.11.13

4.11.14

4.11.5 ~ 4.11.14　前上左片A片的操作。A片领口为双层结构，领侧的刀口实现了前领翻折、后领相连的结构。

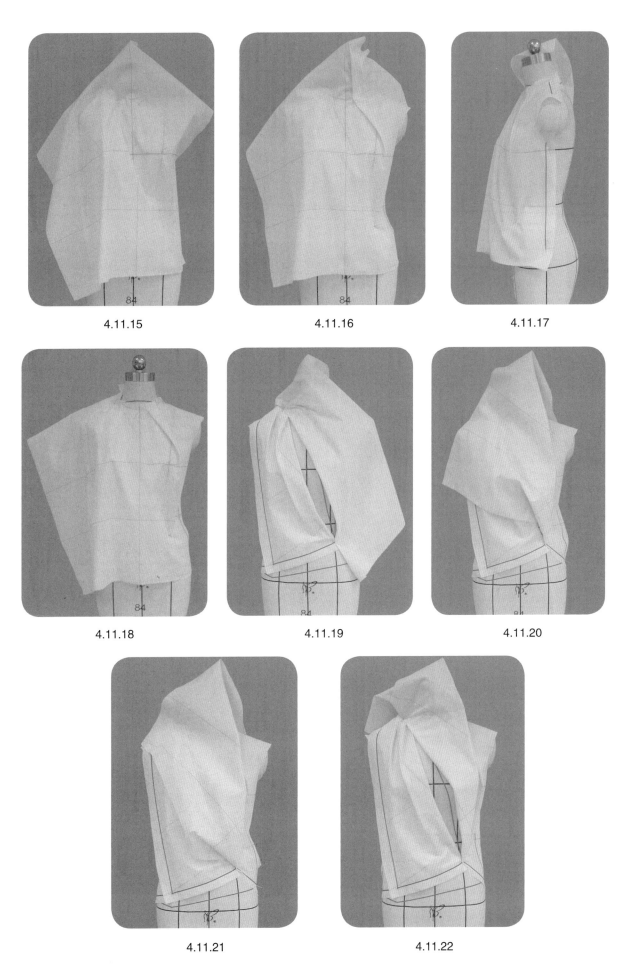

4.11.15

4.11.16

4.11.17

4.11.18

4.11.19

4.11.20

4.11.21

4.11.22

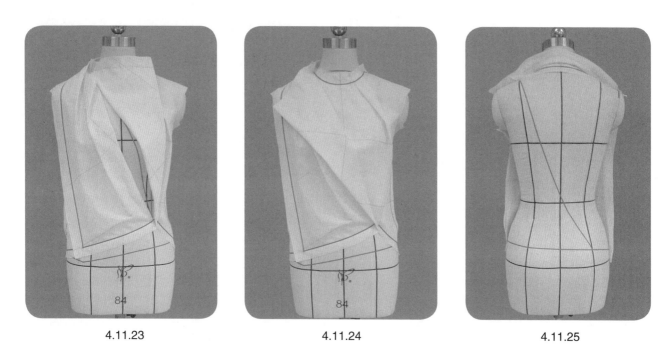

| 4.11.23 | 4.11.24 | 4.11.25 |

4.11.15 ~ 4.11.25　前上右片B片的操作。设计领口省来处理胸部曲面量，领口为双层翻折结构，左领侧与A片交叠。

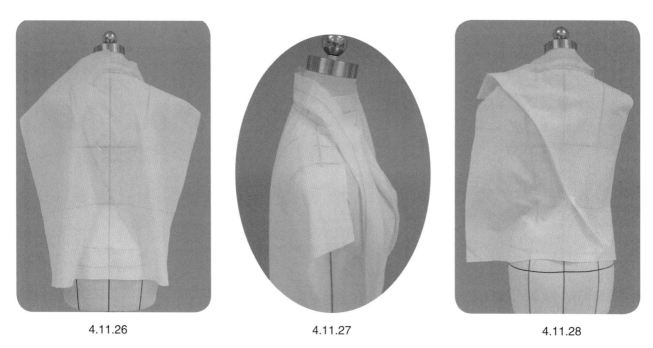

| 4.11.26 | 4.11.27 | 4.11.28 |

4.11.26 ~ 4.11.32　后上片C片的操作。设计右肩衣裥来形成衣纹效果；别合领口、肩线、侧缝与前片，用大头针别出袖窿造型。确认上半身造型，标点描线。

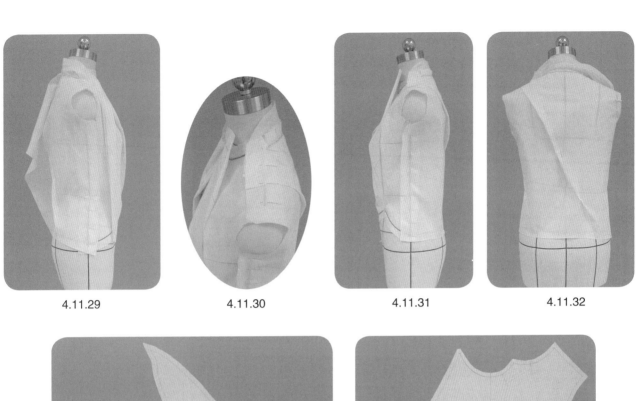

| 4.11.29 | 4.11.30 | 4.11.31 | 4.11.32 |

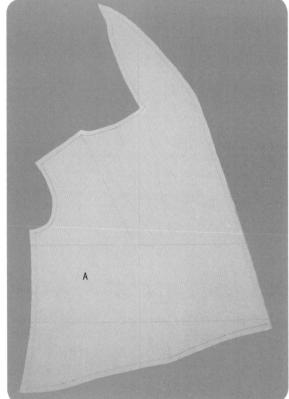

4.11.33（1）

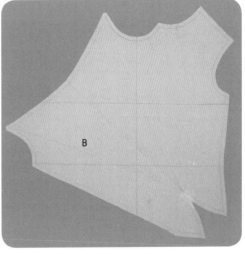

4.11.33（2）

4.11.33　A片、B片和C片的平面整理。

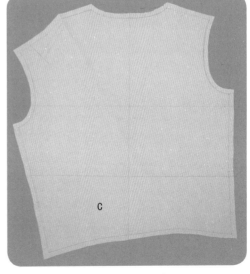

4.11.33（3）

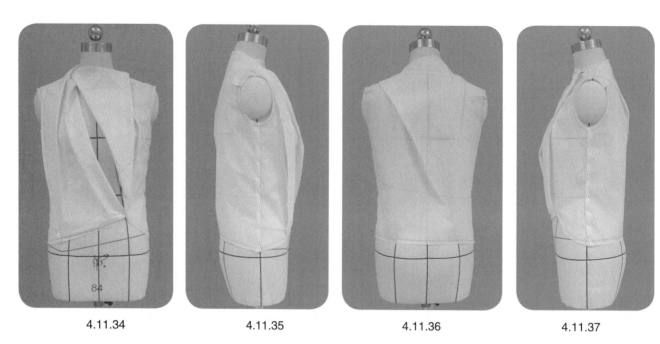

| 4.11.34 | 4.11.35 | 4.11.36 | 4.11.37 |

4.11.34 ~ 4.11.37　用大头针别合A片、B片和C片，进行试样补正。

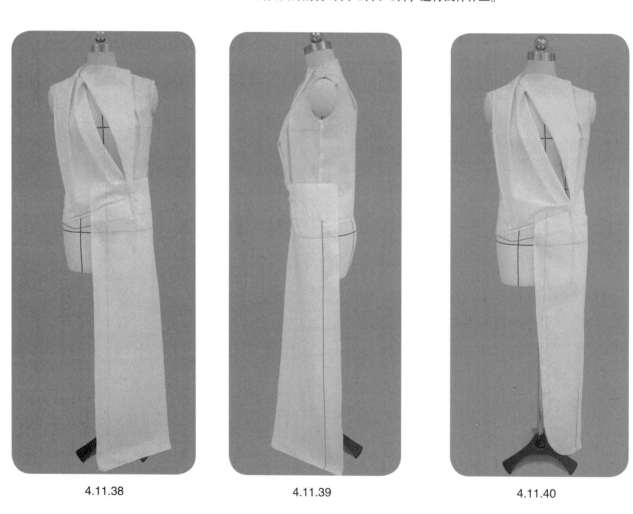

| 4.11.38 | 4.11.39 | 4.11.40 |

4.11.38 ~ 4.11.40　前右裙片D片的操作。

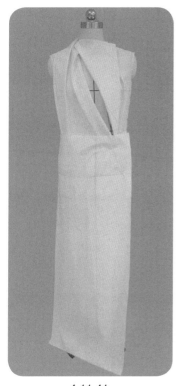

4.11.41

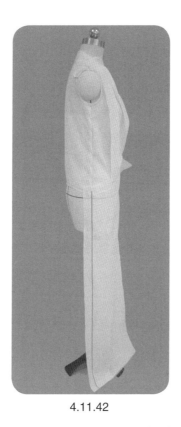

4.11.42

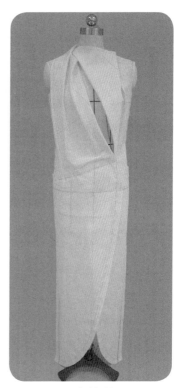

4.11.43

4.11.41 ~ 4.11.43　前左裙片E片的操作。

4.11.44

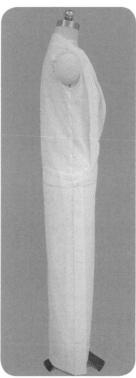

4.11.45

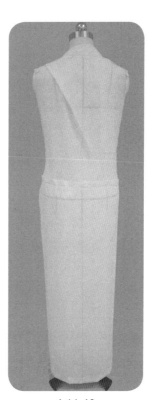

4.11.46

4.11.47

4.11.44 ~ 4.11.46　后裙片F片的操作。

4.11.47　腰带G片的操作。

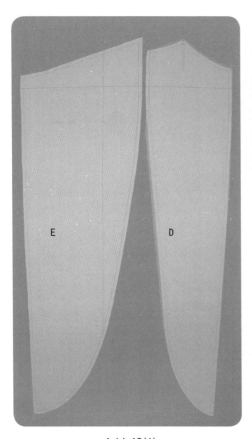

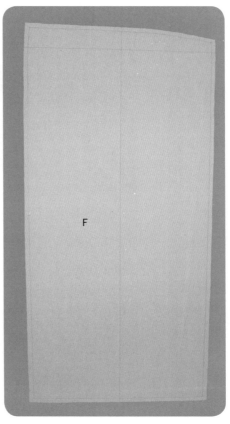

4.11.48(1)　　　　　　　　　　4.11.48(2)　　　　　　　　4.11.48(3)

4.11.48　进行裙片的标点描线、平面整理。

4.11.49　　　　　　　　　　　4.11.50　　　　　　　　　　4.11.51

4.11.49 ~ 4.11.51　进行整体试样补正，完成造型。

4.12　连衣裙12——扭曲纹理衣裥设计2

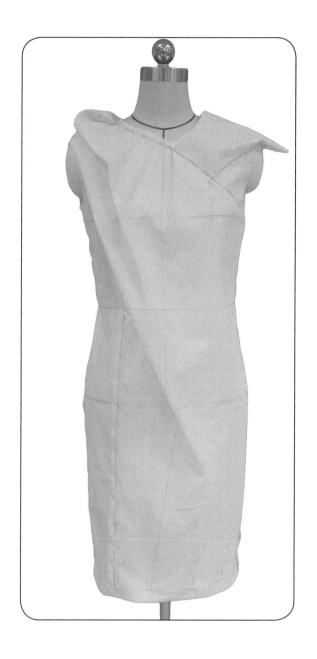

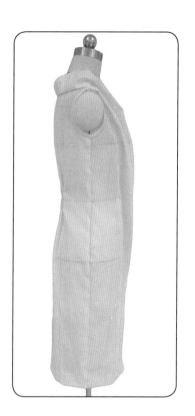

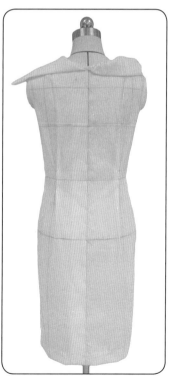

　造型要点

　　基于不规则衣裥形成扭曲衣纹效果，虽呈现解构设计风格但适穿。胸围松量 6 cm、臀围松量 6 cm。

● 操作步骤

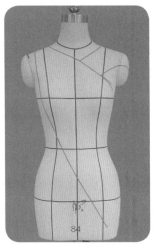

4.12.1

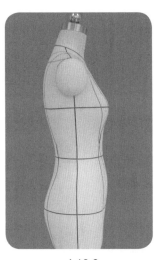

4.12.2

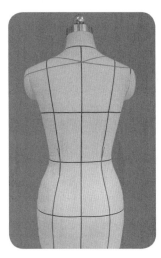

4.12.3

4.12.1 ~ 4.12.3 贴置款式造型线。

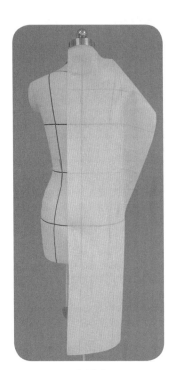

4.12.4

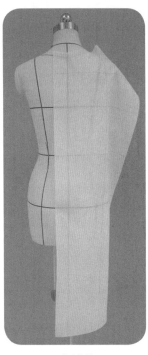

4.12.5

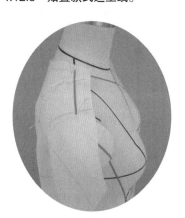

4.12.6

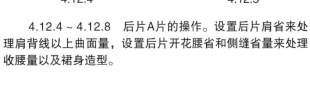

4.12.4 ~ 4.12.8 后片A片的操作。设置后片肩省来处理肩背线以上曲面量，设置后片开花腰省和侧缝省量来处理收腰量以及裙身造型。

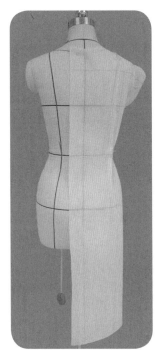

4.12.7

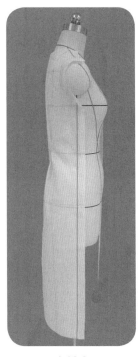

4.12.8

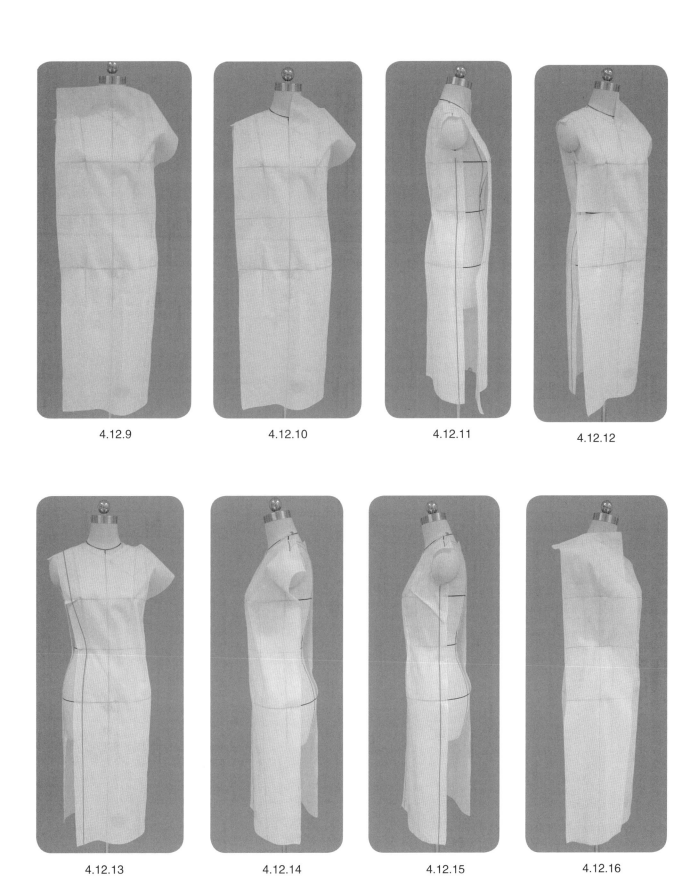

4.12.9

4.12.10

4.12.11

4.12.12

4.12.13

4.12.14

4.12.15

4.12.16

4.12.9 ~ 4.12.15　前右片B片的操作。设置左侧纵向分割线以及横向分割线胸省和右侧缝胸省来处理前片胸围线以下的曲面量。也以次纵向分割线和右侧缝来处理裙身的造型量。

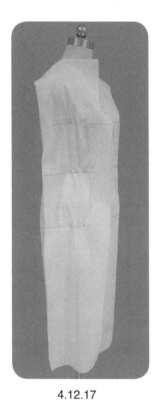

4.12.17

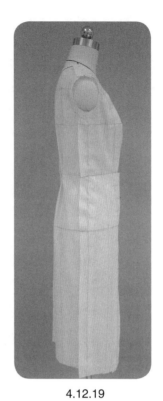

4.12.18

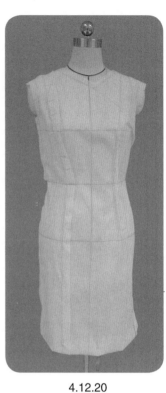

4.12.19

4.12.20

4.12.16 ~ 4.12.18 左前片C片的操作。保持侧片纵向分割线的竖直，分段操作侧缝和分割线。

4.12.19、4.12.20 用大头针别出袖窿弧线和底边。

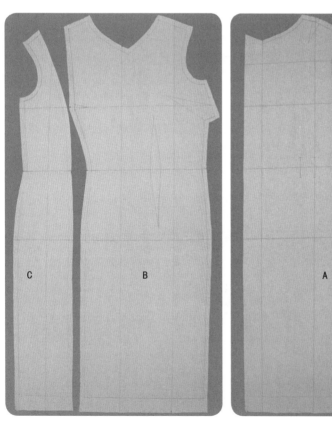

C   B

4.12.21

A

4.12.22

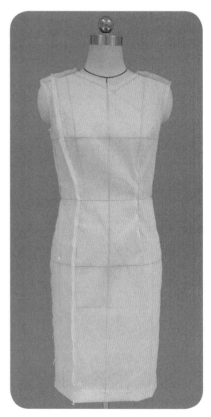

4.12.23

4.12.21、4.12.22 进行A片、B片和C片的平面整理。

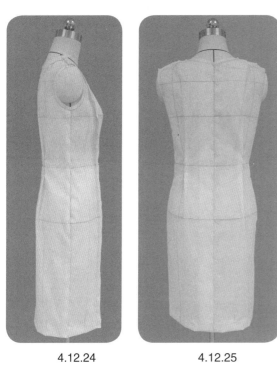

4.12.24   4.12.25

4.12.23 ~ 4.12.25 用大头针别合A片、B片和C片，进行试样补正。

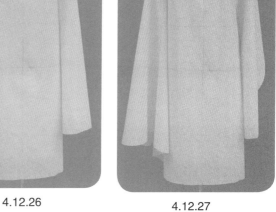

4.12.26   4.12.27

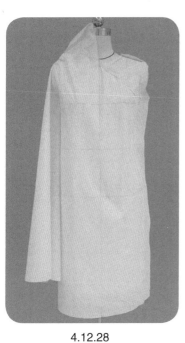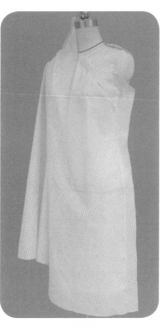

4.12.28   4.12.29   4.12.30

4.12.26 ~ 4.12.38 前片D片的操作。整理两个纵向的大衣褶，在领口处形成双层结构，领口线的衣褶设置不规则，呈现随意造型，但要注意其易缝纫性。

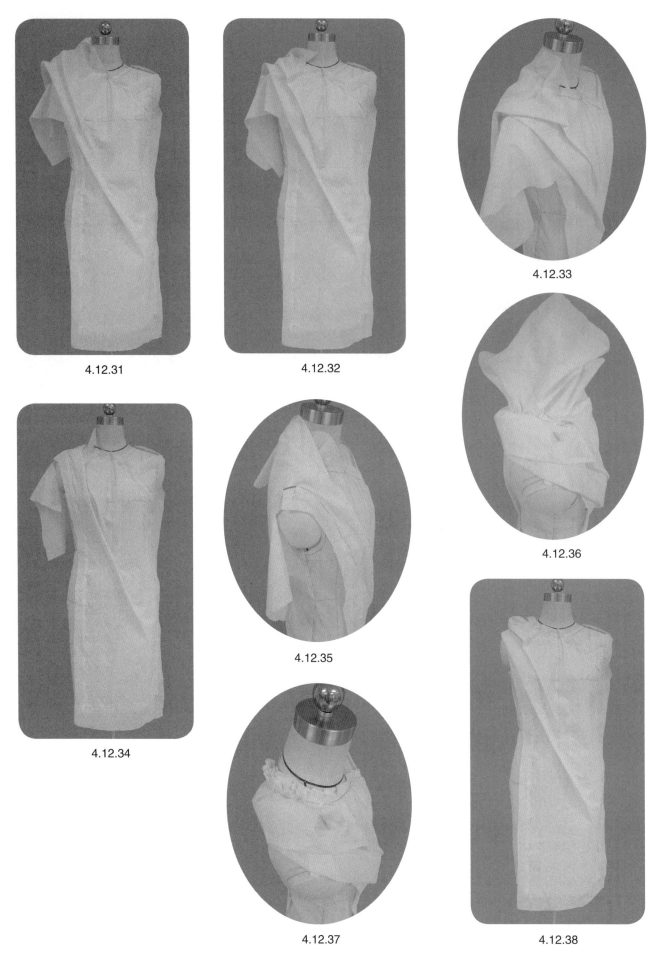

4.12.31

4.12.32

4.12.33

4.12.34

4.12.35

4.12.36

4.12.37

4.12.38

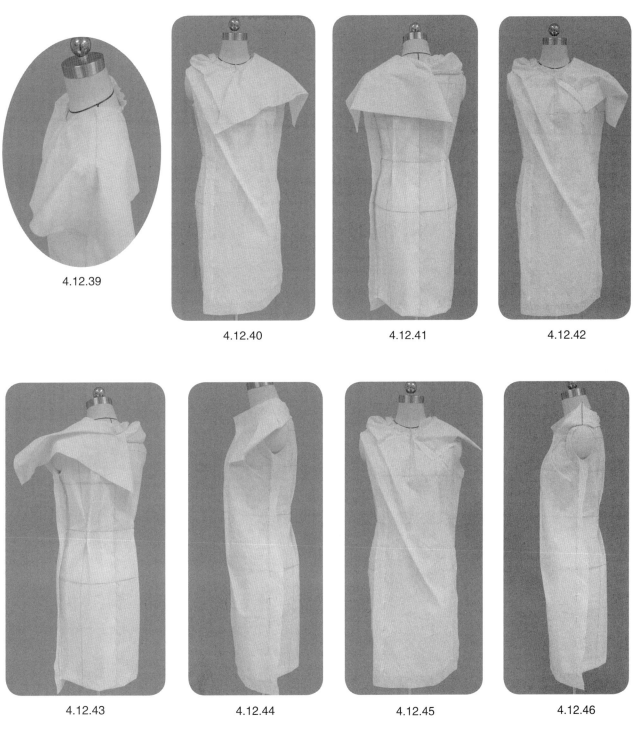

4.12.39

4.12.40

4.12.41

4.12.42

4.12.43

4.12.44

4.12.45

4.12.46

4.12.39 ~ 4.12.46　右肩片E片的操作。

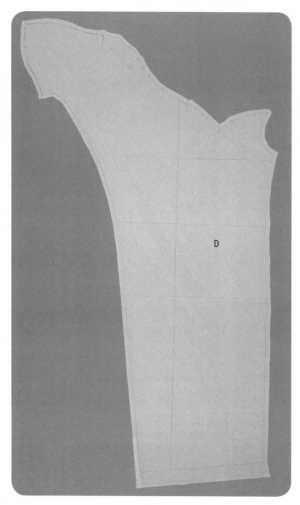

4.12.47(1)

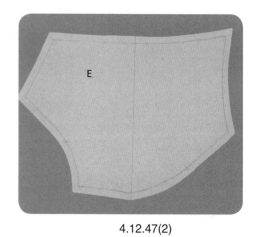

4.12.47(2)

4.12.47　D片和E片的平面整理。

4.12.48

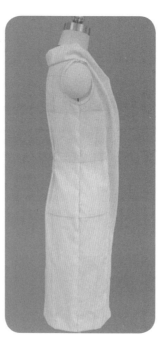

4.12.49

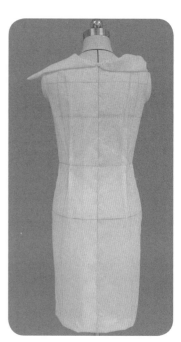

4.12.50

4.12.48 ~ 4.12.50　进行整体试样补正，造型完成。

4.13　连衣裙13——一片式折叠衣裾设计

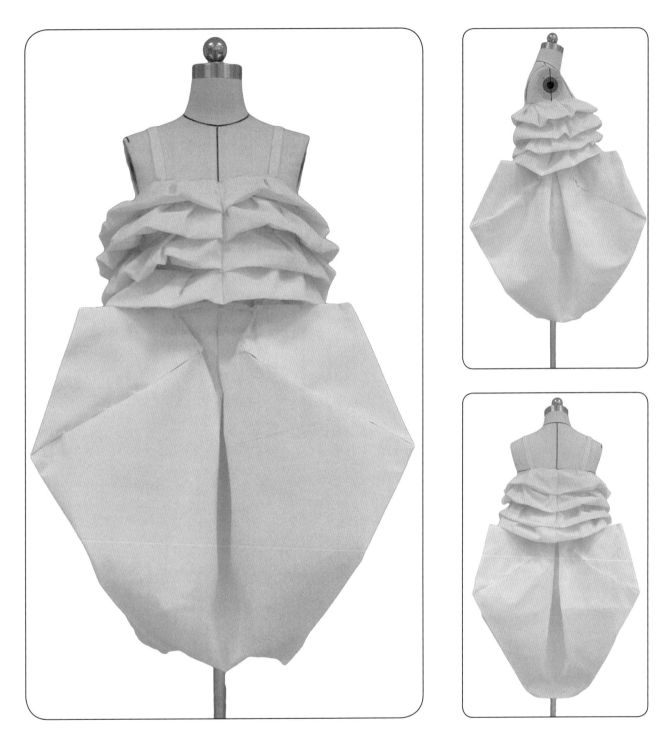

● 造型要点

　　Issemiyake 运用折纸灵感的典型作品。采用演化折纸技巧构成的服装，洋溢了折纸的艺术性。

● 操作步骤

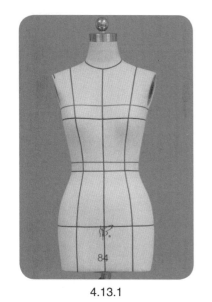

4.13.1

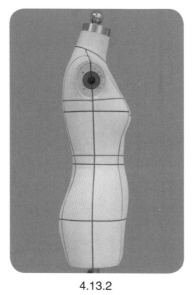

4.13.2

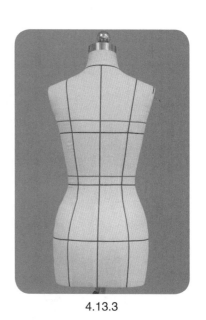

4.13.3

4.13.1 ~ 4.13.3　贴置款式造型线。

4.13.4

4.13.5

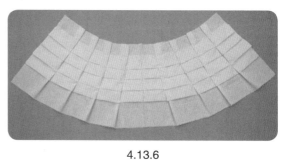

4.13.6

4.13.4 ~ 4.13.6　先折叠横向等宽衣裥，再纵向折叠上宽下略窄的纵向衣裥，形成扇面形状。注意折叠完成的高度要基于款式的上衣衣长，上口长度要基于款式的上口围度。

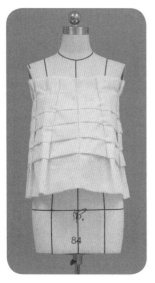

4.13.7

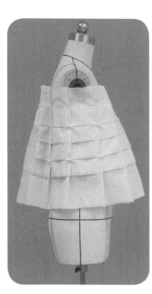

4.13.8

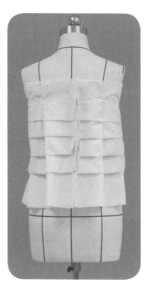

4.13.9

4.13.10

4.13.7 ~ 4.13.10　把折叠好的上衣片围裹于人台。

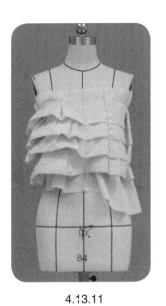

4.13.11

4.13.12

4.13.13

4.13.14

4.13.11 ~ 4.13.14　调整上衣衣裾，使其形成自然效果。

4.13.15

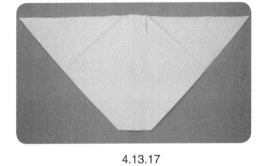

4.13.17

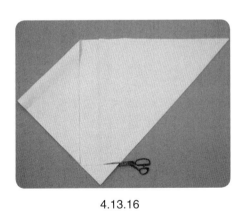

4.13.16

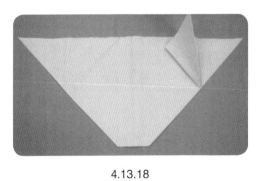

4.13.18

4.13.15 ~ 4.13.21　折叠裙身片。根据裙摆开口大小剪掉折角尖处。

4.13.19

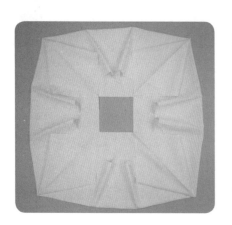

4.13.20

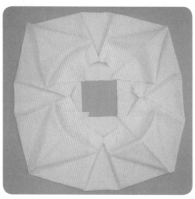

4.13.21

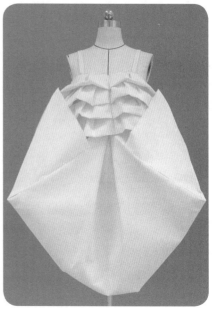

4.13.22

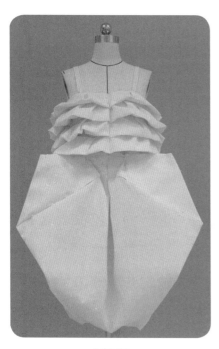

4.13.23

4.13.24

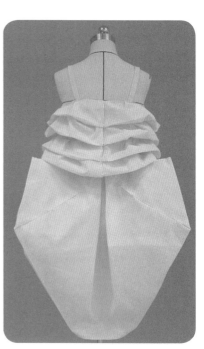

4.13.25

4.13.22 ~ 4.13.25　将折叠完成的裙身穿于人台上，腰线处与上衣腰线拼合，形成蓬起感裙体。完成整体造型。

Part B

衣身/衣领/衣袖变化
综合设计

5 衣身/衣领/衣袖变化综合设计

5.1 一片圆弧衣身/衣领相连设计

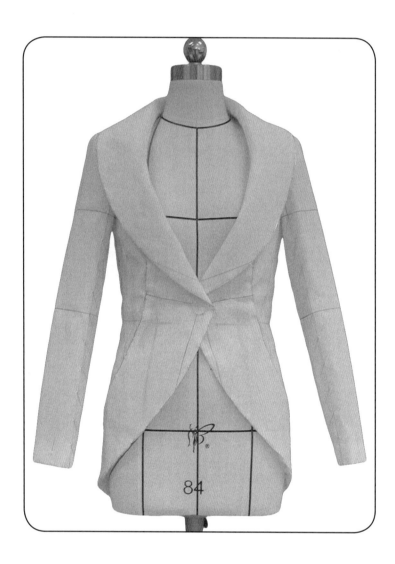

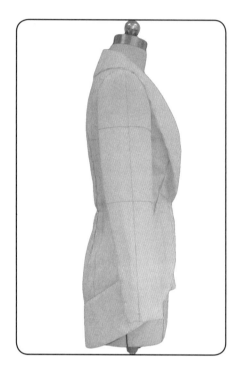

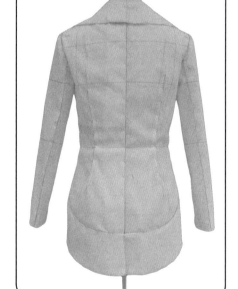

● **造型要点**

　　近乎半圆弧的衣片，巧妙地形成了与衣片相连的青果领造型，不禁令人赞叹服装造型与人体的巧妙拟合。胸围松量8 cm、腰围松量8 cm、臀围松量6 cm，袖长57 cm、袖肥32 cm、袖口22 cm。

● 操作步骤

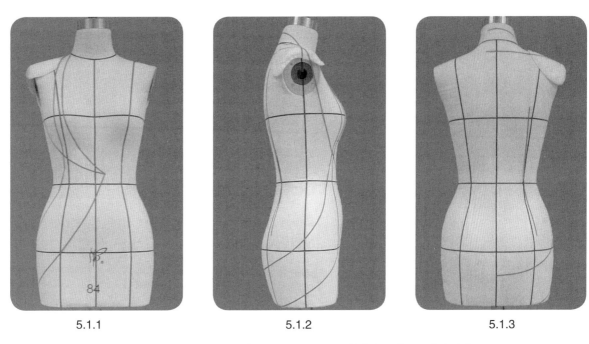

5.1.1   5.1.2   5.1.3

5.1.1 ~ 5.1.3   贴置款式造型线。成衣中使用的垫肩要装置于人台肩部。

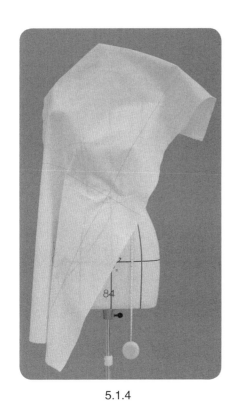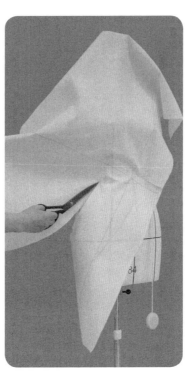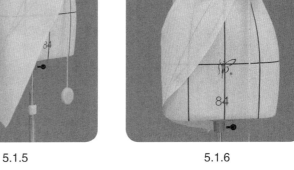

5.1.4   5.1.5   5.1.6

5.1.4   从前片开始操作，前片采取直丝缕与衣摆位置一致的丝缕方向，保证了门襟衣摆的稳定性，衣领翻折线位置也最好为斜丝缕布纹，有利于衣领的圆顺翻折。

5.1.5 ~ 5.1.7   从后中心线开始，先操作圆弧片的下摆部分。控制下摆和分割线处的松量，从后中线处开始逐渐修剪分割线和下摆弧线，用大头针适当固定分割线的关键点位置。

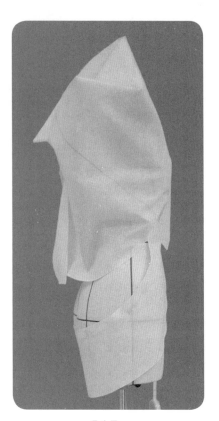

5.1.7

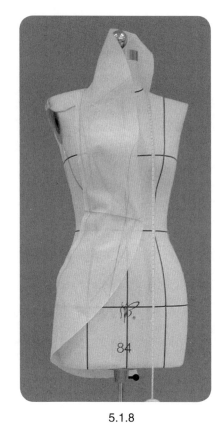

5.1.8

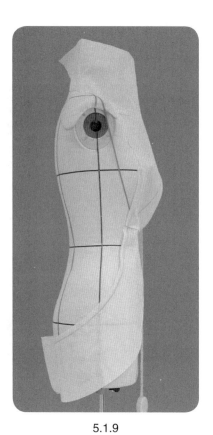

5.1.9

5.1.8 ~ 5.1.11　逐渐沿分割线向上，控制翻领松量，修剪分割线和外领口弧线。

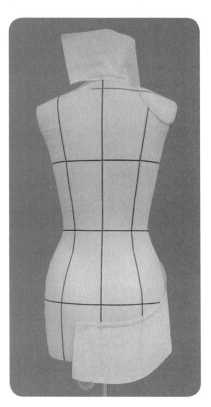

5.1.10

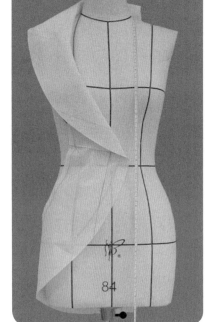

5.1.11

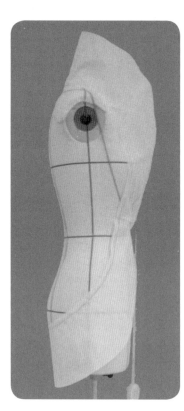

5.1.12

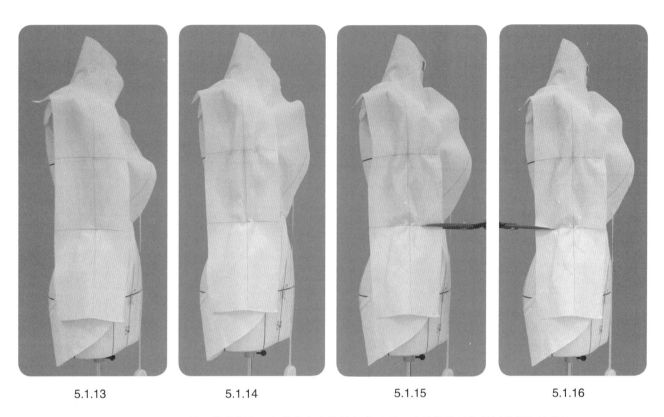

5.1.13   5.1.14   5.1.15   5.1.16

5.1.12 ~ 5.1.18　前侧片的操作。保持纵向中线的竖直以及两边松量的平衡是侧片操作的关键。

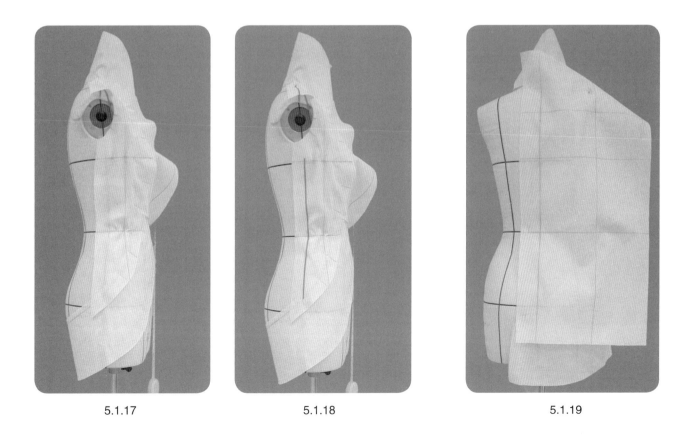

5.1.17   5.1.18   5.1.19

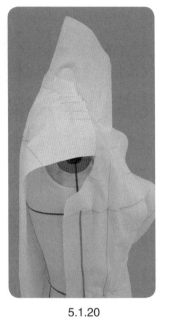

5.1.20

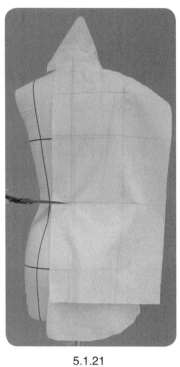

5.1.21

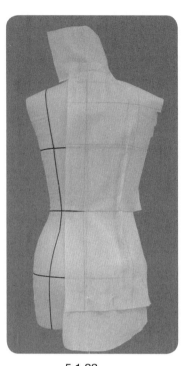

5.1.22

　　5.1.19 ~ 5.1.22　后片的操作。在后领口弧线和肩线适当设置缝缩量来处理肩背部的曲面量，设置连腰省来处理收腰量。

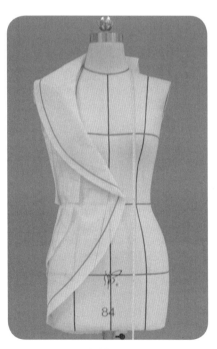

5.1.23

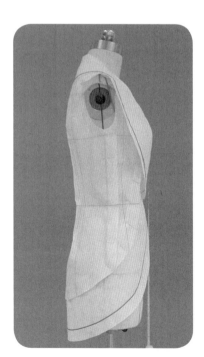

5.1.24

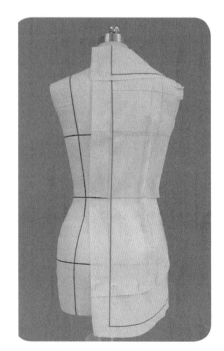

5.1.25

　　5.1.23 ~ 5.1.25　观察于确认衣身造型；标点描线。

5.1.26

5.1.26　连点成线，修剪缝份，平面整理衣片。

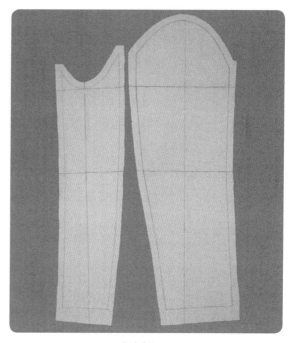

5.1.27

5.1.27　基于袖窿，平面配制两片圆装袖。

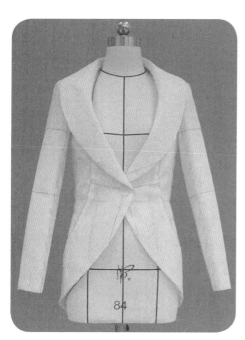

5.1.28

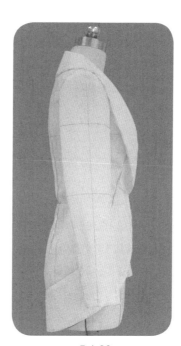

5.1.29

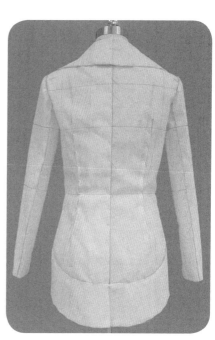

5.1.30

5.1.28 ~ 5.1.30　进行试样补正。完成整体造型。

5.2　斜向分割线/斜向省道组合衣身设计

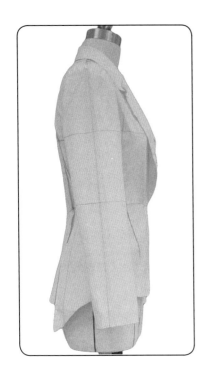

● **造型要点**

　　省道和分割线是现代服装最基本的构成元素。省道和分割线用于拟合人体曲面、构成服装的立体造型，它们的位置、方向、量是其变化因素。本款式中斜向变化的前、后片分割线设计，组合前、后片斜向省道以及斜向底边衣摆的层次感，使得经典外套造型的创意设计令人赞叹。胸围松量 8 cm、腰围松量 8 cm、臀围松量 6 cm，袖长 57 cm、袖肥 32 cm、袖口 22 cm。

● 操作步骤

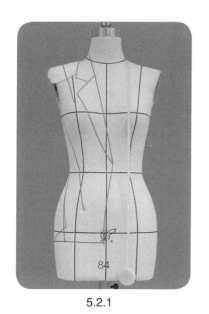

5.2.1

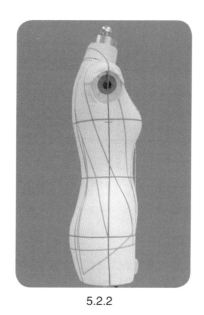

5.2.2

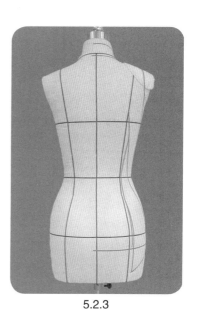

5.2.3

5.2.1 ~ 5.2.3　贴置款式造型线。成衣中使用的垫肩要装置于人台肩部。

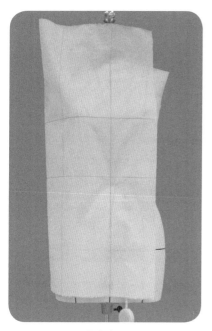

5.2.4

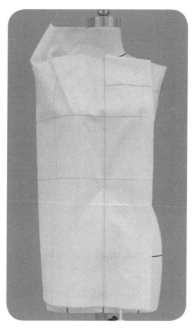

5.2.5

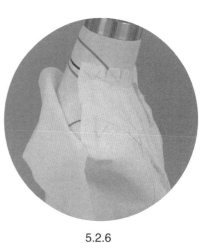

5.2.6

5.2.4　把前片用布固定于人台上，布纹线与人台上相应标示线对齐。

5.2.5、5.2.6　前片操作总体上按从领口开始的逆时针次序进行。先参考基础领口线修剪前领口部位；设置肩省来处理前片胸围线以上的曲面量，修剪前肩线。

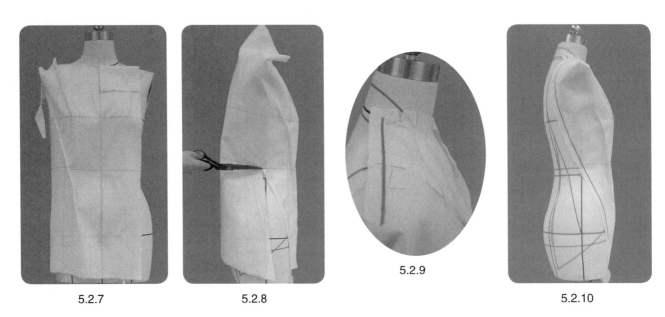

5.2.7   5.2.8   5.2.9   5.2.10

    5.2.7 ~ 5.2.10　设置从袖窿底部开始且指向腹部的连腰省，袖窿底部为开口省形式。自下向上逐段修剪位置后移的前、后片斜向分割线，将其延伸至肩线，并用平叠法别合。

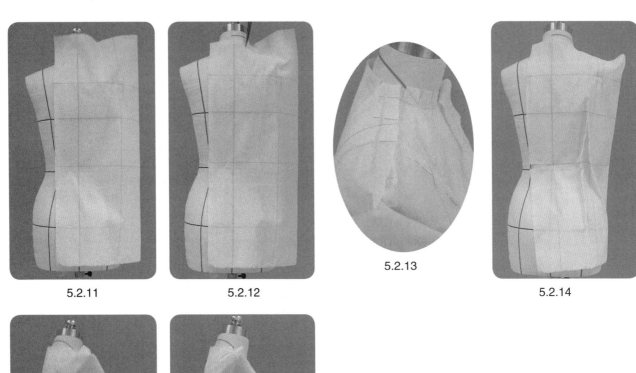

5.2.11   5.2.12   5.2.13   5.2.14

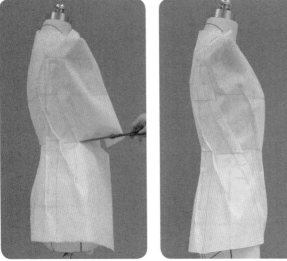

5.2.15   5.2.16

    5.2.11 ~ 5.2.16　后片的操作。后片肩背横线以上的曲面量分配为：0.2 cm的后领口松量；0.4~0.6 cm的肩线缝缩量；适当的袖窿松量；其余的转移至下摆，其中一部分形成下摆的放松量，而多余的设置为下摆连腰省的省道开口量。用大头针抓别斜向连腰省；下口处为开花省造型。逐段修剪衣片，别合前、后片分割线。

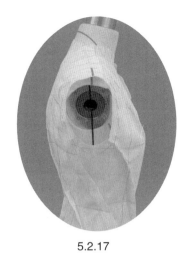

5.2.17

5.2.17、5.2.18 用大头针定位肩点、袖窿底点、前胸宽点和后背宽点位置，再依据这些关键点别出袖窿弧线；修剪缝份。完成袖窿造型。

5.2.18

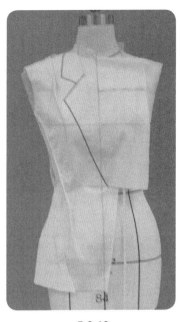

5.2.19

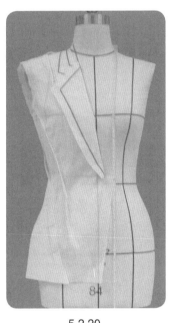

5.2.20

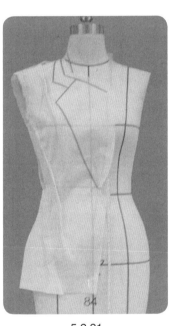

5.2.21

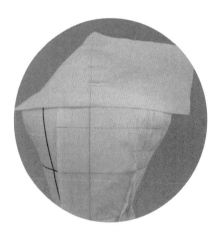

5.2.22

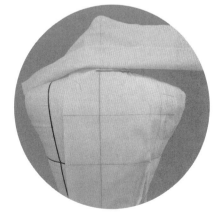

5.2.23

5.2.24

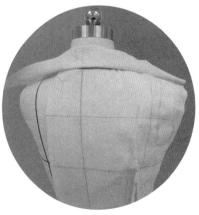

5.2.25

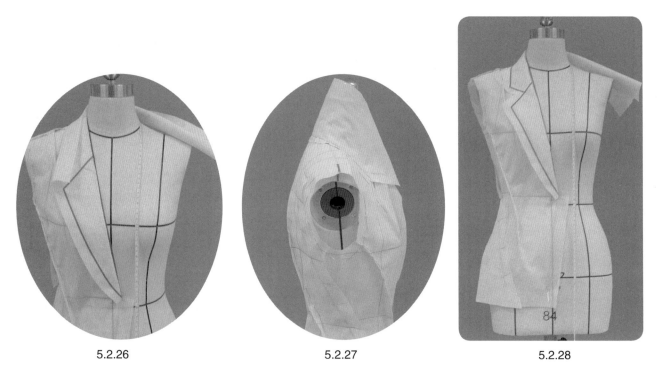

5.2.26　　　　　　　　　　　　5.2.27　　　　　　　　　　　　5.2.28

　　5.2.19 ~ 5.2.28　驳折领造型。驳折领为部分的衣身翻折组合连翻领领片的领型。前半部分为完成衣身翻折部分和领口线，后半部分为连翻领领片的操作。连翻领领片的操作要点为"三翻"的方法，可采用适当拔开领下口弧线的方法以满足领片翻折的伏贴性要求。

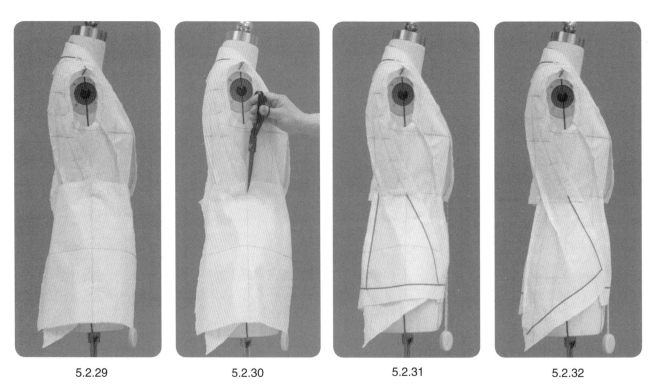

5.2.29　　　　　　　5.2.30　　　　　　　5.2.31　　　　　　　5.2.32

　　5.2.29 ~ 5.2.32　侧片内层饰片的操作。

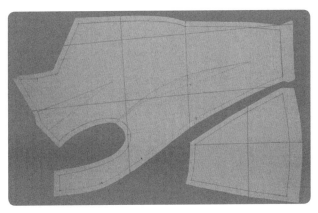

5.2.33(1)

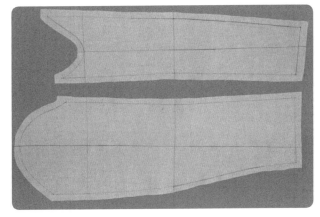

5.2.34

5.2.34 基于袖窿弧线,平面配置袖长 57 cm、袖肥32 cm、袖口 22 cm、袖山缝缩量为 2 cm的两片弯身袖。

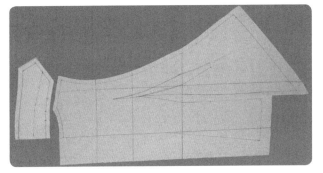

5.2.33(2)

5.2.33 进行标点描线、平面整理。

5.2.35

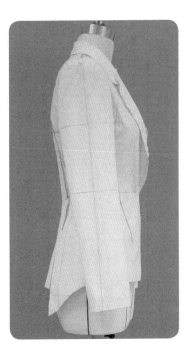

5.2.36

5.2.37

5.2.35 ~ 5.2.37 进行试样补正。完成整体造型。

5.3 斜向分割衣身/袋盖/衣领相连设计

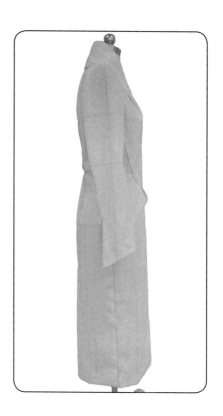

● **造型要点**

基于领口省的连片折叠形成连身立领结构，基于袖窿斜向连腰开口省道和后移的前、后衣片分割线连片折叠形成大袋盖造型，斜向袖口线与斜向袋盖线的配合，以及平肩的夸张肩部造型，形成了巧妙运用结构线进行造型设计的典范作品。胸围松量 10 cm、腰围松量 10 cm、臀围松量 10 cm、袖长 62 cm、袖肥 33 cm、袖口 24 cm。

● 操作步骤

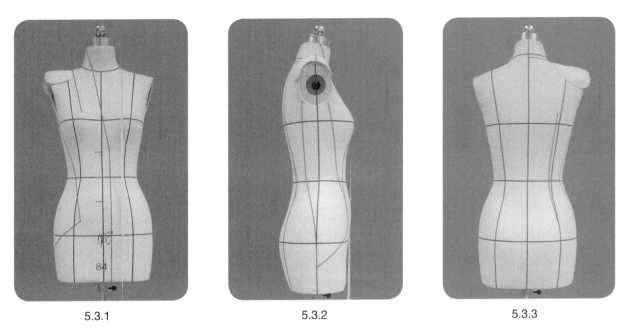

5.3.1	5.3.2	5.3.3

5.3.1 ~ 5.3.3　贴置款式造型线。垫肩厚度为1.5 cm。装置垫肩以增大肩宽，塑造平肩夸张肩部造型。

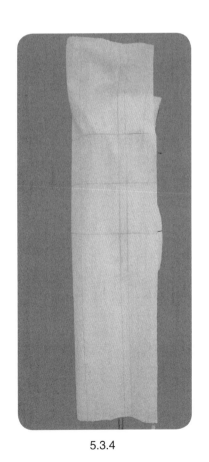
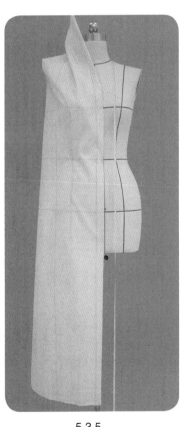
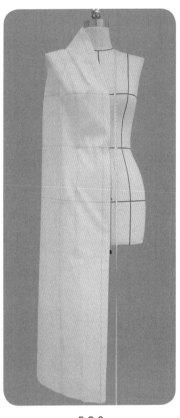

5.3.4	5.3.5	5.3.6

5.3.4　把前片用布固定于人台上，布纹线与人台上相应标示线对齐。

5.3.5、5.3.6　前片操作总体上按从领口开始的逆时针次序进行。先设置对应SNP位置的肩省来处理前片胸围线以上的曲面量，且将挂面内翻，形成连挂面的连身立领造型，注意调整立领的恰当宽度。

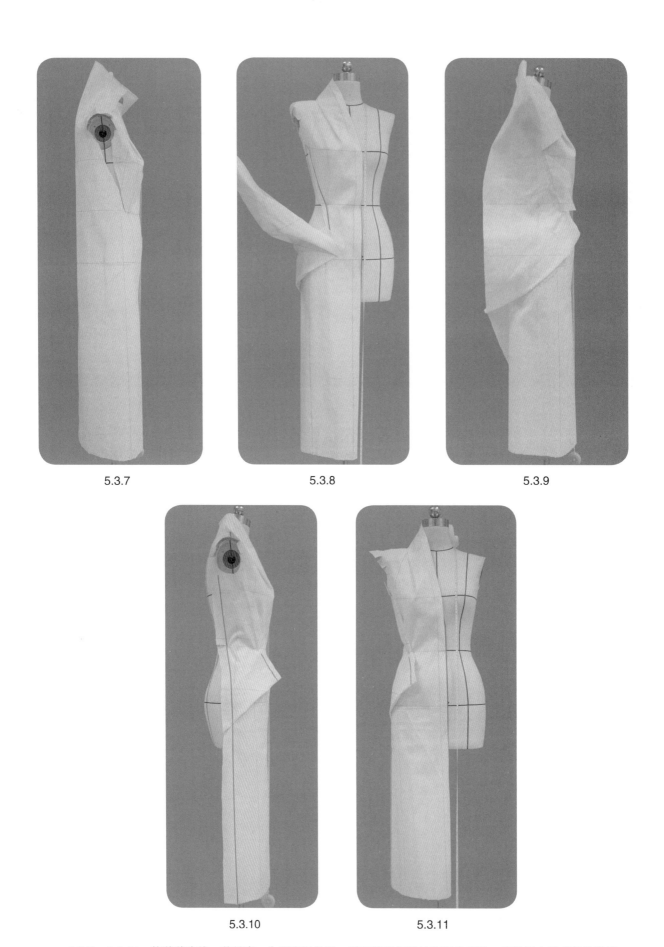

5.3.7

5.3.8

5.3.9

5.3.10

5.3.11

　　5.3.7～5.3.11　修剪前肩线、前袖窿，余留胸围松量，固定袖窿起始的连腰省省边；折叠用布形成袋盖造型；用平叠针法别合袖窿起始的连腰省；逐段修剪侧缝线。初步完成前片的操作。

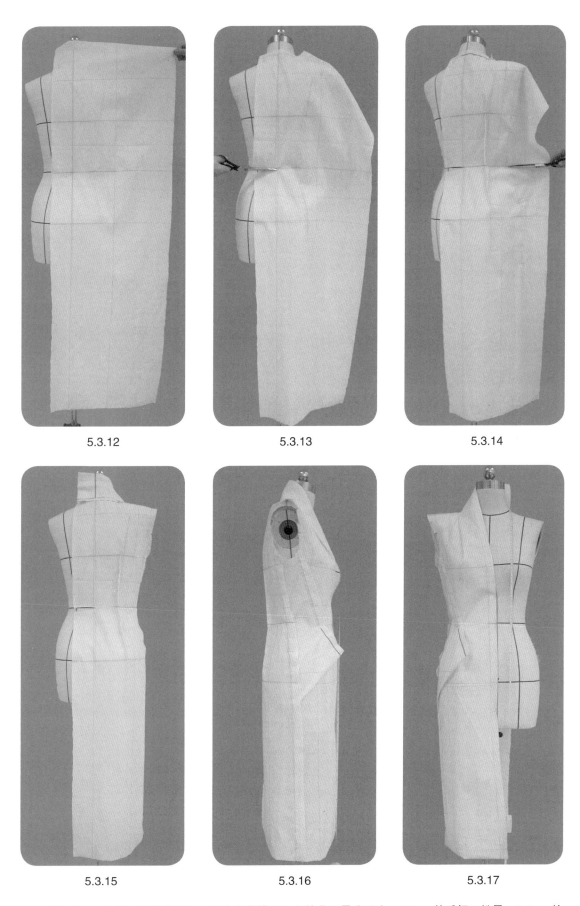

5.3.12

5.3.13

5.3.14

5.3.15

5.3.16

5.3.17

5.3.12 ~ 5.3.17　后片的操作。后片肩背横线以上的曲面量分配为：0.2 cm的后领口松量、0.2 cm的后领口缝缩量、0.7 cm的肩线缝缩量、适当的袖窿松量。将后片收腰量处理于后中心线和后连腰省。

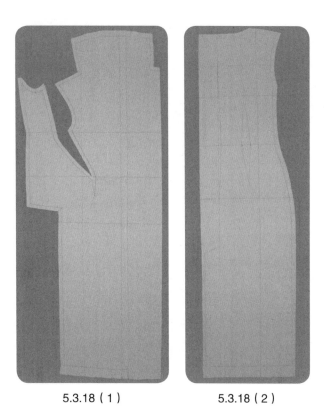

5.3.18（1）　　　　　　　　5.3.18（2）

5.3.18　进行标点描线，平面整理。

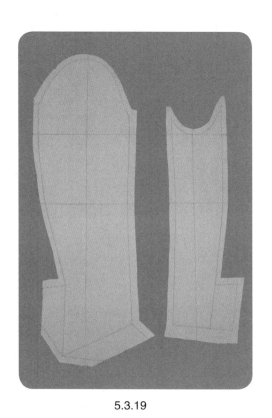

5.3.19

5.3.19　基于袖窿弧线，平面配置袖长62 cm、袖肥33 cm、袖口24 cm、袖山缝缩量为2.5 cm的两片弯身袖。注意袖口的喇叭造型。

5.3.20

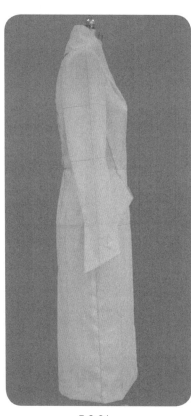

5.3.21

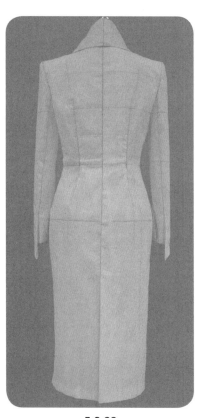

5.3.22

5.3.20 ~ 5.3.22　进行试样补正。完成整体造型。

5.4 U形分割圆装袖设计1

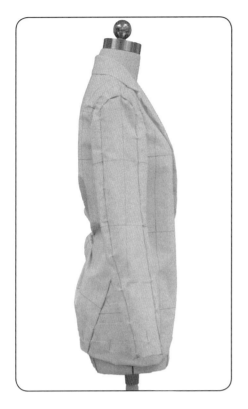

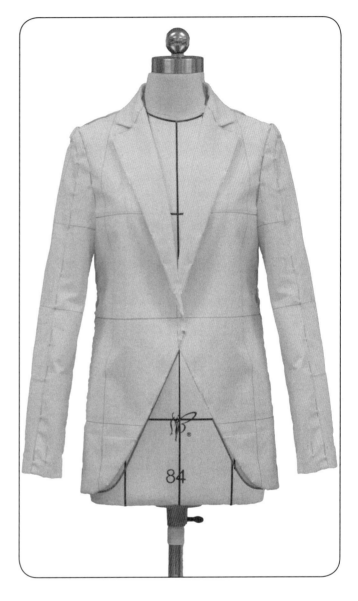

● **造型要点**

　　前片的无省道直身造型、后片中缝衣裾的收腰设计、后偏的侧缝分割线、衣袖的 U 形分割，配以驳折领样式的连翻领，塑造了蕴含女性气质的干练外套。胸围松量 8 cm、腰围松量 14 cm、臀围松量 8 cm，袖长 57 cm、袖肥 32 cm、袖口 22 cm。

● 操作步骤

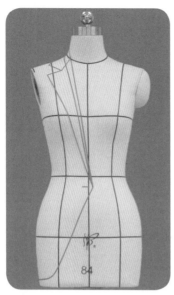

5.4.1

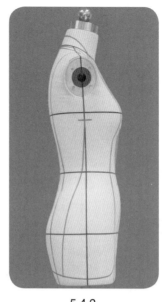

5.4.2

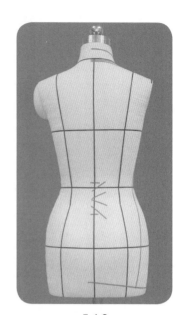

5.4.3

5.4.1~5.4.3　贴置款式造型线。

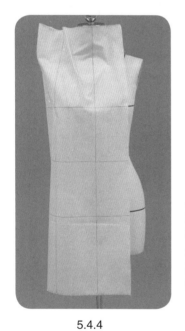

5.4.4

5.4.4~5.4.6　前片的操作。前片以对应SNP点的领口省处理胸围线以上的曲面量，再依次按领口、肩线、袖窿和侧缝分割线顺序修剪操作。

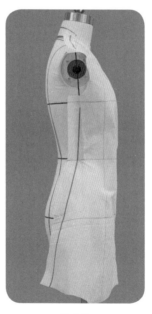

5.4.6

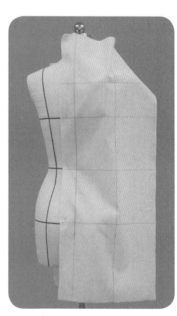

5.4.7

5.4.5

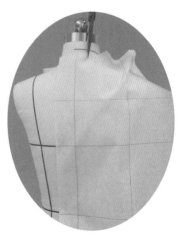

5.4.8

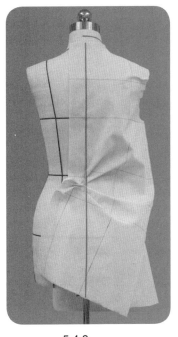

5.4.9

5.4.10

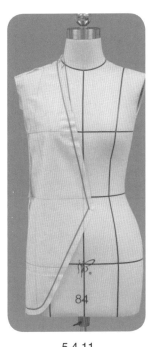

5.4.11

5.4.12

5.4.7~5.4.9 后片的操作。后片的肩背曲面量分配为：适当后领口松量、肩线缝缩量0.5 cm、适当袖窿松量及其缝缩量0.3 cm，其余量转移至后中心适当腰线处的衣褶。衣褶为单边衣褶，侧缝保持与前片对位、等长。

5.4.10 用大头针别出袖窿弧线造型。

5.4.11~5.4.13 贴置前领口造型线和下摆造型线，并完成修剪。注意在前领口弧线胸围线位置设置适当缝缩量来适当收紧领口。

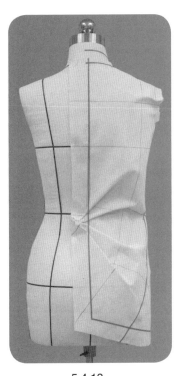

5.4.13

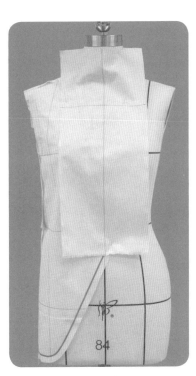

5.4.14

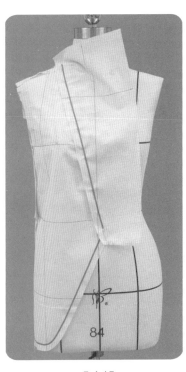

5.4.15

5.4.14 ~ 5.4.17 前翻领片的操作。此款领型看上去是驳折领，但实质上是连翻领。依次适当处理前片的胸围线以上的曲面量。

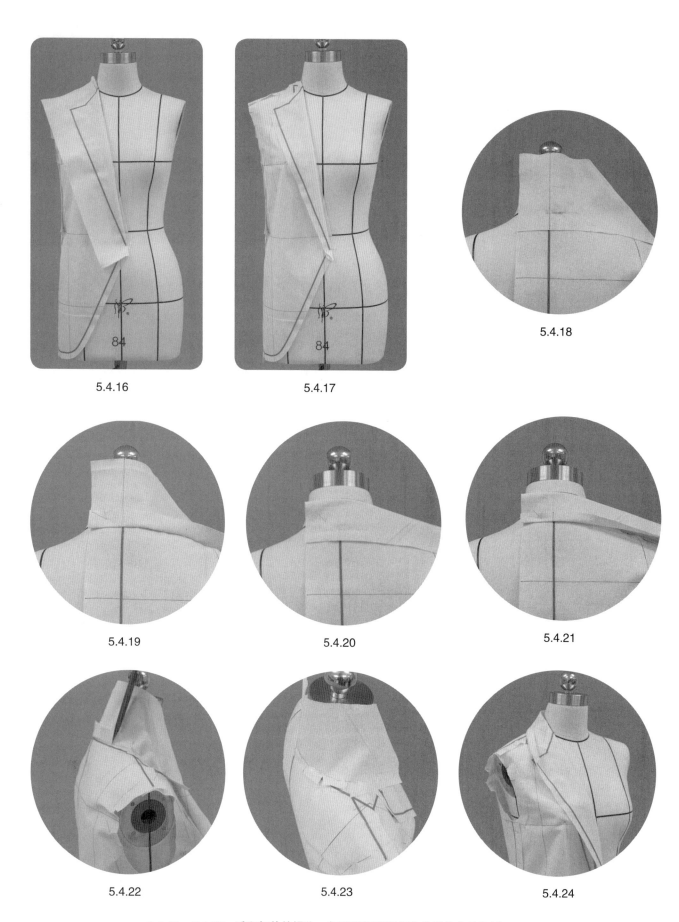

5.4.16

5.4.17

5.4.18

5.4.19

5.4.20

5.4.21

5.4.22

5.4.23

5.4.24

5.4.18 ~ 5.4.26　后翻领片的操作。与驳折领翻领部分的操作方法相同。

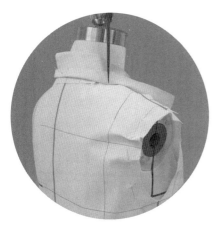

5.4.25

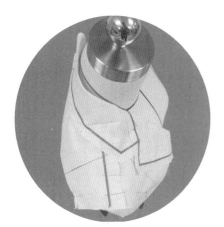

5.4.26

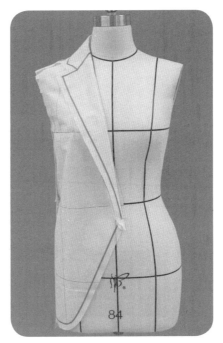

5.4.27

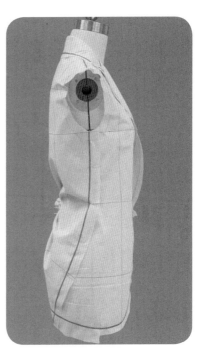

5.4.28

5.4.27 ~ 5.4.29　完成衣身和衣领的初步造型。

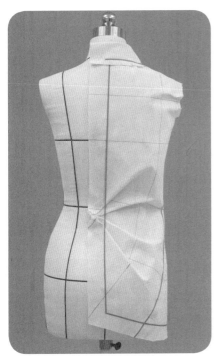

5.4.29

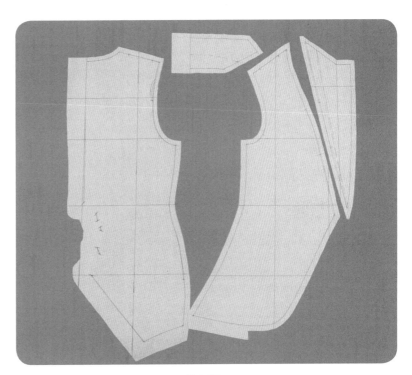

5.4.30

5.4.30　进行衣身和衣领片的标点描线和平面整理。

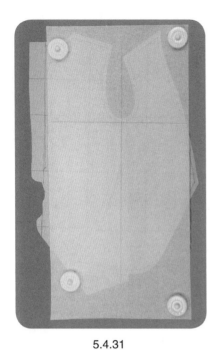

5.4.31

5.4.31 拓印袖窿弧线。

5.4.32

5.4.32 依据袖窿弧线，平面配置袖长57 cm、袖肥32 cm、袖口22 cm、袖山缝缩量为2 cm的一片式衣袖。

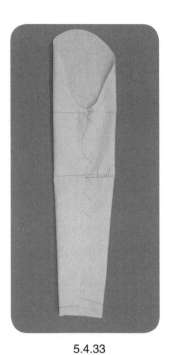

5.4.33

5.4.33 拓印衣袖布样，并完成省道和袖底缝的大头针别合。

5.4.34～5.4.39 别合衣袖与衣身袖窿。先别合袖窿底部分，别合袖山定点与肩点，然后分配前/后袖山弧线缝缩量，逐渐完成袖山别合。

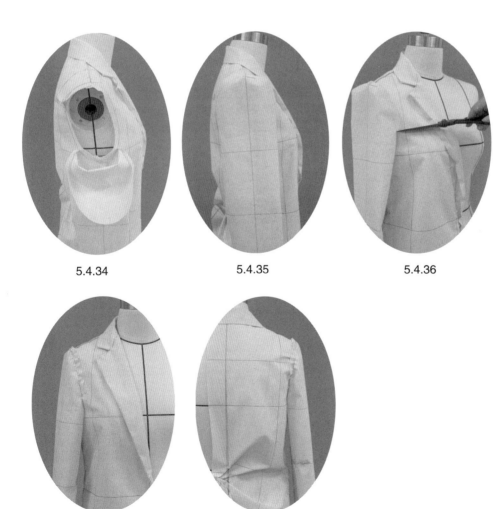

5.4.34

5.4.35

5.4.36

5.4.37

5.4.38

5.4.39

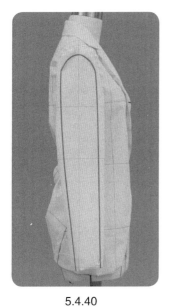

5.4.40

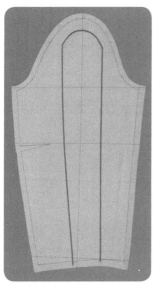

5.4.41

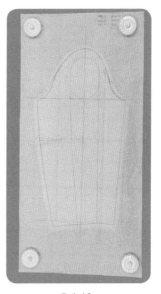

5.4.42

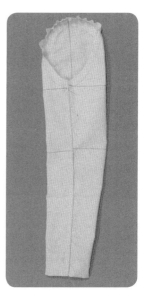

5.4.43

5.4.40　贴置袖身U形
分割线。

5.4.41～5.4.43　完成衣袖的平面整理，袖身分割，袖肘省的合并，袖片拓印。
完成用大头针别合U形分割袖片以及袖山缝缩量的抽缩。

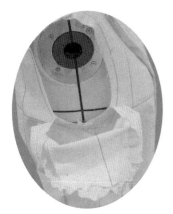

5.4.44

5.4.46

5.4.47

5.4.48

5.4.46～5.4.48　进行整体试样补正，完成造型。

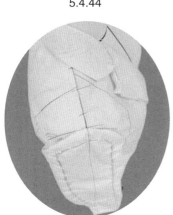

5.4.45

5.4.44、5.4.45　用大头针
别合衣袖。

5.5　U形分割圆装袖设计2

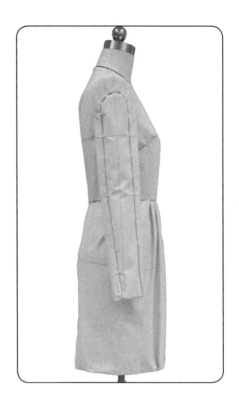

● **造型要点**

　　裙身为前后相连的一片式结构；以衣褶处理来塑造裙身造型；上身简洁、合体，凸出了衣袖的设计重点；袖身有U形分割，袖山设置有衣褶；整件服装协调统一，美感十足。胸围松量6 cm、腰围松量6 cm、臀围松量4 cm，袖长57 cm、袖肥32 cm、袖口22 cm。

● 操作步骤

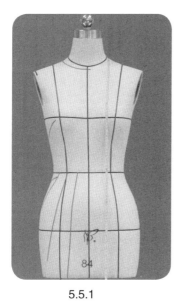 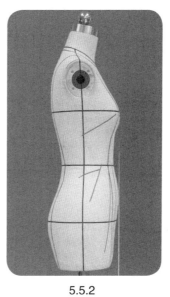 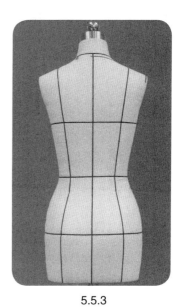

| 5.5.1 | 5.5.2 | 5.5.3 |

5.5.1 ~ 5.5.3　贴置款式造型线。

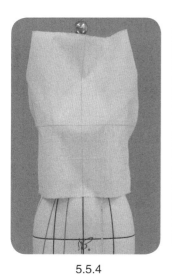  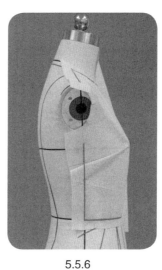 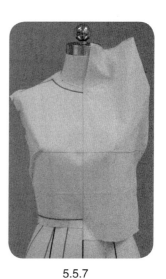

| 5.5.4 | 5.5.5 | 5.5.6 | 5.5.7 |

5.5.4 ~ 5.5.7　上衣前片的操作。前片以侧缝省处理胸围线以上的曲面量和收腰量。

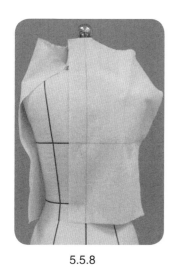  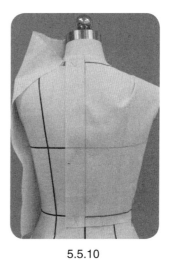 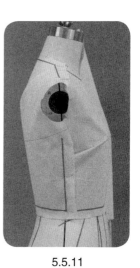

| 5.5.8 | 5.5.9 | 5.5.10 | 5.5.11 |

5.5.8 ~ 5.5.11　上衣后片的操作。后片肩线处设置衣裥处理肩背曲面量以及吸腰量。

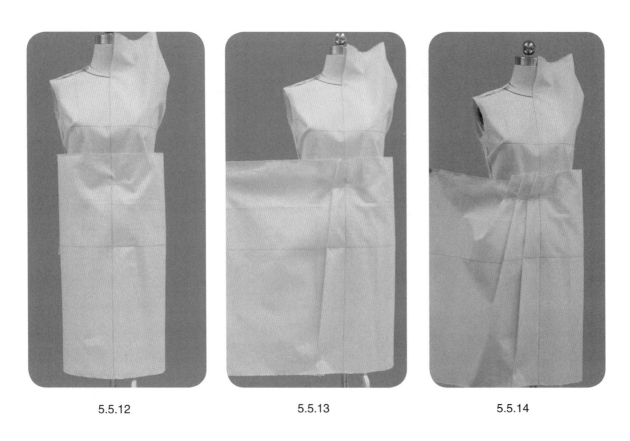

5.5.12   5.5.13   5.5.14

　　5.5.12～5.5.21　裙片的操作。裙片为前后相连的一片式结构。以衣褶来处理臀腰差和塑造下摆收小的造型。要注意衣褶的方向变化、位置以及衣褶量的设计。后中心线臀围线以上位置适当设置缝缩量来满足造型的要求。

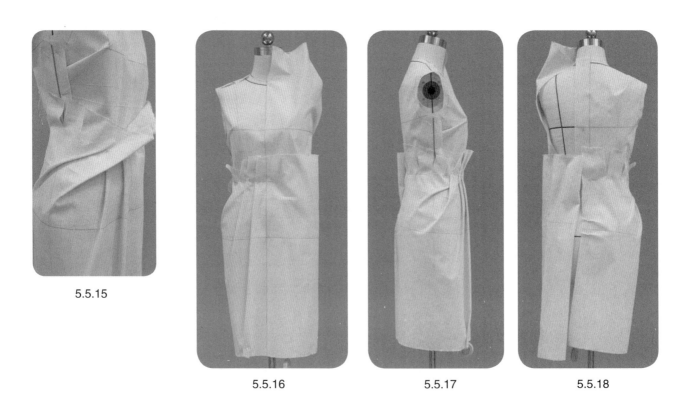

5.5.15

5.5.16   5.5.17   5.5.18

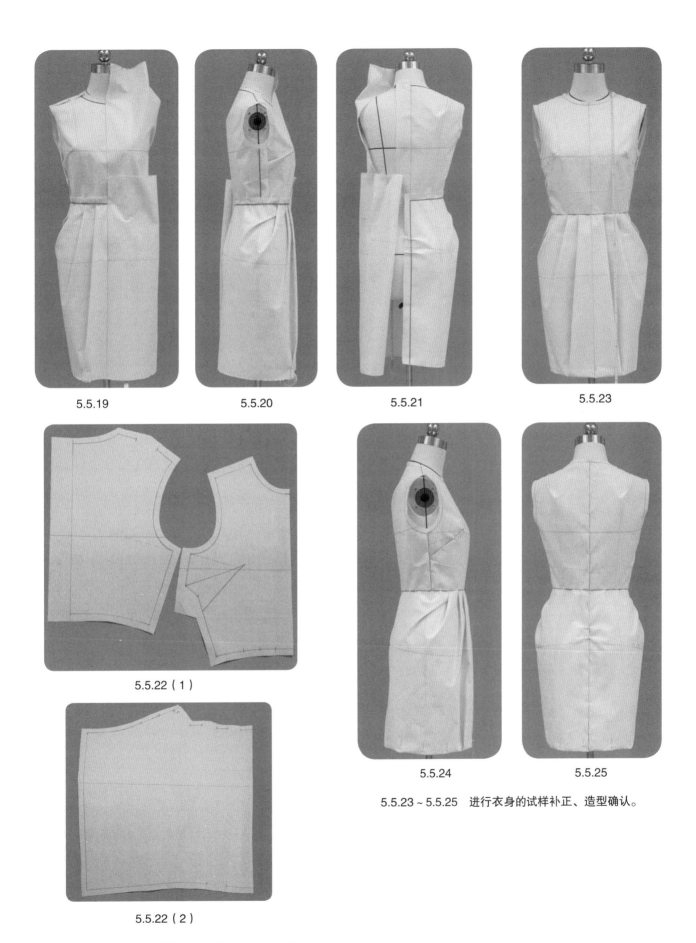

5.5.19

5.5.20

5.5.21

5.5.23

5.5.22（1）

5.5.22（2）

5.5.24

5.5.25

5.5.23～5.5.25　进行衣身的试样补正、造型确认。

　　5.5.22　进行标点描线、平面整理，拓印对称
衣片。完成拓印袖窿弧线，待用。

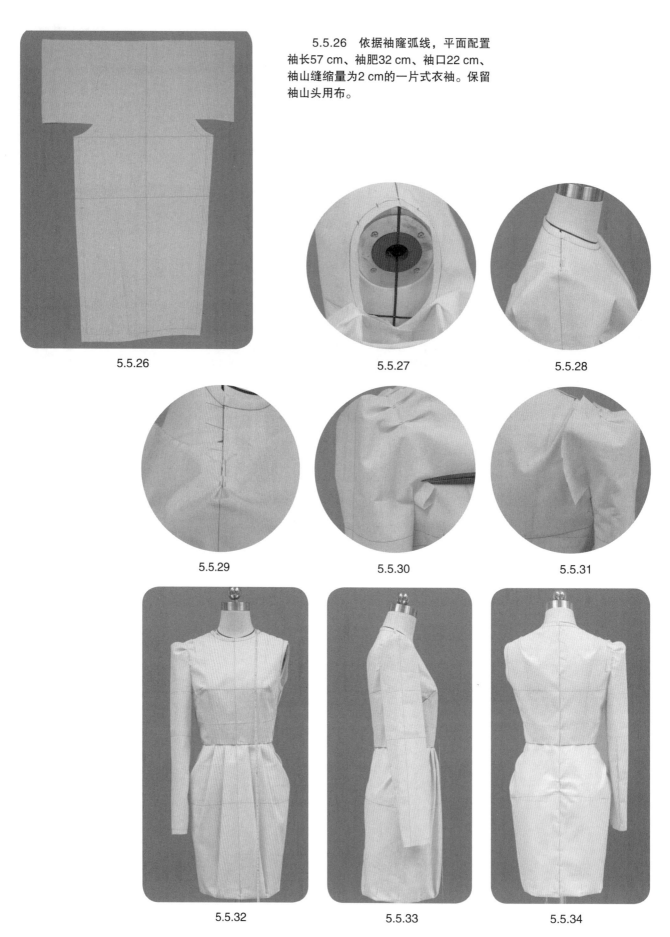

5.5.26 依据袖窿弧线，平面配置袖长57 cm、袖肥32 cm、袖口22 cm、袖山缝缩量为2 cm的一片式衣袖。保留袖山头用布。

5.5.26

5.5.27

5.5.28

5.5.29

5.5.30

5.5.31

5.5.32

5.5.33

5.5.34

5.5.27～5.5.34 调整与设置袖山衣裥，完成袖山造型。

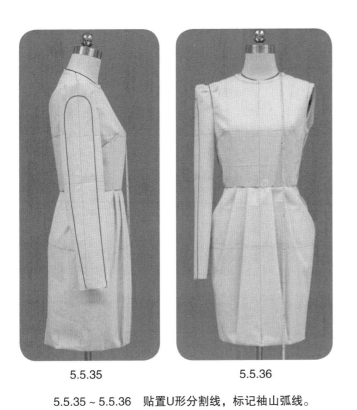

5.5.35   5.5.36

5.5.35 ~ 5.5.36　贴置U形分割线，标记袖山弧线。

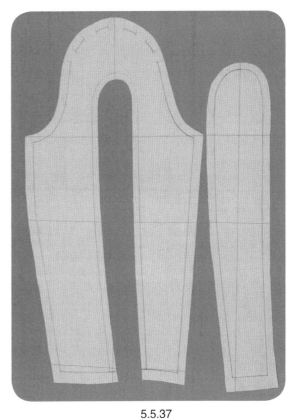

5.5.37

5.5.37　进行衣袖片的平面整理。

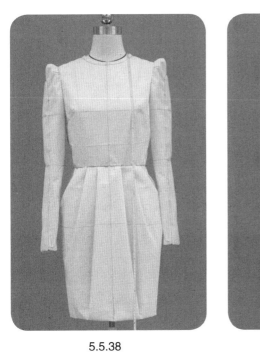

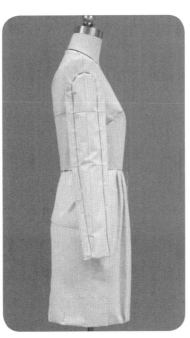

5.5.38   5.5.39   5.5.40

5.5.38 ~ 5.5.40　进行整体试样补正，完成造型。

5.6　螺旋分割圆装袖设计

● **造型要点**

　　看似基本款式的衬衫，但却是难度极高的螺旋造型设计。衣袖的螺旋造型由两片相绕而成：一片为相连后育克的前衣片延伸螺旋缠绕而下，另一片为插角前衣片的饰片，组合袖克夫收口。衣领为分领脚的翻领造型。胸围松量 10 cm，下摆松量 8 cm，腰围少量收腰，袖肥 31 cm，袖克夫宽度为7 cm、围度为 19 cm。

● 操作步骤

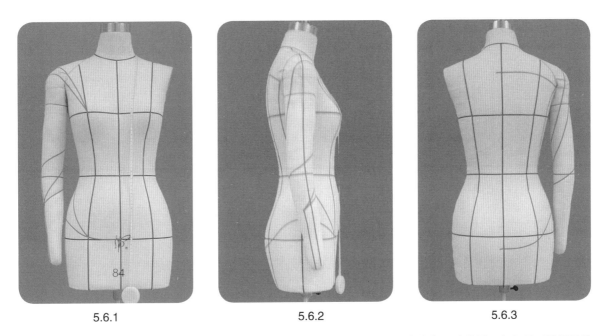

5.6.1   5.6.2   5.6.3

5.6.1～5.6.3　贴置款式造型线。袖片与衣片相连，为连袖结构。需要先将布手臂装置于人台后，再根据款式造型贴置造型线。其结构比较复杂，需要认真理清结构关系。

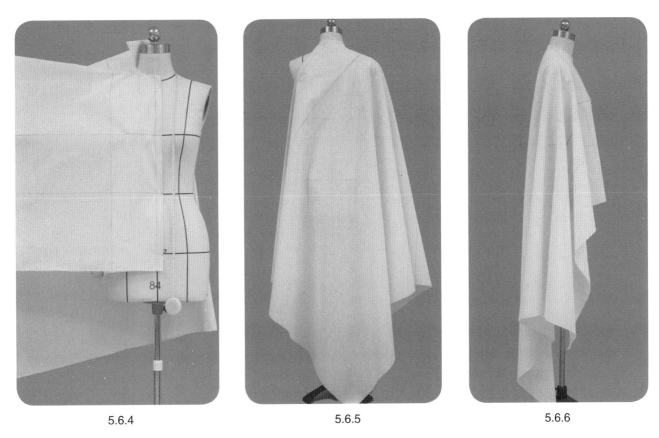

5.6.4   5.6.5   5.6.6

5.6.4～5.6.6　在前中心向内翻折适量用布，形成连门襟，保持前中心、胸围、腰围布纹线的横平竖直与人台上相应标示线对齐，并固定用布于人台上，然后从领口线处开始修剪操作。

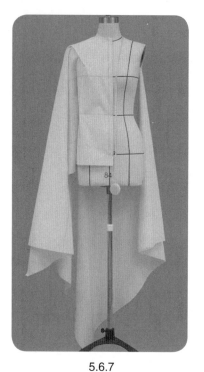

5.6.7

5.6.8

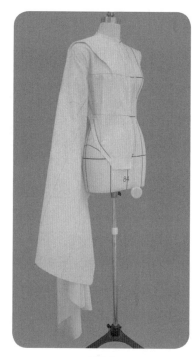

5.6.9

5.6.7 前衣片肩头处抓别省道来处理前胸处曲面量。

5.6.8 余留缝份后，沿育克造型线剪开用布至后袖窿。

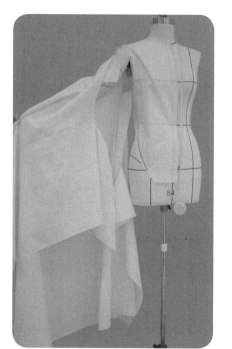

5.6.10

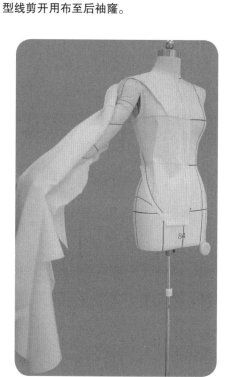

5.6.11

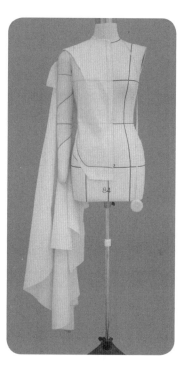

5.6.12

5.6.9、5.6.10 整理用布，确定前袖窿弧线位置，用大头针标示造型，余留缝份后，沿侧缝造型线和袖窿造型线剪开用布。注意后袖窿肩端段的用布为相连状态。

5.6.11、5.6.12 适当标点描线。取下用布，连点成线，绘制袖窿弧线，以便后续的衣袖准确操作。

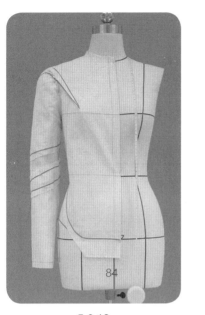
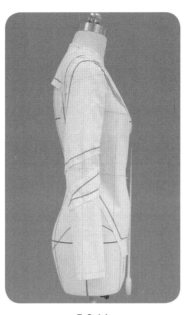
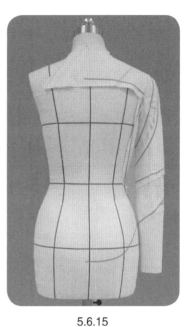

| 5.6.13 | 5.6.14 | 5.6.15 |

5.6.13 ~ 5.6.15　为了控制螺旋片的围度松量，需要配置辅助用一片袖衣袖。依据袖窿弧线，平面配置袖长55 cm、袖肥31 cm、袖口20 cm、袖山缝缩量为1 cm的一片袖，并将其装置于衣身袖窿。完成前片连片的衣袖螺旋部分操作。

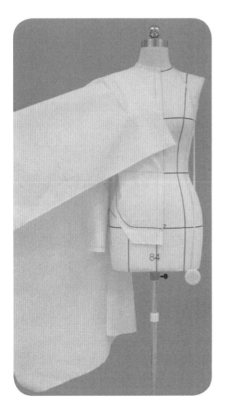
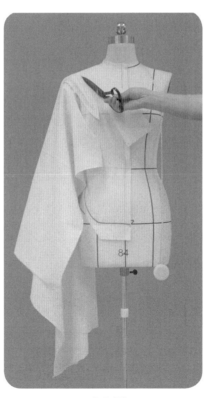
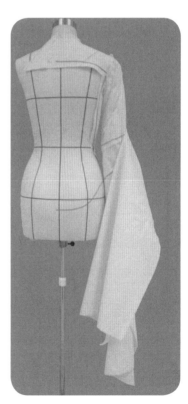

| 5.6.16 | 5.6.17 | 5.6.18 |

5.6.16 ~ 5.6.23　于前片肩省位置插片，拟合螺旋分割线，修剪操作另一螺旋片。在袖肘以下部分设置适当的喇叭量，形成袖口的放大。

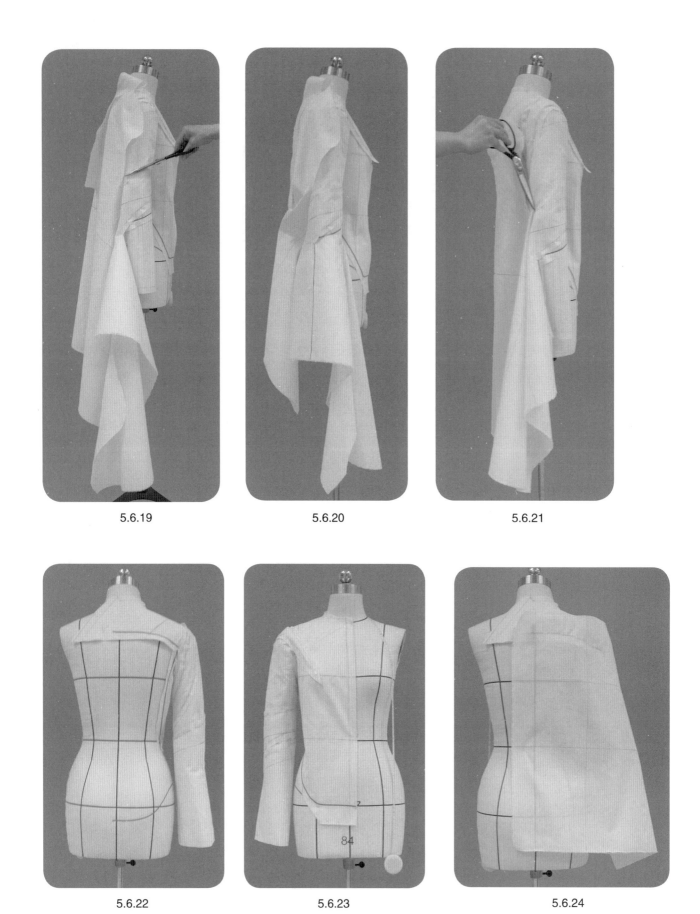

5.6.19

5.6.20

5.6.21

5.6.22

5.6.23

5.6.24

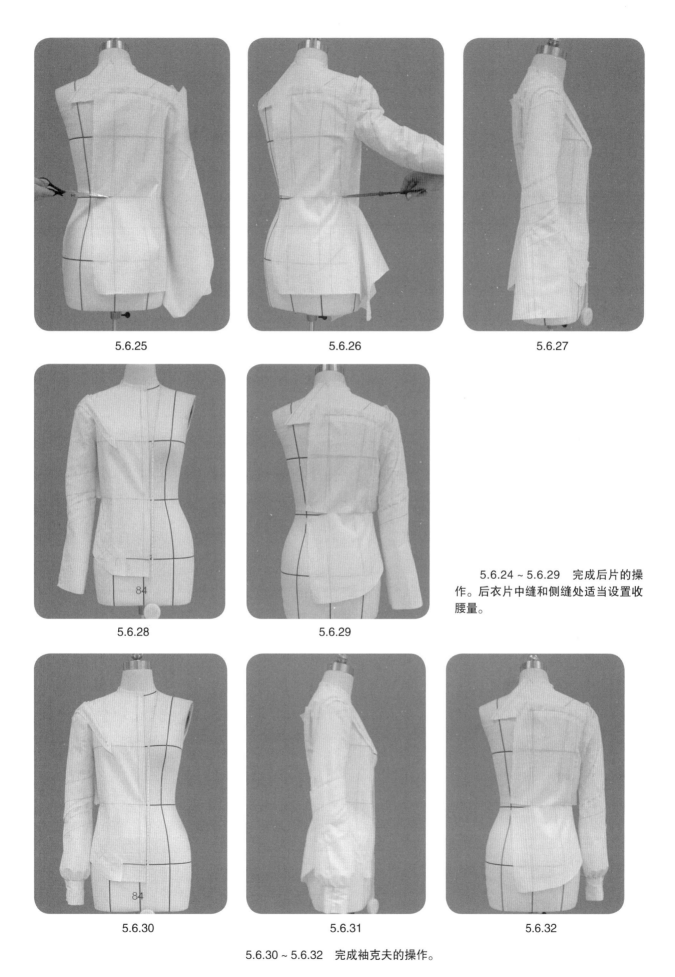

5.6.25

5.6.26

5.6.27

5.6.28

5.6.29

5.6.24 ~ 5.6.29　完成后片的操作。后衣片中缝和侧缝处适当设置收腰量。

5.6.30

5.6.31

5.6.32

5.6.30 ~ 5.6.32　完成袖克夫的操作。

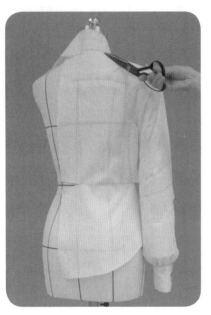
5.6.33

5.6.34

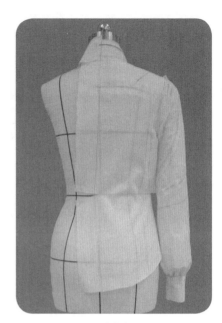
5.6.35

5.6.33 ~ 5.6.35　进行立领部分的操作。

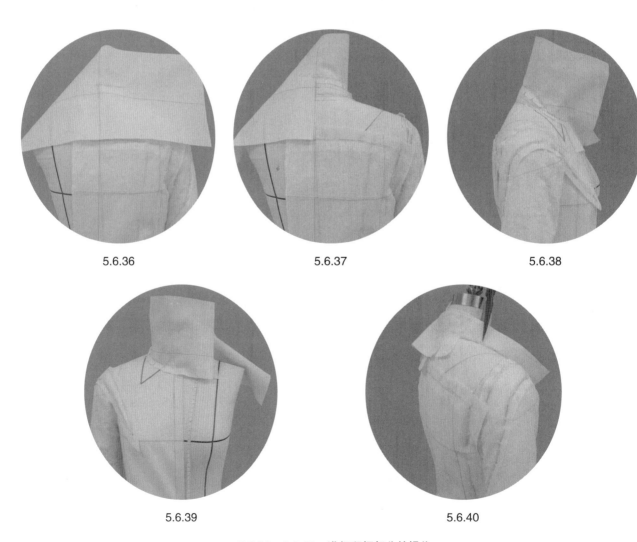

5.6.36

5.6.37

5.6.38

5.6.39

5.6.40

5.6.36 ~ 5.6.42　进行翻领部分的操作。

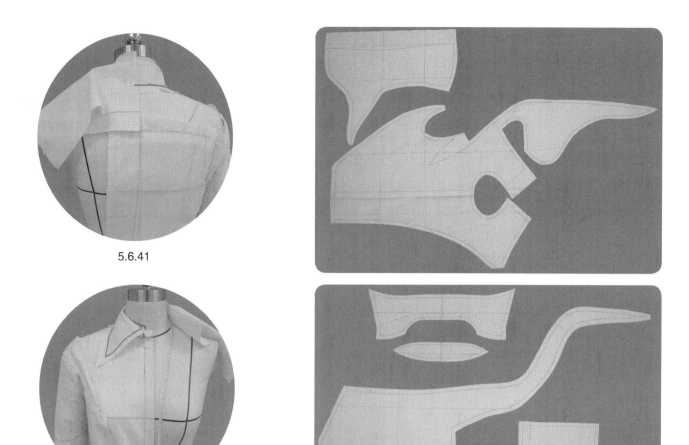

5.6.41

5.6.42

5.6.43

5.6.43　进行标点描线、修剪缝份、平面整理。注意对位点的标注。

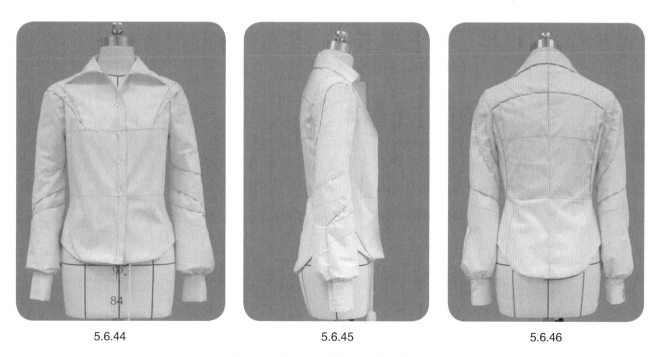

5.6.44

5.6.45

5.6.46

5.6.44～5.6.46　进行试样补正。完成整体造型。

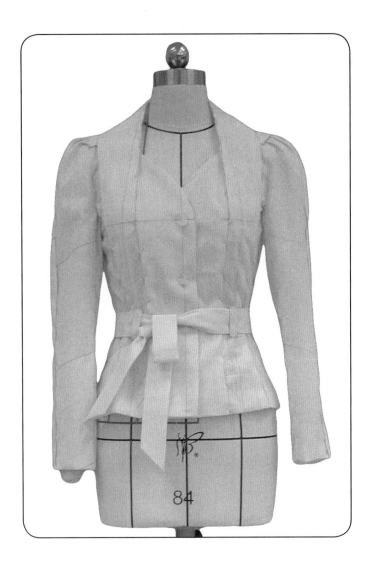

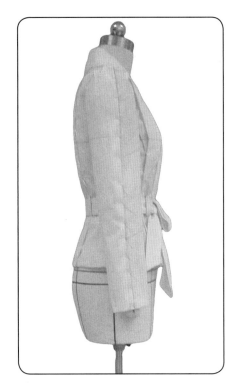

● **造型要点**

John Galliano 为 Dior 品牌设计的经典外套作品。连身袖是 Dior 女装的典型袖型。本作品的连身袖为前袖片与衣身相连，后袖片为装袖的结构。利用纵向分割线形成的有空间层次的连身领也是经典的设计重点。胸围松量 8 cm、腰围松量 8 cm、下摆松量 8 cm，袖长 56 cm、袖肥 33 cm、袖口 22 cm。

● 操作步骤

 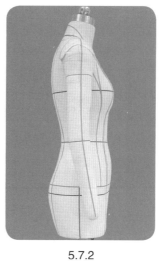 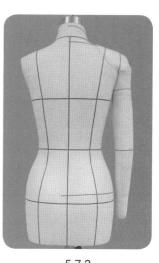

| 5.7.1 | 5.7.2 | 5.7.3 |

5.7.1 ~ 5.7.3　贴置款式造型线。

 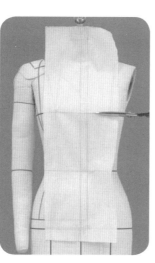 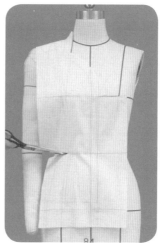 

| 5.7.4 | 5.7.5 | 5.7.6 | 5.7.7 |

5.7.4 ~ 5.7.7　前中A片的操作。以公主分割线处理胸围线以上的曲面量和收腰量。

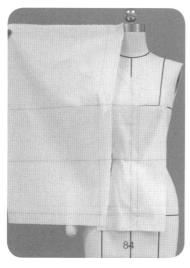  

| 5.7.8 | 5.7.9 | 5.7.10 |

5.7.8 ~ 5.7.10　前侧D片连前袖片的操作。此片为部分衣身和衣袖相连的连身袖结构，衣身部分为前侧片的部分结构，肩头有衣裥造型。侧分割线的起点位置要定位准确。

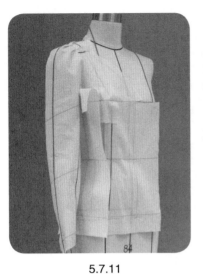

|5.7.11|5.7.12|5.7.13|

5.7.11 ~ 5.7.13　前侧C片的操作。保持侧片纵向中心布纹线的竖直。松量均衡是操作的重点。

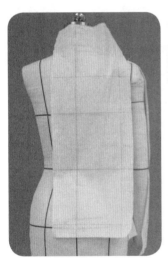
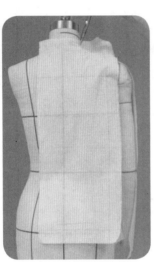

|5.7.14|5.7.15|5.7.16|5.7.17|

　　5.7.14 ~ 5.7.17　后中G片的操作。后片为后中缝和肩缝公主线结构；设置公主分割线处理肩背部以上的曲面量；将收腰量分配于后中缝、公主分割线和侧缝。

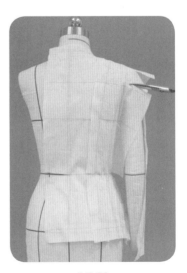

|5.7.18|5.7.19|5.7.20|

　　5.7.18 ~ 5.7.20　后侧F片的操作。保持侧片纵向中心布纹线的竖直，自上而下分段操作公主分割线、袖窿和侧缝。

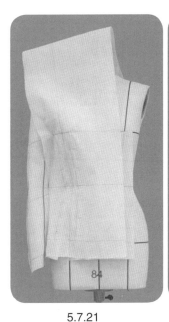

5.7.21

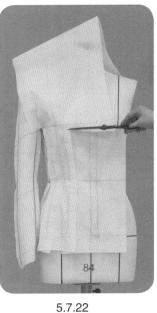

5.7.22

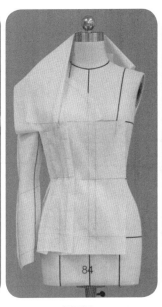

5.7.23

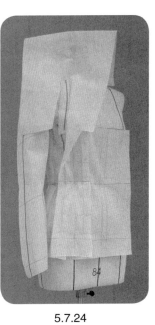

5.7.24

5.7.25

5.7.26

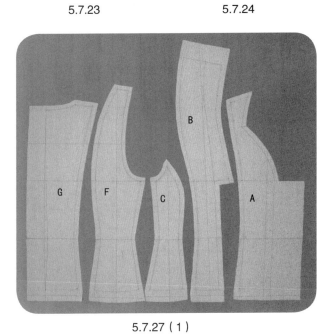

5.7.27（1）

5.7.21 ~ 5.7.26　前侧连领片B片的操作。先完成胸围线以下两侧分割线的操作。靠中心一侧分割线胸围线处剪刀口并翻转用布，与前中A片上段以及后片领口拼合，形成连身领结构。靠侧面的分割线上段形成活口，为连身翻领的外领口线。

5.7.27　标点描线，整理样片。

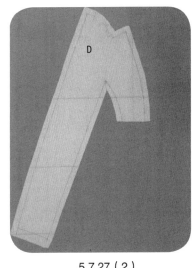

5.7.27（2）

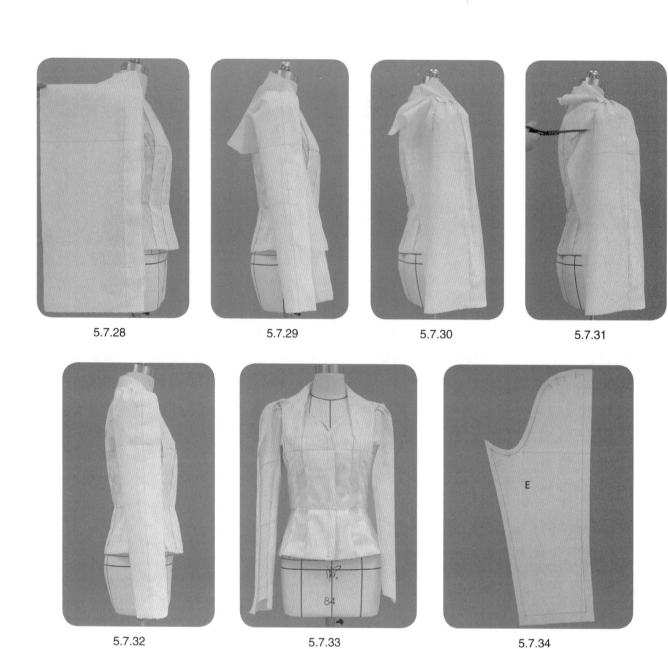

5.7.28   5.7.29   5.7.30   5.7.31

5.7.32   5.7.33   5.7.34

5.7.28 ~ 5.7.34　后袖片E片的操作。基于整理完成的准确袖窿弧线，立裁配制后袖片。

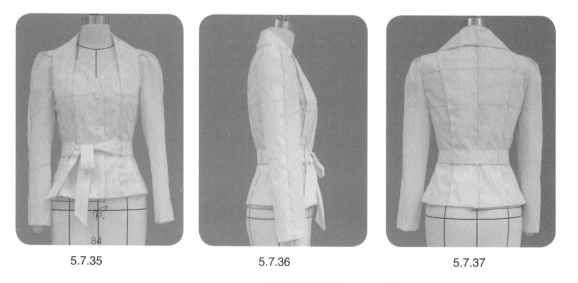

5.7.35   5.7.36   5.7.37

5.7.35 ~ 5.7.37　进行整体试样补正，完成造型。

5.8 衣领与衣身相连/前插肩后圆装衣袖设计

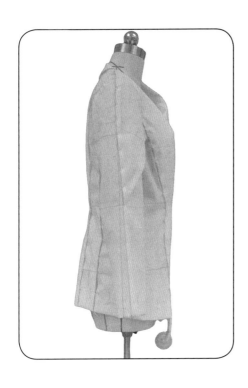

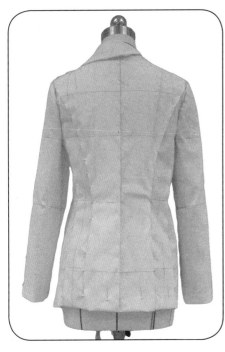

● **造型要点**

典型的衣裥变化插肩袖设计，组合不对称的衣身、衣领造型，为 Vivienne Westwood 的代表设计作品。胸围松量 10 cm、腰围松量 8 cm、下摆松量 6 cm，袖长 56 cm、袖口 22 cm。

● 操作步骤

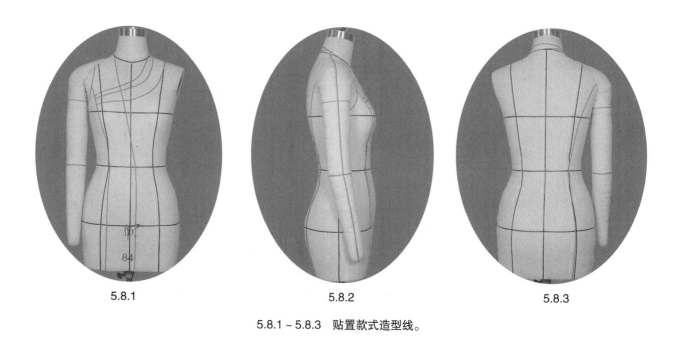

| 5.8.1 | 5.8.2 | 5.8.3 |

5.8.1 ~ 5.8.3　贴置款式造型线。

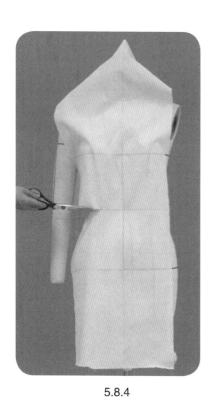 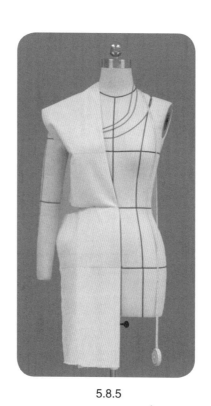 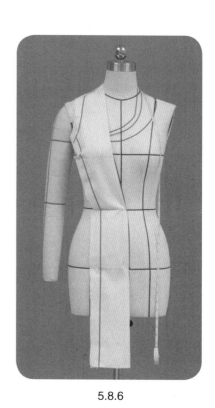

| 5.8.4 | 5.8.5 | 5.8.6 |

　　5.8.4 ~ 5.8.6　左前中A片的操作。在前中腰线位置剪刀口，然后向内翻折，形成连口的领口门襟结构。完成肩线和分割线的修剪。

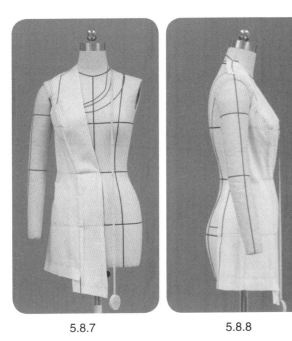

5.8.7   5.8.8

5.8.7、5.8.8　左前侧B片的操作。此片侧缝后移，为三面构成结构。保持纵向中心布纹线的竖直是侧片操作的重点。

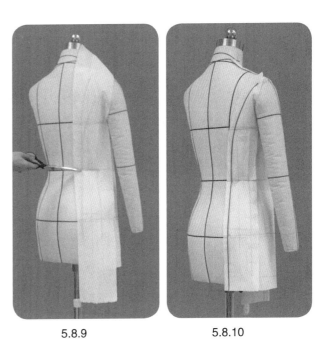

5.8.9   5.8.10

5.8.9、5.8.10　后侧C片的操作。保持纵向中心布纹线的竖直，从上至下分段操作修剪两边的分割线。

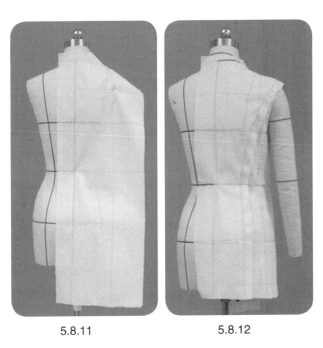

5.8.11   5.8.12

5.8.11、5.8.12　后中D片的操作。肩背部的曲面量处理为适量的领口松量、袖窿松量以及领口缝缩、肩线缝缩以及袖窿上段缝缩。将收腰量分配于后中心线以及公主分割线。

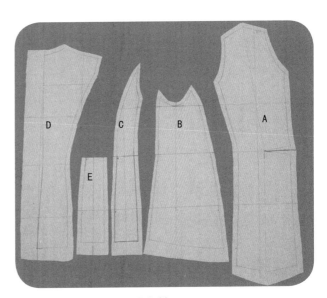

5.8.13

5.8.13　进行左侧样片的标点描线、平面整理，并完成右后中F片和右后侧G片的对称拓印。E片为C片腰围线分割下面部分拓印片。

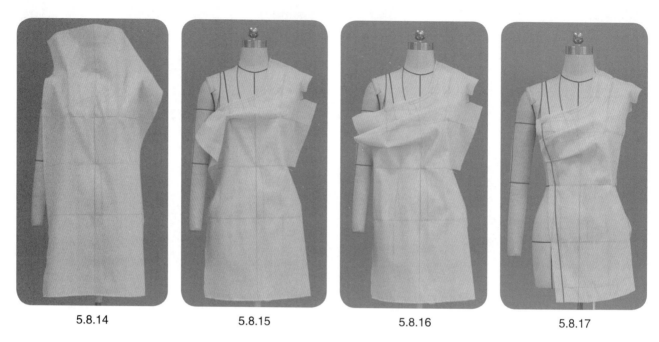

| 5.8.14 | 5.8.15 | 5.8.16 | 5.8.17 |

5.8.14 ~ 5.8.17　右前中H片的操作。将胸部曲面量以及领口的松量转移至门襟处的两个衣裥处理。

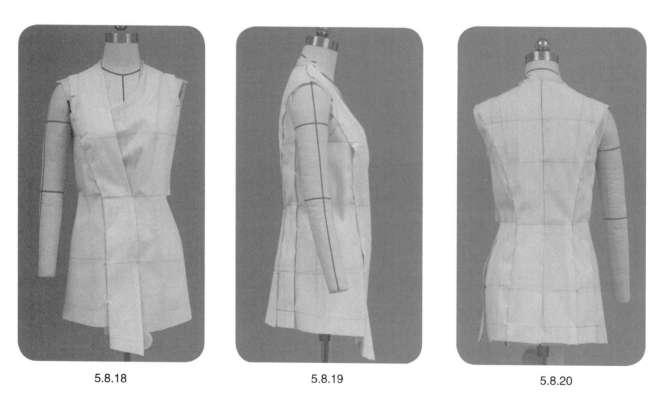

| 5.8.18 | 5.8.19 | 5.8.20 |

5.8.18 ~ 5.8.22　别合完成平面整理后的样片，进行试样补正。完成右侧片I片的配制操作。

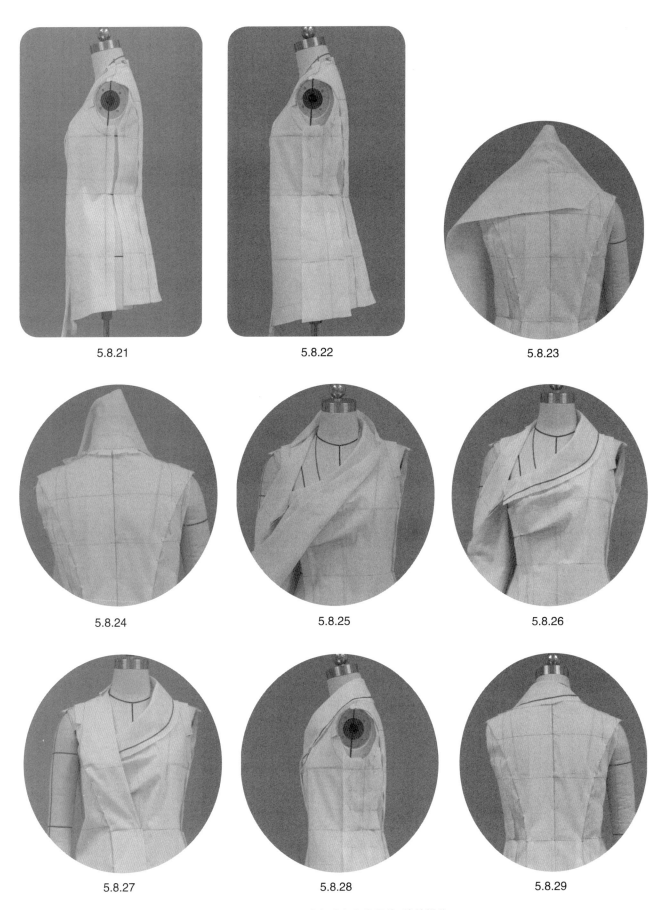

5.8.21

5.8.22

5.8.23

5.8.24

5.8.25

5.8.26

5.8.27

5.8.28

5.8.29

5.8.23 ~ 5.8.29　不对称形式连翻领片J片的操作。

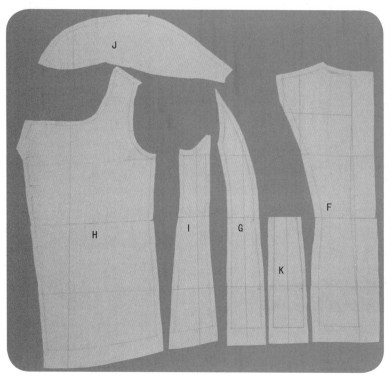

5.8.30

5.8.31

5.8.30　进行标点描线，完成右侧衣身样片以及领片的平面整理。K片为G片腰围线分割下面部分的拓印片。

5.8.32

5.8.33

5.8.34

5.8.35

5.8.31 ~ 5.8.37　后衣袖L片和前衣袖M片的操作。在后衣袖片设置袖肘横省来实现弯袖身造型，在前衣袖片设置衣裥来形成有空间感的变化型插肩袖造型。

5.8.36

5.8.37

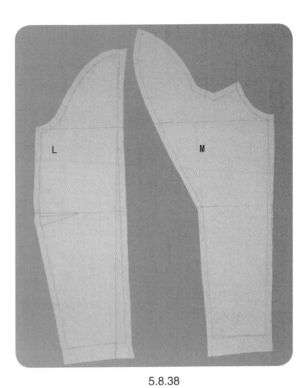

5.8.38

5.8.38　进行衣袖片的标点描线、平面整理，拓印对称片。

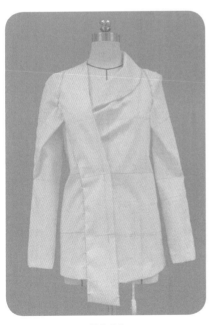

5.8.39

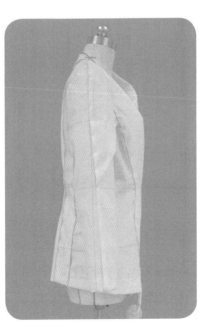

5.8.40

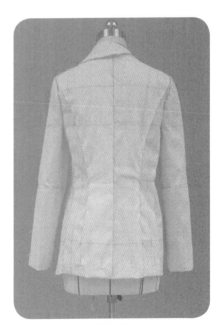

5.8.41

5.8.39 ~ 5.8.41　进行整体试样补正，完成造型。

5.9　斜向分割线/连身领/连身袖设计

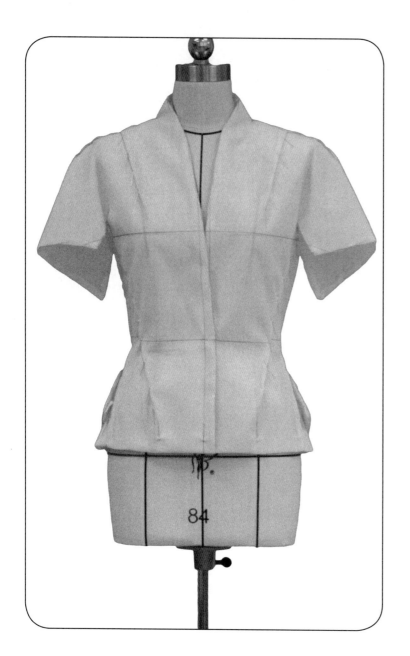

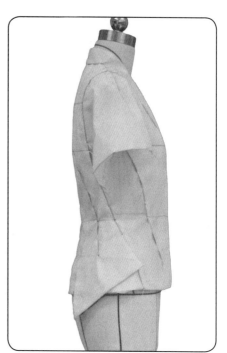

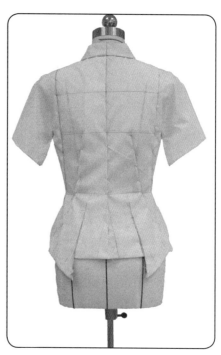

● **造型要点**

　　衣领、衣袖与衣身相连，衣袖的斜边袖口和后衣身的外层斜边，与衣身的斜向分割线和省道巧妙的相映设计，堪称经典。胸围松量 8 cm、腰围松量 8 cm、臀围松量 6 cm。

● 操作步骤

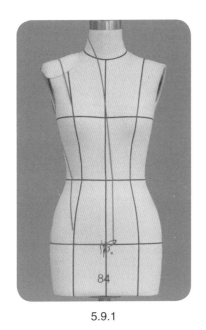
5.9.1

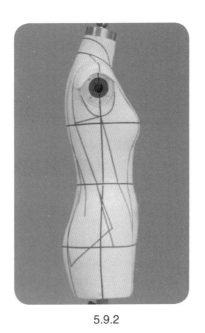
5.9.2

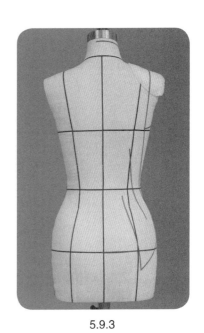
5.9.3

5.9.1 ~ 5.9.3　贴置款式造型线。

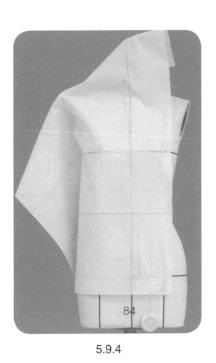
5.9.4

5.9.5

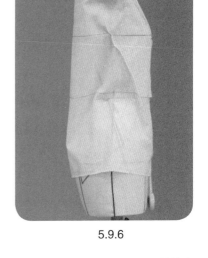
5.9.6

　　5.9.4　从前片开始操作，把前片用布的纵横布纹线与人台上相应标示线对齐，并固定用布于人台上。在上方和左外侧余留连身领和连身袖的用布量。

　　5.9.5 ~ 5.9.9　适当修剪前领口；设置肩省来处理前胸处曲面量；设置袖窿起始的腰省来处理胸腰差量；修剪后移的侧缝分割线，并沿横向分割线修剪刀口。

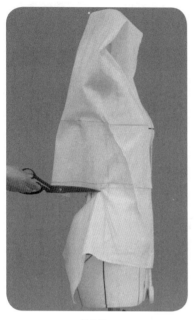

5.9.7

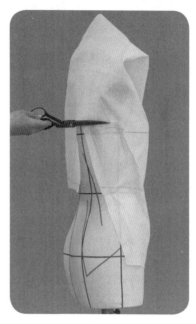

5.9.8

5.9.9

5.9.10

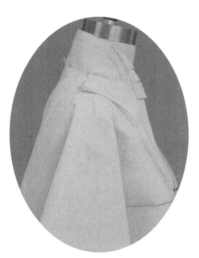

5.9.11

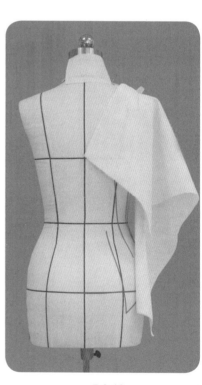

5.9.12

5.9.10 ~ 5.9.12　前连后断形式
的连身立领操作。注意外领口的剪刀
口的逐步修剪操作方法。后领口线至
肩线转折位置的SNP处需剪刀口，以
实现转折伏贴。修剪肩线至纵向分割
线处即止。

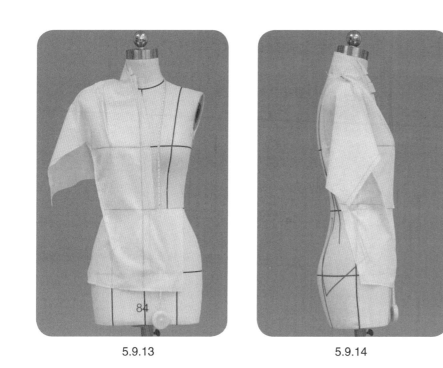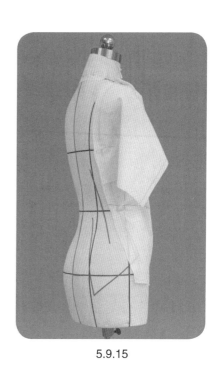

5.9.13 5.9.14 5.9.15

5.9.13～5.9.15　肩线处抓别省道；操作袖底缝处开放的连身袖造型。

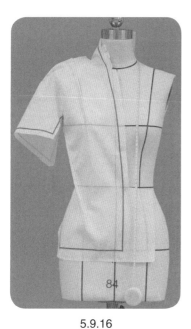

5.9.16 5.9.17 5.9.18 5.9.19

5.9.16、5.9.17　整理用布，确定前袖窿弧线位置，用大头针标示造型，余留缝份后沿侧缝造型线和袖窿造型线剪开用布。注意后袖窿肩端段的用布为相连状态。

5.9.18、5.9.19　贴置造型线，修剪袖口边、底边等处。完成前片的操作。

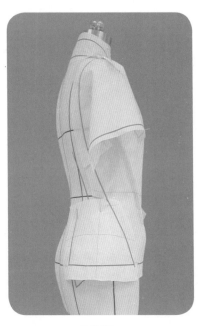

5.9.20

5.9.20　后片内饰片的操作

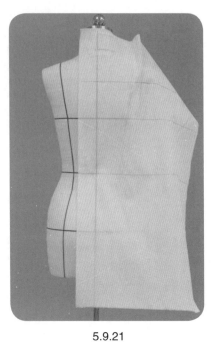

5.9.21

5.9.22

5.9.21～5.9.24　后片的操作。顺时针修剪与拼合领口线、肩线、纵向分割线；抓别斜向肩背连腰省；后中缝腰线处修剪横向刀口；设置下摆的放大量以及底边臀腰省。

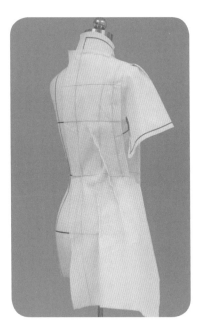

5.9.23

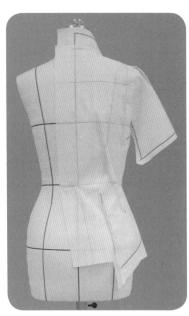

5.9.24

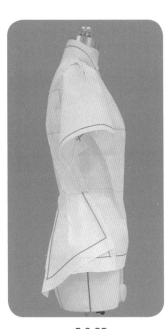

5.9.25

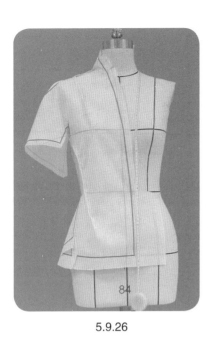

5.9.26

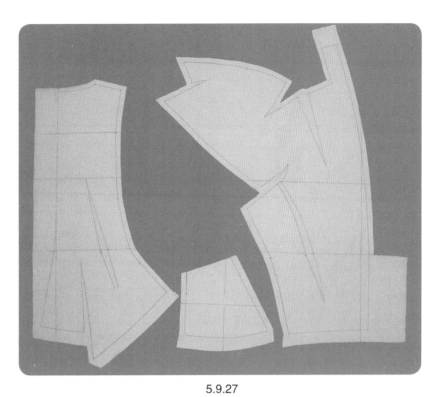

5.9.27

5.9.25、5.9.26　观察与确认初步造型。

5.9.27　标点描线，平面整理衣片。

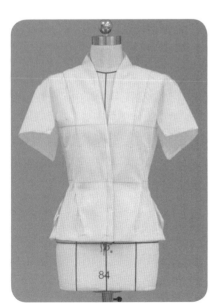

5.9.28

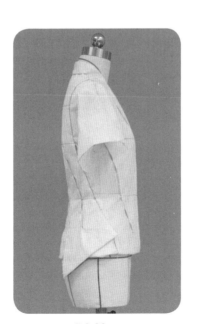

5.9.29

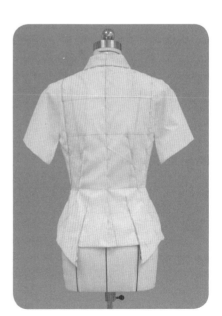

5.9.30

5.9.28 ~ 5.9.30　进行试样补正。完成整体造型。

5.10　斜向分割线/连身袖设计

● **造型要点**

　　Madeleine Vionnet 因突破传统服装结构，采用斜向结构线和斜向丝缕，创造了许多典雅的作品而被誉为"斜裁之母"。此款作品为典型的斜向省道和斜向分割线设计，与衣身相连的衣袖的巧妙结构形成变化造型，成为令人惊叹的大师之作。胸围松量 4 cm、腰围松量 4 cm。

● 操作步骤

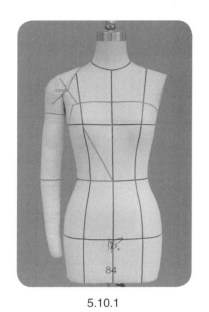

5.10.1

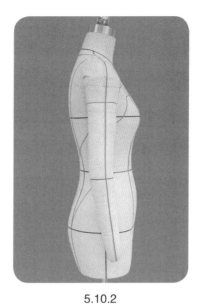

5.10.2

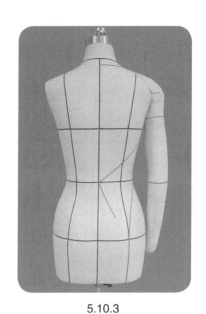

5.10.3

5.10.1～5.10.3　贴置款式造型线。

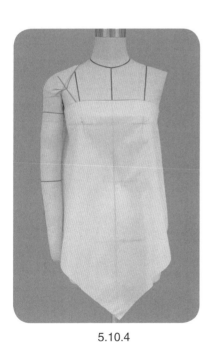

5.10.4

5.10.5

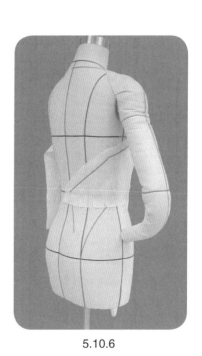

5.10.6

5.10.4～5.10.6　上衣前片的操作。前中心以45°斜向丝缕放置用布，在前领口预留5 cm缝份后修剪，并向内翻形成连口贴边；以前腰线斜向省道来处理前片曲面量；无侧缝；前片斜向分割线延伸至后中心。

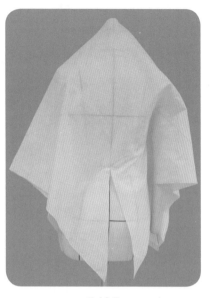

5.10.7

5.10.8

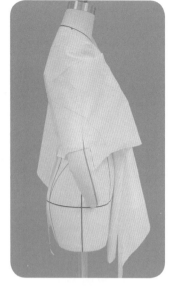

5.10.9

5.10.7、5.10.8　上衣后片连袖片的操作。后中心以45°斜向丝缕放置用布。修剪后领口连肩至前领口，抚平并临时固定。

5.10.10

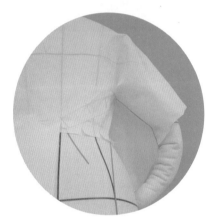

5.10.11

5.10.9 ~ 5.10.12　确定手臂抬高斜度，逐渐沿斜向分割线修剪与别合前、后片；确定袖底缝并修剪；确定袖长位置，贴置初步袖口线，适当修剪。

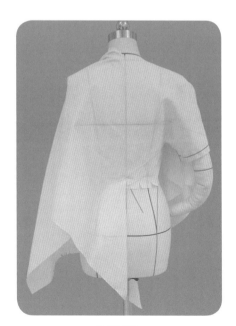

5.10.12

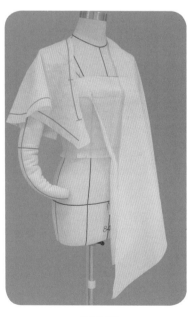

5.10.13

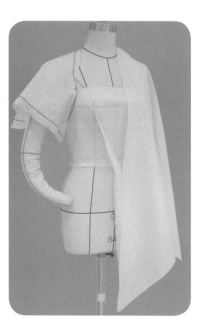

5.10.14

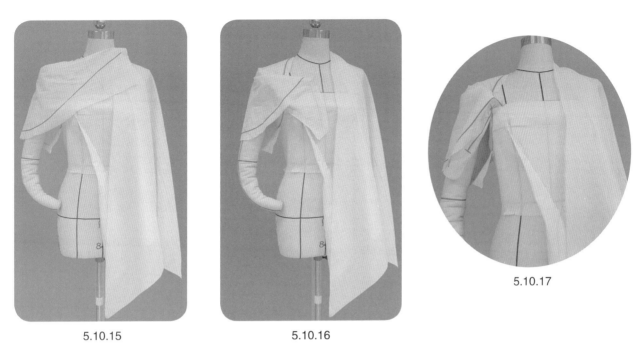

5.10.15   5.10.16

5.10.17

5.10.13 ~ 5.10.17　将衣袖连片的前端向内翻转；整理肩端处形成的衣褶；拼合内侧与前片以及后袖底缝。

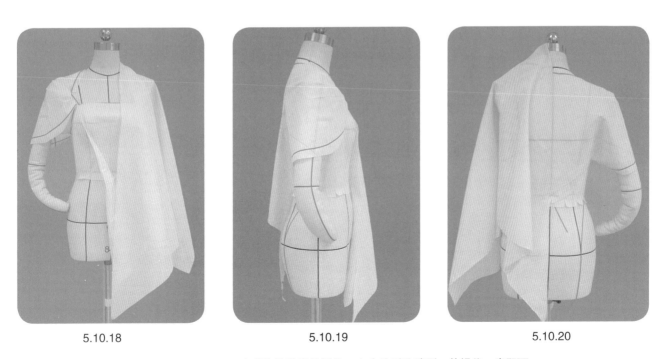

5.10.18   5.10.19   5.10.20

5.10.18 ~ 5.10.20　完成连袖造型的操作。上衣为对称造型，故操作一半即可。

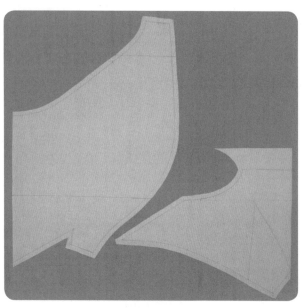

5.10.21

5.10.22   5.10.23

5.10.22 ~ 5.10.24　进行上衣部分的试衣补正。

5.10.21　进行上衣样片的标点描线、平面整理，并
完成对称片的拓印。

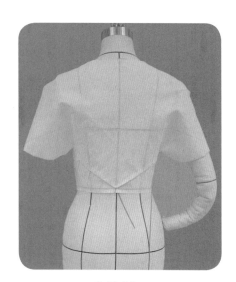

5.10.24

5.10.25

5.10.26

5.10.25 ~ 5.10.27　裙后片的操作。后中心以45°斜向丝缕方向放置用
布，将适量的臀腰差转移至下摆以满足裙身的A造型，其余的量设置为斜向
腰省。

5.10.27

5.10.28

5.10.29

　　5.10.28 ~ 5.10.30　裙前片的操作。前中心以45°斜向丝缕放置用布；前片的波浪量较大；逐渐修剪，完成腰线和上衣腰线的拼合以及与后片弧形分割线的拼合。

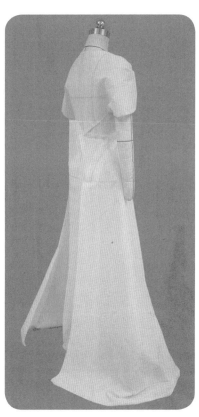

5.10.30

5.10.31

5.10.32

　　5.10.31 ~ 5.10.33　确定裙长，修剪操作裙底边。

5.10.33

5.10.34（1）

5.10.34（2）

5.10.34　进行裙片的标点描线、平面整理，完成对称片的拓印。

5.10.35

5.10.36

5.10.37

5.10.35～5.10.37　进行整体试样补正，完成造型。

5.11 放射衣褶衣身/连身袖设计

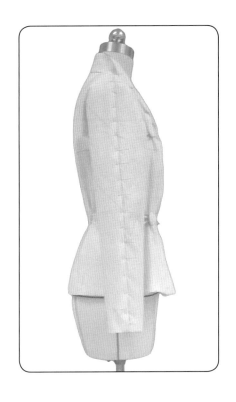

● **造型要点**

　　典型的 Issemiyake 衣褶设计作品。包裹圆片形成的放射状衣褶，巧妙地满足了前胸部位和吸腰的造型需要；带插角的连身袖是典型的日本服装元素；服装整体结构巧妙，有一气呵成之妙。胸围松量 8 cm、腰围松量 6 cm、下摆松量 8 cm，袖长 56 cm、袖肥 32 cm、袖口 22 cm。

● 操作步骤

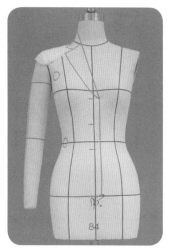

5.11.1

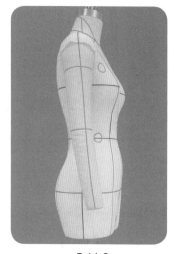

5.11.2

5.11.3

5.11.1 ~ 5.11.3　贴置款式造型线。

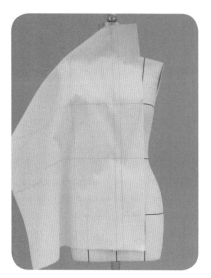

5.11.4

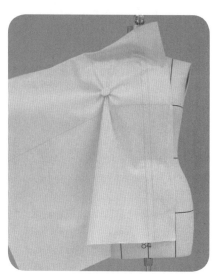

5.11.5

5.11.4 ~ 5.11.5　将前衣片用布固定于人台，确定前胸处衣褶的中心位置。取下用布，包裹硬质圆片于中间，然后再固定用布于人台上，调整衣褶使其符合于人体肩胸部位。

5.11.6 ~ 5.11.8　同理确定腰部衣褶中心位置，调整腰部衣褶造型。适当修剪领口、肩线；依据手臂抬高程度确定袖中线斜度，修剪袖中线；修剪侧缝。

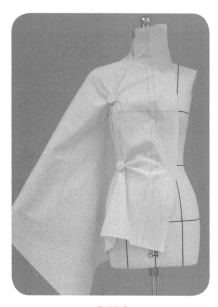

5.11.6

5.11.7

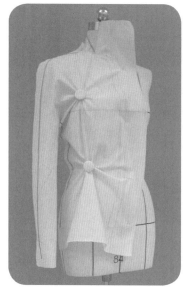

5.11.8

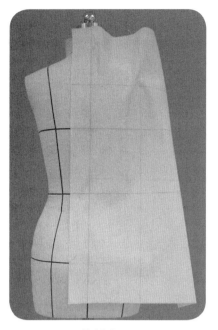

5.11.9

5.11.11

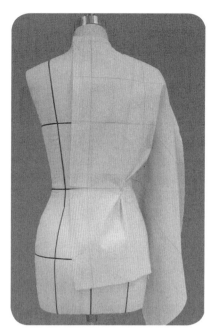

5.11.12

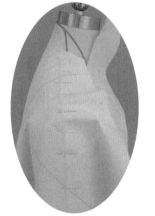

5.11.10

5.11.9 ~ 5.11.15　后片的操作。将后片肩背部以上曲面量中的0.7 cm设置为后肩缝缝缩量，其余量设置为后袖窿部位松量。将收腰量处理于后中线、后腰衣裥以及侧缝。

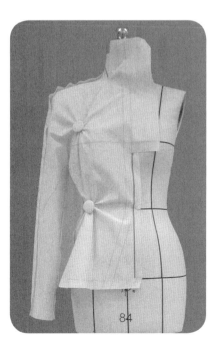

5.11.13

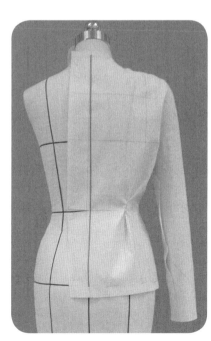

5.11.14

5.11.15

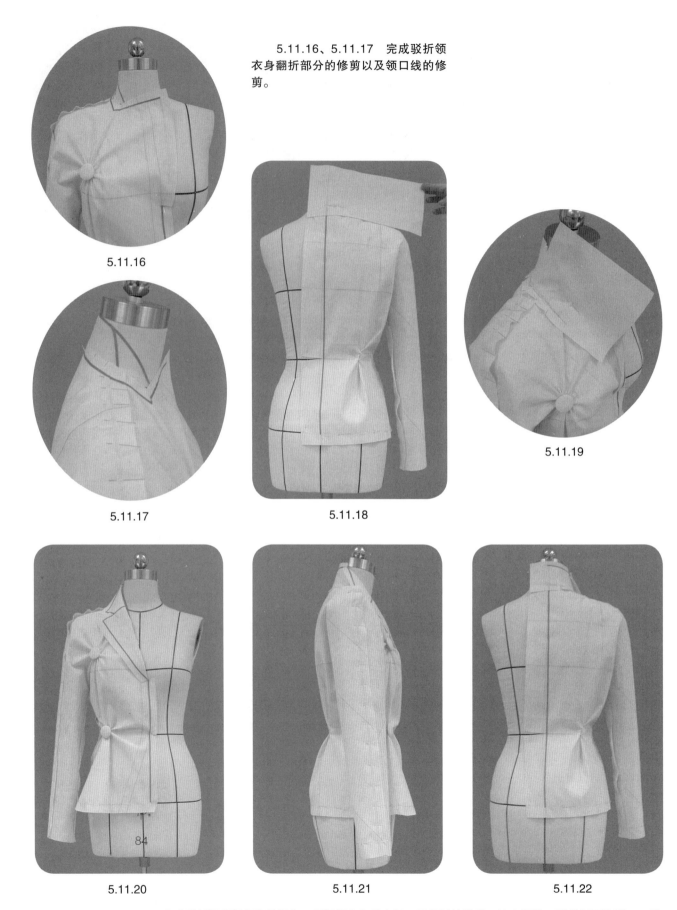

5.11.16、5.11.17　完成驳折领
衣身翻折部分的修剪以及领口线的修
剪。

5.11.16

5.11.17

5.11.18

5.11.19

5.11.20

5.11.21

5.11.22

5.11.18～5.11.22　完成驳折领翻领部分的操作。翻领部分为后立领、前翻折的造型。注意领外口弧线侧面位置刀口的
修剪，以便于前半部分翻折造型的实现。

5.11.23

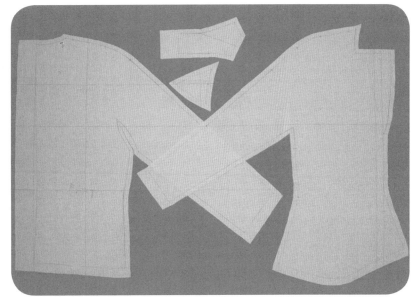

5.11.25

5.11.25　进行标点描线，完成样片的平面整理。

5.11.24

5.11.23、5.11.24　袖底插角的配制。

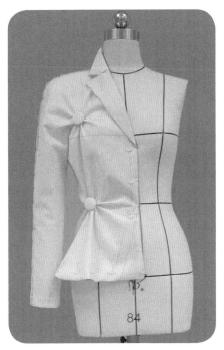

5.11.26

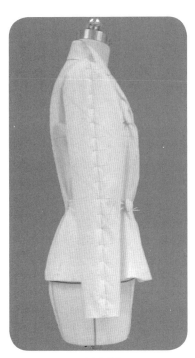

5.11.27

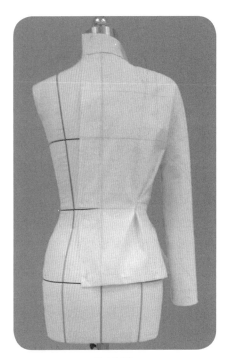

5.11.28

5.11.26 ~ 5.11.28　进行整体试样补正，完成造型。

5.12 类直线裁剪连身袖设计

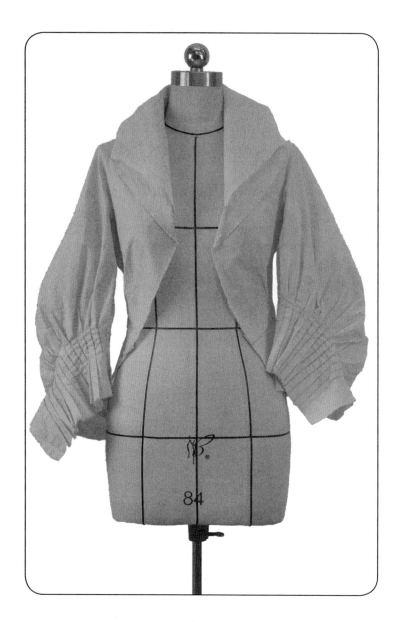

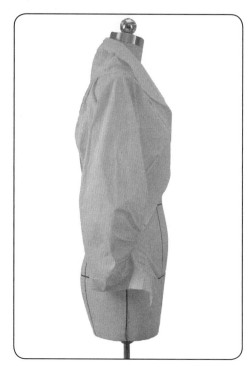

● 造型要点

　　COMMES des GARCON 一片和式典型作品。一片面料，极少剪裁，巧妙利用褶裥元素形成立体造型，拟合人体体型，堪称运用东方直线剪裁构造立体造型服装的巅峰之作。

● 操作步骤

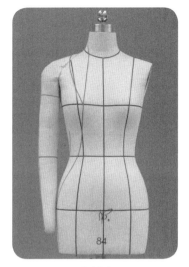

5.12.1

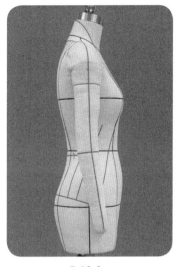

5.12.2

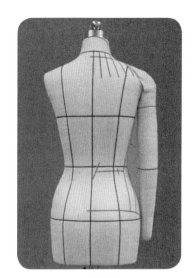

5.12.3

5.12.1～5.12.3　贴置款式造型线。

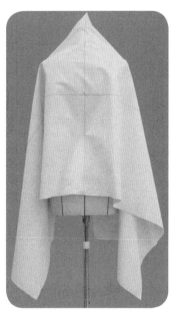

5.12.4

5.12.6

5.12.5

5.12.4　用布准备。根据面料门幅，沿面料经向取用布横向宽180 cm，沿面料纬向取用布纵向长80 cm。绘制纵向后中心线和横向胸围线布纹线。

5.12.5～5.12.8　拟合颈肩部曲面，设置衣裥。将衣裥设置为等宽裥量，裥量可为2.5×2=5 cm。衣裥上、下口的开口位置依据领高造型和肩背部松量造型确定，注意保持韵律美感。

5.12.7

5.12.8

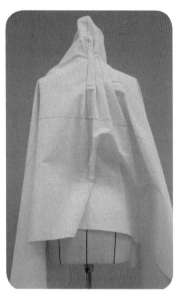  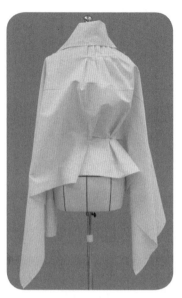

5.12.9   5.12.10   5.12.11

　　5.12.9 ~ 5.12.11　拟合后腰背曲面，设置后腰部衣裥。后腰部衣裥为左右不对称，这可增加服装的灵动性。

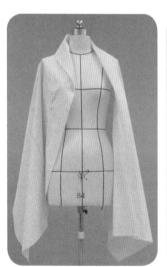  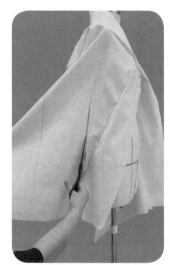 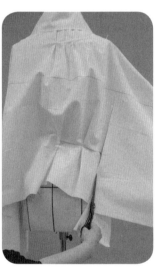

5.12.12   5.12.13   5.12.14   5.12.15

　　5.12.12、2.13　拟合前胸腰曲面，设置前腰胸省。　　　　　　　5.12.14、5.12.15　确定前胸宽处和后背宽处连袖插角尖点位置。前后分别从布边沿丝缕直线剪开至尖点处。

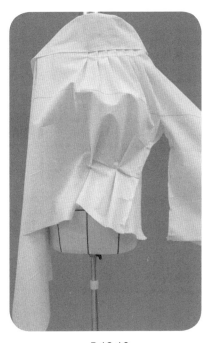

5.12.16

5.12.17

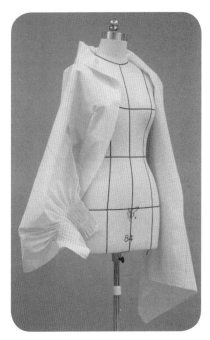

5.12.18

5.12.16　设置前、后横向衣裥，调整前、后侧缝为等长，然后别合至适当位置。

5.12.17、5.12.18　设置袖口衣裥，控制袖口大小，形成袖身造型。裥量等宽，建议为1.5×2=3 cm或者2×2=4 cm。

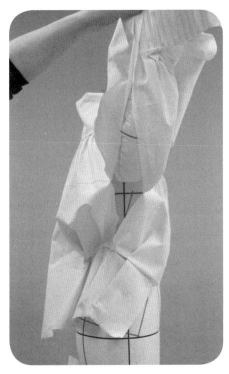

5.12.19

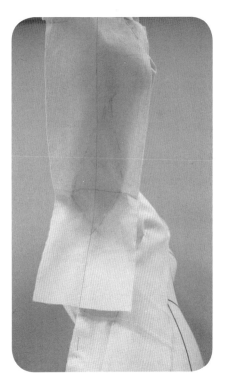

5.12.20

5.12.19、5.12.20　配袖底插角。

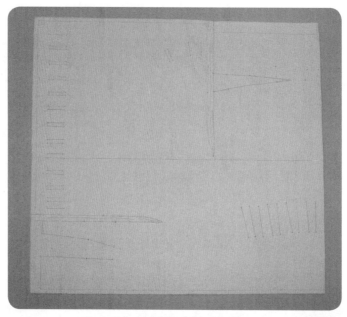

5.12.21（1）

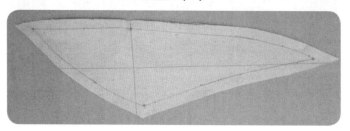

5.12.21（2）

5.12.21　进行标点描线、平面整理。

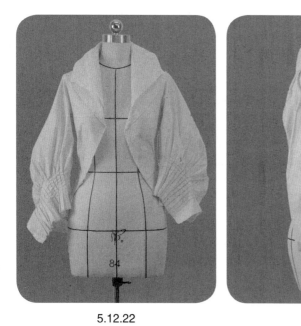

5.12.22

5.12.23

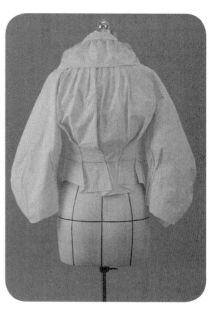

5.12.24

5.12.22 ~ 5.12.24　进行整体试样补正，造型完成。

5.13　类直线裁剪拖肩袖设计

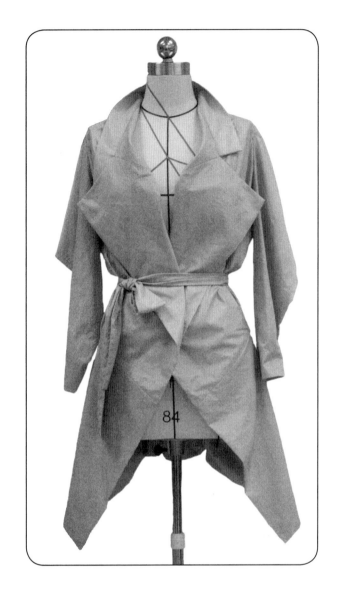

● **造型要点**

　　前片为向内折叠的连挂面形式，但腰部的部分断开横向分割线调整了上、下段的折叠量。整体的直线型省道、直线型分割线是设计的重要特征。直条状的立领和直线插角的衣袖造型与整体造型协调，是东方造型元素运用的大师之作。胸围松量 20 cm、腰围松量 16 cm，袖长 57 cm、袖肥 36 cm、袖口 24 cm。

● 操作步骤

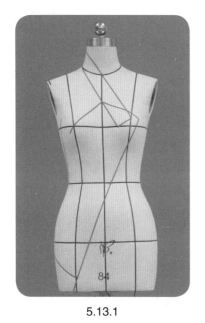

5.13.1

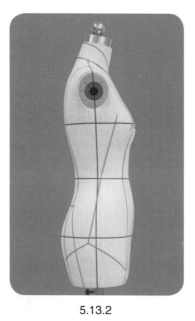

5.13.2

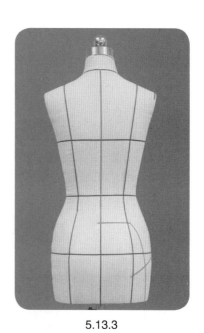

5.13.3

5.13.1 ~ 5.13.3　贴置款式造型线。

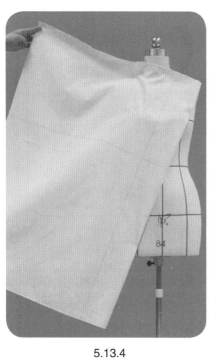

5.13.4

5.13.5

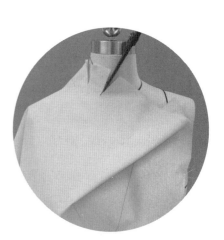

5.13.6

5.13.7

　　5.13.4 ~ 5.13.7　前片斜门襟采用直丝缕，且将用布向内折叠适当宽度，形成连挂面形式。向内折叠的宽度超过肩宽5 cm。设置前领口省，修剪前领口弧线。此部位为双层用布同时操作。

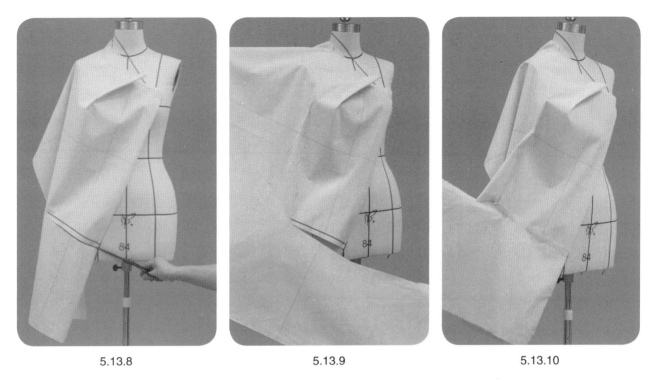

5.13.8   5.13.9   5.13.10

5.13.8 ~ 5.13.11　确定部分断开的横向分割线位置，余留缝份，沿分割线剪开用布至侧省位置。抓别直线省边的侧省。向内折叠用布，调整宽度，对位别合横向分割线。

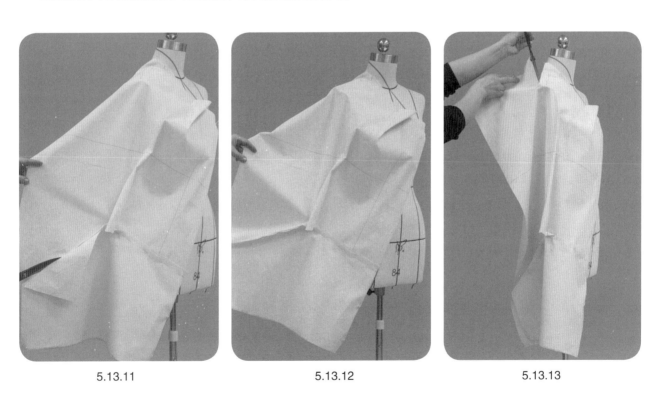

5.13.11   5.13.12   5.13.13

5.13.12 ~ 5.13.15　别合后侧分割线，修剪肩线和侧缝线。注意分割线的直线特征。

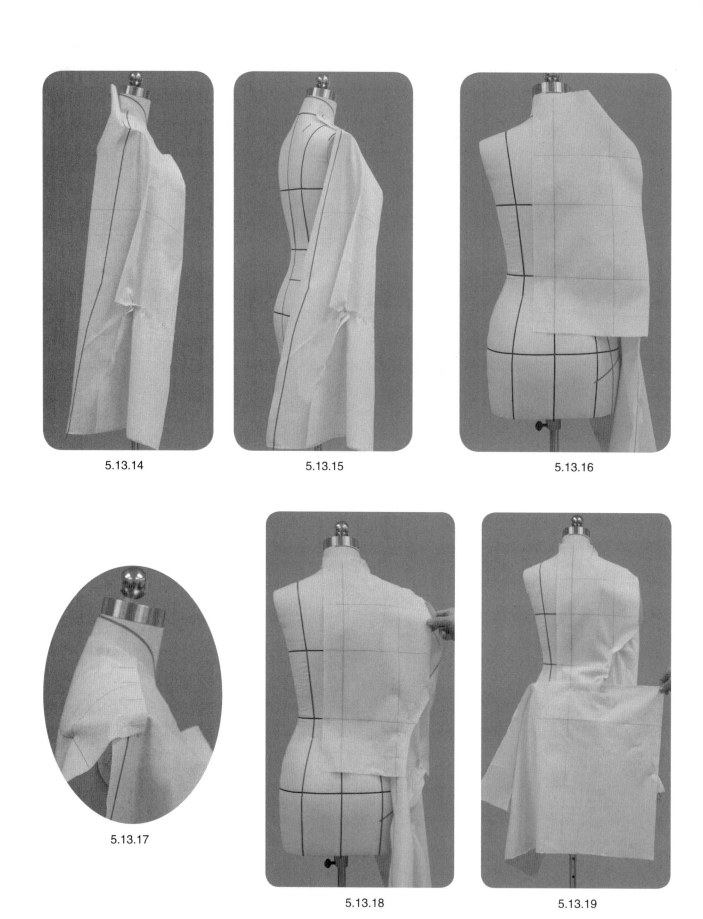

5.13.14

5.13.15

5.13.16

5.13.17

5.13.18

5.13.19

5.13.16 ~ 5.13.20　后上片的操作。后领口留0.2 cm松量，肩线不设置缝缩量，其余松量设置于后袖窿处。后袖窿为直线状。

5.13.20

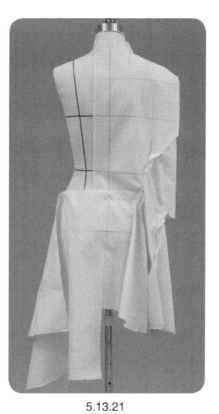

5.13.21

5.13.21　后下片的操作。

5.13.22

5.13.23

5.13.22 ~ 5.13.24　领片的操作。领片为连口直条状造型。

5.13.24

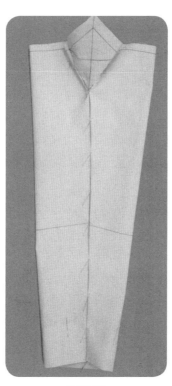

5.13.25

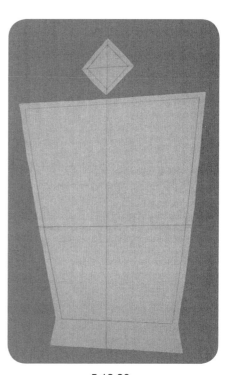

5.13.26

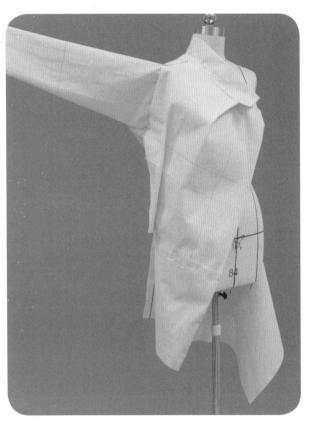

5.13.27

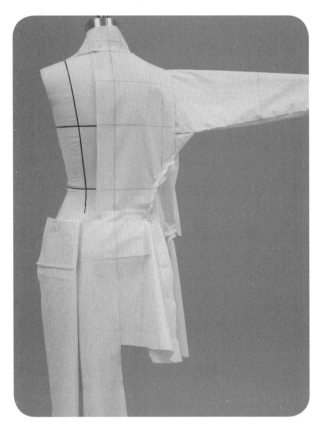

5.13.28

　　5.13.25～5.13.28　根据袖长、袖肥、袖口尺寸，平面绘制直线状衣袖片；量取前袖窿、后袖窿长度，比对差值绘制插角片；别合调整，完成衣袖造型。

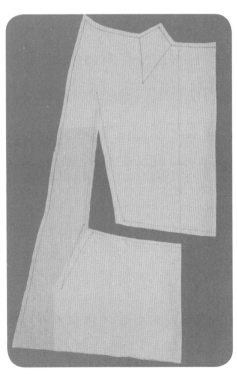

5.13.29(1)

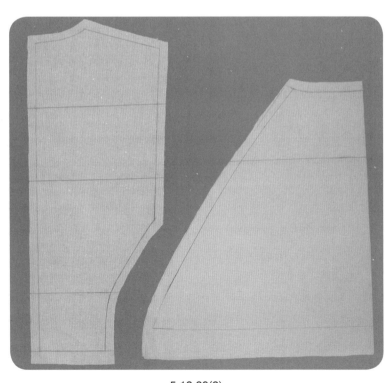

5.13.29(2)

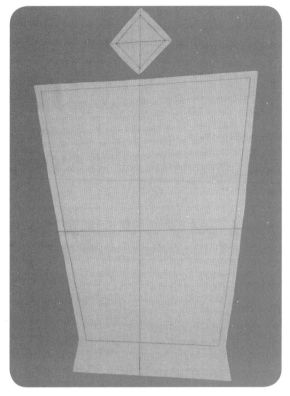

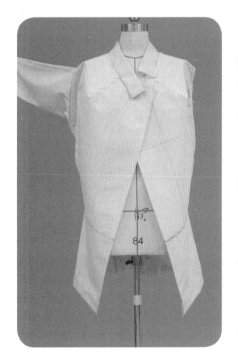

5.13.29(3)

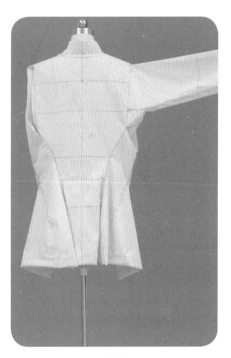

5.13.29(4)

5.13.29 进行标点描线、平面整理。

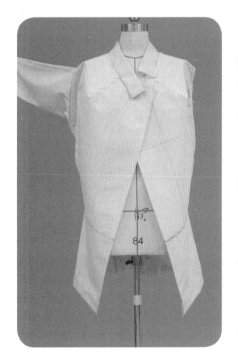

5.13.30

5.13.31

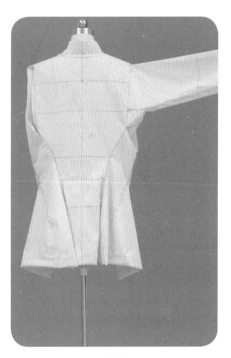

5.13.32

5.13.30 ~ 5.13.32 用大头针别合衣片，进行试样补正、造型确认。

图书在版编目（CIP）数据

服装立体裁剪. 下篇, 造型元素变化设计·衣身/衣领/衣袖变化
综合设计 / 刘咏梅著. -- 上海：东华大学出版社, 2023.2
　ISBN 978-7-5669-2179-6

　Ⅰ.①服… Ⅱ.①刘… Ⅲ.①立体裁剪 – 高等学校 – 教材 Ⅳ.
①TS941.631

中国国家版本馆CIP数据核字(2023)第020783号

责任编辑：谭　英
封面设计：蒋雪静

服装立体裁剪（下篇）：造型元素变化设计·衣身／衣领／衣袖变化综合设计
Fuzhuang Liti Caijian

刘咏梅　著
东华大学出版社出版
上海市延安西路 1882 号
邮政编码：200051　电话：（021）62193056
出版社网址　http://www.dhupress.net
天猫旗舰店　http://www.dhdx.tmall.com
苏州工业园区美柯乐制版印务有限责任公司
开本：889 mm×1194 mm　1/16　印张：20.75　字数：730 千字
2023 年 8 月第 1 版　2023 年 8 月第 1 次印刷
ISBN 978-7-5669-2179-6
定价：69.00 元